高等学校规划教材

C++ 程序设计

高 潮 主编

北 京

冶 金 工 业 出 版 社

2011

内 容 提 要

本书分为教程、实验指导和附录三个部分。教程部分包括:概述、C++语言基础、算法与控制结构、函数及编译预处理、数组与字符串、指针与引用、构造数据类型、类与对象、继承与派生、多态性、输入输出流、C++的其他几个议题等内容,每章均配有一定量的思考题、选择题、填空题和编程题,供学生课后学习巩固之用。实验指导部分设置了12个与教程相关章节配套的实验项目和一个综合实验项目,以利于编程技能的训练和学习。附录提供了 Visual C++ 6.0 开发环境及程序调试、C++的运算符及其优先级、常用库函数和 ASCII 码表等内容。

本书可作为高等院校理工科各专业的程序设计课程教学用书,也可作为各类人员自学程序设计及计算机程序设计的培训教材。

图书在版编目(CIP)数据

C++ 程序设计/高潮主编. — 北京:冶金工业出版社,2010.1(2011.4 重印)
ISBN 978-7-5024-5128-8

Ⅰ. ①C… Ⅱ. ①高… Ⅲ. ①C 语言—程序设计
Ⅳ. TP312

中国版本图书馆 CIP 数据核字(2009)第 244137 号

出 版 人　曹胜利
地　　址　北京北河沿大街嵩祝院北巷 39 号,邮编 100009
电　　话　(010)64027926　电子信箱　postmaster@cnmip.com.cn
责任编辑　程志宏　廖 丹　美术编辑　李 新　版式设计　葛新霞
责任校对　石　静　责任印制　李玉山
ISBN 978-7-5024-5128-8
北京兴华印刷厂印刷;冶金工业出版社发行;各地新华书店经销
2010 年 1 月第 1 版,2011 年 4 月第 2 次印刷
787 mm×1092 mm　1/16;20.5 印张;548 千字;315 页
40.00 元

冶金工业出版社发行部　电话:(010)64044283　传真:(010)64027893
冶金书店　地址:北京东四西大街 46 号(100010)　电话:(010)65289081(兼传真)
(本书如有印装质量问题,本社发行部负责退换)

前　言

本书是作为高等院校理工科各专业的第一门程序设计课程的教材来组织和规划的。它把调动学生的学习兴趣、培养学生实际应用能力放在首位，引导学生真正进入程序设计的门槛。它以 C++ 语言为编程工具，介绍程序设计的基本概念和基本方法。C++ 是从 C 语言发展演变而来的一种程序设计语言，它的主要特点表现在两个方面，一是全面兼容 C，二是支持面向对象的程序设计技术。C++ 语言是目前最有活力和应用最广泛的程序设计语言之一。

本书分为教程、实验指导和附录三个部分。教程部分包括：第 1 章概述、第 2 章 C++ 语言基础、第 3 章算法与控制结构、第 4 章函数及编译预处理、第 5 章数组与字符串、第 6 章指针与引用、第 7 章构造数据类型、第 8 章类与对象、第 9 章继承与派生、第 10 章多态性、第 11 章输入输出流、第 12 章 C++ 的其他几个议题。教程部分每章均配有一定量的思考题、选择题、填空题和编程题，供学生课后学习巩固之用。实验指导部分设置了 12 个与教程相关章节配套的实验项目和一个综合实验项目，以利于编程技能的训练、学习和提高。附录提供了 Visual C++ 6.0 开发环境及程序调试、C++ 的运算符及其优先级、常用库函数和 ASCII 码表等内容，这些都是学习 C++ 语言程序设计的重要支撑。

本书具有如下一些特点：

（1）对教学学时的适应性强，对学生知识的起点要求低。在教学中，通过对教材内容的合理组织与取舍以及结合网络教学平台等手段，在保障基本学时和教学内容完整、充实的基础上，本书提供了对教学内容作进一步深入和扩展的灵活性。

（2）淡化面向过程与面向对象两种程序设计方法的分界，注重算法的结构化思想，强调算法在程序设计中的基础性地位，对面向过程程序设计方法仅在第 1 章中进行说明。这样的安排基于如下的认识：

面向过程和面向对象体现的是两种不同的系统分析方法和系统架构的建立技术，但都是以算法和数据结构的设计为基础的。从面向对象的视角来看，过程是局部的算法问题，对象才是系统架构建立的基础。面向对象程序设计方法是当前程序设计技术的主流，而面向过程程序设计方法则是程序设计方法发展中的一个历史范畴。作为程序设计的初学者,只需要了解而不应该重复程序设计技术的历史,应该在先进的程序设计思想指导下,首先学习和掌握好算法的结构化、程序的模块化等基础性技术。

(3) 注重解题思路、算法实现和程序设计思想,而不拘泥于语言、不纠缠于细节,尽量避免琐碎的描述和概念的堆砌,在保证概念准确的前提下力求做到语言通俗易懂。

(4) 尽早引入函数概念,以建立程序模块思想,实现对功能(或过程)的封装,并注重建立函数的思考问题的方法,而不仅仅是介绍语法规则;注重在后续章节中以函数(功能模块)来组织程序代码,巩固算法的结构化思想及程序模块思想。

(5) 实验指导与教程内容有机结合。学习程序设计,会编程才是硬道理,因此在教学中必须加强实验指导,提高程序设计学习的实效性。

本书由高潮主编,参与本书编写工作的老师还有:吴明芬(第3章)、李志仁(第4章)、彭腊梅(第6章)、高宏宾(第7章)、郑晓曦(第8章)、白明(第9章和第10章)。五邑大学信息学院计算机系的有关老师对本书的编写提出了许多有益的意见和建议,编者在此一并表示感谢。

读者若对与本书配套使用的PPT电子教案、网络教学及测试平台等有需要,请与编者联系(gordon911@126.com)。

由于水平有限,书中的不妥之处恭请读者批评指正。

编　者
2009 年 10 月

目 录

第 1 章　概　述

本章首先通过一个现实的例子来说明有关程序的几个概念。然后通过对软件危机的讨论来说明程序与软件的关系及软件开发过程。接着进一步结合现实的例子，介绍面向过程与面向对象的软件开发方法。最后简要介绍 C/C++ 语言的发展及 C++ 程序的开发过程。

1.1　程序、算法、数据结构及程序设计语言

我们先看一个现实的例子——"厨师做菜"。

厨师在开始做菜前，他要知道这道菜需要哪些原料，各种原料如何搭配；他要知道如何在恰当的时机对相应的原料采取恰当的方法进行加工和处理。例如该加油炒菜的时候就不能加水，否则就不是炒菜而是煮菜了。厨师所要知道的这些内容，其实就是一道菜的菜谱。厨师按照菜谱操作，最后做出一道可口的菜肴。

以上所谓的"原料如何搭配"说明的是操作的对象；"恰当的时机、恰当的方法"，也就是事先已经确定好的做菜的具体步骤和方法，即做菜的程序。这里的"程序"是人们普遍使用的一个朴素的概念，但也说明了这种思考问题方法的核心是"过程"。

运用计算机来解决一个实际问题，与"厨师做菜"的道理是一样的。首先需要把问题处理的对象搞清楚，处理的具体步骤和方法事先要设计好，然后再利用计算机能够理解的语言写出具体的操作步骤，这就是计算机程序。计算机按照程序运行就可以自动执行程序指令，解决相应的问题，完成相应的任务。

从以上问题的描述，我们可以明确这样几个概念：程序、算法、数据结构和程序设计语言。

（1）程序（Programs）　程序就是要计算机完成某项工作的代名词，是对计算机完成某项工作所涉及的对象和动作规则的描述。

（2）算法（Algorithms）　算法体现在对动作规则的描述，它描述了解决一个问题所采取的方法和步骤。

（3）数据结构（Data Structure）　数据结构体现在对对象（或数据）的描述，它描述了问题所涉及的对象以及对象之间的联系和组织结构。数值计算问题可以用数学方程来描述，但更多的非数值计算问题无法用数学方程加以描述，而是通过表、树和图之类的数据结构来建立数学模型。

1976 年，著名计算机科学家沃思（Nikiklaus Wirth）出版了一本题名为《Algorithms + Data Structure = Programs》的著作，明确提出算法和数据结构是程序的两个要素：

$$程序 = 算法 + 数据结构$$

也就是说程序设计主要包括两方面的内容：行为特性的设计和结构特性的设计。行为特性的设计是指完整地描述问题求解的全过程，并精确地定义每个解题步骤，这一过程即是算法的设计；而结构特性的设计是指在问题求解的过程中，计算机所处理的数据及数据之间联系的表示方法。程序设计的关键是构造程序的数据结构，并描述问题所需要的、施加在这些数据结构上的算法。

（4）程序设计语言　程序最终需要使用计算机能够理解的语言具体写出来，这就是计算机程序设计语言。所谓"语言"就是一套具有语法、词法规则的系统。语言是思维的工具，思维是

通过语言来表述的。计算机程序设计语言（Computer Programming Language）是计算机可以识别的语言，是程序实现的工具。任何一门计算机程序设计语言都需要通过数据类型、运算符与表达式以及控制语句等来定义和实现程序中的数据结构和算法。

1.2　程序与软件及软件开发过程

在计算机应用的初期，人们狭义地认为软件就是程序，软件设计就是程序设计，软件是程序员个人劳动的成果。然而在 20 世纪 60 年代以后，随着计算机系统性能的提高，它的应用范围也越来越广泛，计算机软件系统的开发也变得越来越复杂，在开发大型软件的过程中出现了所谓的"软件危机"，其主要表现是：开发进度被推迟，成本超出预算，软件产品的可靠性降低等。人们认识到软件开发要比想象的复杂得多。

为什么会产生软件危机呢？其主要原因有三个：

（1）软件开发者与用户之间对于问题的理解不一致。一方面开发者不熟悉用户问题的领域或没有理解用户的需求，导致设计的软件产品与用户要求不一致；另一方面，用户也难以提出准确、完整、无二义性的软件需求描述。

（2）软件开发过程更多地体现为设计人员个人的思考过程，这种思考过程没有完整地表现在书面上，因此无法对思考过程进行科学规范及质量管理，软件开发进度也无法控制。

（3）人的智力在面对越来越复杂的问题时，处理问题的效率会越来越低。因此，在没有找到控制问题复杂性的有效方法时，开发软件所需的时间和费用将随问题复杂性的增加而急剧增加。

经历了"软件危机"之后，人们对软件的概念和软件开发过程有了新的认识。即：软件不仅仅是程序，软件开发也不仅仅就是程序设计。计算机软件是计算机程序和与之相关的文档资料的总和，文档资料包括编制程序所使用的技术资料和使用该程序的说明性资料（使用说明书等），即开发、使用和维护程序所需的一切资料，如图 1-1 所示。计算机软件开发则是一个包括程序设计在内的可以管理、控制和质量评价的规范的工程。"软件工程"的概念由此而生。

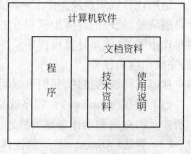

图 1-1　计算机软件概念示意图

简单地说，一个大型软件系统的开发，必须经历这样一个过程：

　　　　需求分析→系统设计→程序编码以及编辑、编译和连接→系统测试→运行维护

在软件开发过程的每一个阶段，都要有明确的任务和要求，必须产生一定规格的文档资料。

1.3　面向过程与面向对象的软件开发方法

软件开发过程中最关键的是需求分析和系统设计，然后再通过具体程序编码去实现。而系统设计中的一个关键内容是选择合适的软件开发方法。在如何克服"软件危机"的讨论和研究中，诞生了"结构化程序设计"的概念。结构化程序设计是一个面向过程的软件开发方法，它的产生和发展形成了现代软件工程的基础，但是在大型软件开发过程中，面向过程的结构化程序设计方法暴露出了它的不足。20 世纪 80 年代以后，面向对象的软件开发方法得到了重视和快速发展，并已成为当前软件开发方法的主流。

下面分别简要介绍面向过程的结构化程序设计方法和面向对象的程序设计方法以及它们的联系。

1.3.1 面向过程的结构化程序设计

结构化程序设计的基本思想是：自顶向下，逐步求精，将一个复杂的问题分解为若干个易于处理的子问题，从而将整个程序划分成若干个功能相对独立的子模块或过程。子模块又可继续划分，直至最简。每个模块都只有一个入口和一个出口，整个程序则全部可以用顺序、选择、循环这三种基本结构及其组合来实现了。这样的结构化程序设计以解决问题的过程作为程序的基础和重点，是一种面向过程的程序设计方法。

在面向过程的结构化程序中，程序过程是模块化的，模块是分层次的，层与层之间是一种从上往下的调用关系，如图1-2所示。面向过程程序的基本构成单位是过程(或者函数)。

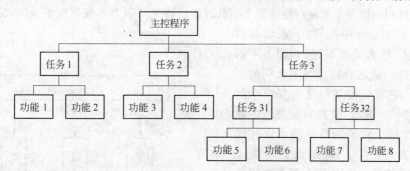

图1-2 面向过程的程序结构

让我们进一步看看一个餐馆的整个运营过程——"餐馆运营系统"：顾客到餐馆吃饭，服务员负责接待顾客。顾客就座后，点好要吃的饭菜，服务员就去告诉厨师要做哪些菜。厨师做好以后，服务员端上饭菜，顾客就可以品尝这美味佳肴了。最后顾客吃完饭付清账款。

我们可以把这个系统按功能抽象分解为点菜的过程、做菜的过程、品尝菜肴的过程、收付账款的过程，如图1-3所示。这样来组织系统的方式是以过程为核心，是面向过程的。

图1-3 餐馆运营系统(面向过程)示意图

面向过程的结构化程序设计方法有许多优点：

(1) 各模块可以分别编写，使得程序更易于阅读、理解、测试和修改。这样不管编多大的程序，不管有多少人参加编写，都可以把他们的模块有效地连接起来。

(2) 方便增加新的功能模块。

(3) 功能独立的模块可以组成子程序库，有利于实现软件的复用。

但另一方面，由于结构化程序设计方法强调的是模块的功能，是面向过程的，所以数据与处理这些数据的过程是分离的。这样的系统设计方法会带来如下一些问题：

(1) 对不同格式的数据作相同的处理，或是对相同的数据作不同的处理，都需要编写不同的程序模块来实现，这使得程序的可复用性大打折扣。

（2）由于过程和数据相分离，数据可能被多个模块所使用和修改，这样很难保证数据的安全性和一致性。

（3）当数据处理的方法或是数据类型有改变时，会导致整个系统的重新设计和编码。

由于上述问题，面向过程的结构化程序设计方法难以适应大型软件的设计开发。

1.3.2 面向对象的程序设计

前面所述的"餐馆运营系统"的分析设计是按照面向过程的方法，把系统按功能分解为点菜的过程、做菜的过程、品尝菜肴的过程、收付账款的过程等。但这种分析设计方法与人们的正常思维习惯并不吻合。

让我们再回头读一下那段对餐馆整个运营过程的描述："顾客到餐馆吃饭，服务员负责接待顾客。顾客就座后……"。整个系统是以"对象—消息"的方式来描述，如图1-4所示。显然这样的描述直接反映了人们的正常思维方式，它首先描述的是在餐馆中的"顾客—服务员—厨师"这些对象之间的联系，然后才是每个对象所具备的属性和能力。因为顾客只要点好要吃的饭菜，而并不需要告诉厨师烧菜的具体步骤，甚至也不知道烧菜的具体步骤；同样地，厨师一般也不需要知道顾客品尝菜肴的过程、服务员收付账款的过程，他只需要按顾客所点的菜做出美味佳肴即可。日常生活中这样的事例还

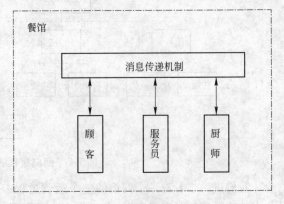

图1-4 餐馆运营系统（面向对象）示意图

有很多。可以看出，人类成熟而习惯的解决问题的高效率方式就是这种"对象—服务（消息）"的思考问题的方式。这种分析问题方式的核心是对象以及对象之间的联系，是面向对象的。

客观世界中任何一个事物都可以看成是一个对象。对象可以是一个物理的实体，如一辆汽车、一间房屋、一只老虎；也可以是一个逻辑的实体，如一个班级、一个连队；甚至一篇文章、一个图形、一项计划等都可视作对象。

可以看到，一个班级作为一个对象时有两个要素：一是班级的静态特征，如班级所属系和专业、学生人数等，这种静态特征称为属性；二是班级的动态特征，如学习、开会、体育比赛等，这种动态特征称为行为。如果想从外部控制班级学生的活动，可以从外界向班级发送一个信息，如听到广播声就去上早操、听到下课铃声就下课等，一般称它为消息。

在面向对象的程序中，作为计算机模拟真实世界的抽象——对象（Object）是一个属性（数据）集及其行为（操作）的封装体。对象与对象之间的联系是通过消息传递的机制来实现的。消息（Message）是对象之间相互请求或相互协作的途径，是要求某个对象执行其中某个功能操作的规范的说明。对象可以向其他对象发送消息以请求服务，也可以响应其他对象传来的消息，完成自身固有的某些操作，从而服务于其他对象。

对象对消息的响应，就是对象调用自身的方法（成员方法或成员函数）去完成相应的任务。方法（Method）描述了对象的行为能力，从程序设计的角度看，它是对象实现功能操作的代码段。方法与消息相互对应，每当对象收到一个消息后，除了知道"做什么"外，还必须知道和决定"怎样做"。方法就是对象中决定"怎样做"的操作代码，是实现每条消息具体功能的手段，它是一段过程代码。

简单地说,面向对象程序的程序结构可以表示如下:

$$对象 = 算法 + 数据结构$$

$$程序 = 对象 + 消息$$

这里程序是由一个个封装的对象组成,而对象是由紧密联系的算法和数据结构组成,它封装了数据和对数据的操作。对象与对象之间通过消息传递的机制来协调各个对象的运行。如图 1-5 所示。

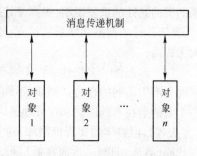

图 1-5 面向对象程序的程序结构

从面向对象的观点来看,现实世界就是由各式各样独立的、异步的、并发的实体对象所组成。每个对象都有各自的内部状态和运动规律。不同对象之间或某类对象之间的相互联系和作用,就构成了各种不同的系统。

在面向对象系统中,对象是构成软件系统的基本单元。但在设计中,人们并不是逐个描述各个具体的对象,而是将注意力集中于具有相同特性的一类对象,通过抽象找出同一类对象的共同属性和行为,形成类。即类(class)是对象的抽象及描述,是具有共同属性和行为的多个对象的相似特性的统一描述体。结合类的继承与多态等性质,可以很方便地实现代码重用,大幅度地提高程序的复用能力和程序开发效率。

1.3.3 面向对象的基本特性及与面向过程的关系

1.3.3.1 面向对象方法的基本特性

面向对象方法具有四个基本特性:抽象性、封装性、继承性和多态性。这几大特性与人类业已形成的对错综复杂的大千世界的认识方法高度吻合,使计算机世界与现实世界更加接近。

(1)抽象性 所谓抽象,就是从被研究对象中舍弃个别的、非本质的或与研究主旨无关的次要特征,抽取共同性质、实质特征以后形成概念的过程。例如,"马"就是一个抽象的概念,实际上没有任何两匹马是完全相同的,但是我们舍弃了每匹马个体之间的差异,并且通过分类、抽象,在各种动物中抽取出了一种具有共同的本质特征的"马"的动物,形成了"马"这个概念。面向对象方法就是通过类的机制实现其抽象性:类是具体对象的抽象,对象是类的一个实例。

(2)封装性 封装也称为信息隐藏,是指将对象的内部属性和行为实现的代码封装在对象的内部,从外面无法看见对象的内部信息,更不能随意进行修改。同时,对象向外界提供少量必要的访问接口,外界只能通过对象的接口来访问该对象。这样就将对象的外部特征与内部实现细节清楚地分隔开,从而既有效地避免了外部错误对它的"感染",又大大减少了内部的修改对外部的影响,有助于最大限度地减少由于需求的改变而对整个系统所造成的影响。

抽象和封装是互补的。面向对象程序设计的主体是类,类是具有相同属性和行为的一类对象的封装体,是对具有相同属性和行为的对象的抽象描述。好的抽象有利于封装,封装的实体则帮助维护抽象的完整性。封装性是软件设计模块化、软件复用和软件维护的一个基础。

(3)继承性 继承性是面向对象方法中另外一个重要特性,它体现了现实世界中对象之间的独特关系。既然类是对具体对象的抽象,那么就可以有不同级别的抽象,就会形成类的层次关系。就像在现实世界中,我们要描述猫、狗、狼、虎,由于猫、狗、狼、虎都属于哺乳类动物,所以我们可以先定义哺乳类动物。我们把哺乳类动物所共有的特征和习性定义在哺乳类动物中,然后再分别定义猫、狗、狼、虎类动物各自特有的特征和习性。这种由一般到特殊的分类方法是人们总结出的高效率地分类认识世界的方法。同样地,在面向对象方法中,也是用一个类描述一组对象的共性信息,用另一个类描述一组对象的特性信息。前一个类称为父类,后一个类称为子类,从而形成类的层次关系。面向对象方法的继承性允许程序设计人员在设计新类时,只考虑与已有的父类所不同的部分,而把父类的内容继承为自己的组成部分。如果父类中的某些行为不适用于子类,则程序设计人员可在子类中重写方法的实现。因此,继承机制不仅除去了基于层次联系的类的共性的重复说明,提高了代码复用率;而且能使开发者将大部分精力用于系统特殊的设计,便于软件的演进和增量式扩充,使面向对象方法设计的软件系统的可维护性和系统升级能力大大提高。

(4) 多态性　多态性是指不同类型的对象或相同类型的对象在不同的环境中接收同一个消息时会产生不同的行为。例如:不同类型的电话卡,其拨号方式相同,但连接的是不同的网络;同一个电话卡在本地通话和在外地通话时,采用的是不同的计费方式。也就是说,同样的外部接口(方法名),但具体的实现机制却不同。多态性对"同一接口,多种方法"机制的支持,还可以使高层代码(算法)只写一次而在低层可多次复用。面向对象方法通过引入多态机制可以统一一个类族的对外接口,提高了类的抽象度和封闭性,进一步提高了代码的复用率。

1.3.3.2 面向对象方法与面向过程方法的关系

面向对象程序设计在技术方法上是对传统软件开发方法的继承和发展,它汲取了面向过程的结构化程序设计中最为精华的部分,即以顺序、选择、循环三种结构实现对功能或过程的封装,再通过引入类的数据结构,进一步实现对对象的封装。面向对象程序设计以类设计为核心,实现了模块内信息的封装隐藏,从而方便了大型复杂软件系统的程序调试和维护。另一方面,面向对象程序设计采用"对象 + 消息"的程序设计模式,能更好地模拟人类习惯的思维模式,使软件开发方法和软件开发过程尽可能接近人类解决问题的方法和过程。而且,与功能相比,一个应用系统中的对象一般总能保持相对稳定性,因而以面向对象构造的软件系统的主体结构也具有较好的稳定性和可重用性。

面向对象技术的封装、继承、多态等特性不仅支持软件复用,而且使软件维护工作可靠有效。面向对象方法更适合于解决当今的庞大、复杂和易变的系统模型。

面向过程和面向对象体现的是两种不同的系统分析方法和系统架构的建立技术。但是,如果深入到系统内部要实现的具体功能或对象的行为,则都要以算法设计为基础,算法和数据结构仍然是各种系统建立的根本。从面向对象的视角来看,过程是局部的算法问题,对象才是系统架构建立的基础。

作为程序设计基础阶段的学习,我们的重点仍然是在算法和数据结构上。但我们应该在现代软件思想的指导下、在面向对象技术方法的视野中来学习算法和数据结构,学习程序设计的基本原理和方法。

1.4　C/C++语言的发展

C++语言是一种既支持面向对象也支持面向过程的混合型的程序设计语言。C++语言从C语言发展演变而来,因此我们首先介绍一下C语言。

在C语言诞生以前,系统软件主要是用汇编语言编写的。由于汇编语言程序依赖于计算机硬件,其可读性和可移植性都很差,但一般的高级语言又难以实现对计算机硬件的直接操作(这正是汇编语言的优势),于是人们盼望有一种兼有汇编语言和高级语言特性的新语言。

1970 年,美国 AT&T 的贝尔(Bell)实验室的 K. Thompson 以 BCPL(Basic Combined Programming Language)语言为基础,设计了一种类似于 BCPL 的语言,取其第一字母 B,称为 B 语言。1972 年贝尔实验室的 Dennis M. Ritchie 为克服 B 语言的诸多不足,在 B 语言的基础上重新设计了一种语言,取其第二字母 C,故称为 C 语言。BCPL 和 B 语言最初都是为编写操作系统软件和编译器而开发的语言。贝尔实验室在 B 语言的基础上开发出的 C 语言,最初也是用来编写 UNIX 操作系统的,C 语言作为 UNIX 操作系统的开发语言为人们所认识。但由于 C 语言严格的设计、与具体硬件无关以及其他许多优点,使它的应用很快就超越了贝尔实验室的范围。20 世纪 70 年代末,C 语言开始移植到非 UNIX 环境中,并逐步脱离 UNIX 系统成为一种独立的程序设计语言,迅速地在全球传播。

C 语言备受青睐和它具有的许多优点分不开。这些优点主要有:

(1) C 语言简洁紧凑。它只有 32 个关键字和 9 种控制语句,而且书写形式自由,所以 C 语言入门比较容易。

(2) 丰富的数据类型。它不仅有基本类型,而且还有组合类型、指针类型等,能用来实现各种复杂的数据结构。

(3) 丰富的运算符。C 语言运算符相当多,许多操作都可以用运算符表示。由运算符和运算对象可以组成表达式,因而 C 语言中表达式的类型也是相当丰富的。

(4) 具有结构化的控制语句。顺序、选择、循环三种类型的结构化控制,在 C 语言中都有相应的语句加以体现,因此可以用 C 语言进行结构化程序设计。C 语言还以函数作为程序的基本单位,便于实现程序的模块化。

(5) C 语言作为一种高级语言,能直接访问物理地址,具有位(bit)操作的功能,可以直接对硬件进行操作。这使得 C 语言既具有高级语言的所有优点,又具有汇编语言的许多功能。

(6) 用 C 语言编写的程序编译后所生成的目标代码质量高,程序的执行效率高。

因为上述优点,C 语言既可以用来开发系统软件,也可以用来开发应用软件。但另一方面,由于 C 语言的语法限制不太严格,程序设计自由度大,对程序员要求也较高。而且 C 语言是一种面向过程的程序设计语言,面向过程的程序设计以过程处理为核心,这种设计方法有其局限性。

自 20 世纪 80 年代初开始,随着面向对象程序设计思想的日益普及,很多支持面向对象程序设计方法的语言也相继出现了,C++ 就是其中之一。C++ 是 Bjarne Stroustrup 于 1980 年在 AT&T 的贝尔实验室开发的一种语言。它是 C 语言的超集和扩展,是在 C 语言的基础上扩充了面向对象的语言成分而形成的。最初这种扩展后的语言称为带类(class)的 C 语言,1983 年才被正式称为 C++ 语言,以后又经过不断的改进,发展成为今天的 C++。

作为 C 语言的超集,C++ 继承了 C 的所有优点。它既保持了 C 的简洁性和高效性,又对数据类型做了扩充,使得编译系统可以检查出更多类型错误。C++ 支持面向对象程序设计,通过类和对象的概念把数据和对数据的操作封装在一起,通过抽象、封装、继承和多态等特性实现了软件重用和程序自动生成,使得大型复杂软件的构造和维护变得更加有效和容易。

C++ 与 C 完全兼容,很多用 C 编写的库函数和应用程序都可以为 C++ 所用。但正是由于与 C 兼容,使得 C++ 不是纯粹的面向对象的语言,而是一种既支持面向对象也支持面向过程的程序设计语言。

由于 C 语言的广泛应用,C++ 语言又对 C 语言具有向下的兼容性,以及 C++ 语言对面向对象技术的支持,所以,C++ 语言推出后,很快就获得商业上的成功。各大公司纷纷推出自己的 C++ 语言编译器和开发工具,其中微软公司的 Visual C++ 是目前最流行的 C++ 语言开发平台之一。本书将以 Visual C++ 为平台来介绍 C++ 语言程序设计的基本原理和方法。

1.5 C++程序的开发过程

1.5.1 几个基本术语

(1) 源程序 用计算机程序设计语言编写的程序称为源程序(source program)。但计算机还不能直接识别源程序代码,它有待"翻译"成计算机能够识别的二进制的程序代码。C++的源程序代码文件,其文件名一般以 . cpp 作为后缀(cpp 是 c plus plus 的缩写)。

(2) 目标程序　为了使计算机能执行高级语言编写的源程序,必须先用一种翻译程序,把源程序翻译成二进制形式的目标程序(object program)。二进制形式的目标程序又称为机器语言代码程序,它是计算机能直接识别的程序。

(3) 翻译程序　翻译程序是指一个把源程序翻译成等价的目标程序的程序。翻译程序有三种不同类型:汇编程序、编译程序、解释程序。

1) 汇编程序　将汇编语言写成的源程序,翻译成二进制代码的目标程序,这种翻译过程称为汇编,实现这种翻译任务的程序称为汇编程序。

2) 编译程序　对于用高级程序设计语言编写的源程序,若是以源程序文件为单位整体翻译成二进制目标程序文件,这种翻译过程称为编译,实现这种翻译任务的程序称为编译程序。编译程序又常常被称为编译器(complier)。

C++语言是一种编译型的语言。C++源程序文件经编译器加工生成的目标程序文件,其文件名一般以 . obj 或 . o 作为后缀(object 的缩写)。

3) 解释程序　解释程序的任务,同样也是将高级语言源程序翻译成二进制目标代码。但它与编译程序不同的是,它是边翻译边执行,即:输入一句源程序代码,翻译一句执行一句,直至将整个源程序翻译并执行完毕。显而易见,相较于编译型语言,用解释型语言编写的程序,其执行效率和运行速度要低一些。

(4) 连接程序　用编译型语言编写的源程序经编译器加工生成的目标程序文件,还不是计算机可直接执行的程序,还要用系统提供的连接程序将一个程序的所有目标文件和系统的库文件以及系统提供的其他信息连接起来,最终形成一个计算机可直接执行的二进制程序文件。连接程序又常常被称为连接器(linker)。连接生成的可执行文件,其文件名的后缀是 . exe。

1.5.2　开发 C++程序的基本过程

　　C++语言是一种编译型的语言,C++程序的开发过程与其他编译型语言一样,通常要先经过源程序的编辑,然后是编译、连接、运行调试这几个步骤,如图 1-6 所示。图中实线表示操作流程,虚线表示文件的输入输出。

　　现在市场上有很多 C++语言的编译器和开发工具。本书将以目前最流行的微软公司的 Visual

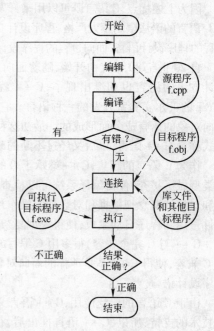

图 1-6　开发 C++程序的基本过程

C++为平台来介绍和学习 C++语言程序设计。Microsoft 公司的 Visual C++系统提供了一个基于 Windows 平台的可视化的集成开发环境(Integrated Development Entironment,IDE),它集程序的编辑、编译、连接和运行调试等功能于一体,而且提供了更加强大的系统集成能力。关于 Visual C++开发环境的进一步认识和使用,请参见"实验1　初识 C++程序开发环境"及"附录 A Visual C++ 6.0 开发环境及程序调试"。

习　题　1

● **思考题**

1-1　什么是程序? 什么是软件? 程序与软件的关系如何?

1-2　从面向对象软件技术的角度,如何理解"程序 = 算法 + 数据结构"这一命题?

1-3　C/C++语言有哪些特点? C 语言与 C++语言是怎样一种关系?

1-4　本章的"C++程序的开发过程"与"软件开发过程"是什么关系? 开发一个 C++程序的一般步骤是什么?

1-5　在一个 C++程序开发过程的关键步骤中,相应产生了哪几种文件? 文件的扩展名是什么?

第2章 C++语言基础

计算机语言是程序实现的工具,任何一门计算机语言都需要通过数据类型、运算符与表达式以及控制语句等来定义和实现程序中的数据结构和算法。本章首先通过几个程序实例,说明 C++程序的基本结构,然后就 C++语言的关键字与标识符、基本数据类型、运算符与表达式等进行介绍和说明。

在学习 C++语言的基本数据类型时,要注意数据类型所表达的意义;在学习 C++语言的运算符与表达式时,要注意计算机语言与数学语言之间的联系和区别,注意计算机语言特殊的表达方式和具体要求,学会由数学语言的抽象向计算机语言具体实现的转换。

2.1 C++程序的基本结构

下面通过几个程序实例,说明 C++程序的基本结构。

【例 2-1】通过显示器输出一行字符串:This is a C++ program.

实现本例题功能的源程序代码如下:

```
#include <iostream>          //文件包含命令(编译预处理命令)
using namespace std;         //使用名字空间 std
int main()                   //主函数首部
{                            //函数体开始
    cout << "This is a C++ program. " << endl;   //通过显示器输出一行字符串并换行
    return 0;                //如程序正常结束,向操作系统返回一个 0 值
}                            //函数体结束
```

说明:

(1)上述源程序代码中,每行后面用"//"引导的部分是程序的注释内容。注释对程序运行不起任何作用,但它同样是程序的重要组成部分。比如本例题,由于是刚开始接触 C++语言的程序代码,为了更好地理解程序代码的作用,所以在本例题中每一行都给出了注释,说明了该行程序代码的作用。随着学习的进一步深入,程序代码中的注释将逐步减少,对于一目了然就能理解的程序代码就没有注释的必要了。但对程序的作用、程序中的关键代码则应该给出必要的注释,以帮助理解和把握程序的意义和使用方法。

(2)对用户来说,本例题程序的有效代码只有一行:

```
cout << "This is a C++ program. " << endl;
```

其中,cout 代表显示器,endl(end line)代表换行,它的作用就是在程序运行时通过显示器输出以下一行信息:

This is a C++ program.

然后,光标移到屏幕下一行的起始位置。

对于本例题程序中的其他代码,它们是构成完整程序的基本要件。我们先只需要通过已经给出的注释对它们有所了解,知道在程序中照样保留它们就可以了。随着后续内容的学习,我们

再进一步认识和理解它们。

【例2-2】输入圆的半径,求圆的面积。

程序:

```
/* ------------------------------------------------------------
      Ex_Circle.cpp 程序的功能是:输入圆的半径,求圆的面积
    ------------------------------------------------------------
  */
#include <iostream>              //文件包含命令(编译预处理命令)
#define PI 3.141593             //定义符号常量 PI(编译预处理命令)
using namespace std;            //使用名字空间 std
int main()          //主函数首部
{                   //函数体开始
    double r,s;                       //声明两个 double 型变量 r 和 s
    cout <<"请输入半径(r):";          //显示提示信息
    cin >> r;                         //从键盘输入数据,存入变量 r 中
    s = r * r * PI;                   //计算圆面积并赋值给 s
    cout <<"圆面积:" << s << endl;    //输出提示信息和结果后换行
    return 0;        //如程序正常结束,向操作系统返回一个 0 值
}                    //函数体结束
```

程序运行结果:

请输入半径(r):<u>10</u>↵
圆面积:314.159

说明:

(1)上面的程序运行结果中,有下划线的部分表示是从键盘所输入的内容,其中"↵"表示 Enter(回车)键。有关程序运行过程中从键盘输入的内容,本书都采用这种表示方式。

(2)在本例题的源程序代码中,在"/*"和"*/"之间的内容都是程序的注释内容。这种注释方式可以出现在程序代码的任何位置,但"/*"和"*/"必须是成对出现。

(3)程序代码中的关键字 double,它代表通常意义上的实数类型,用以说明其后的变量所代表的存储空间要存储的是带小数的实数。

(4)程序代码中的 cin 代表键盘,表示要由键盘输入数据到有关变量中。比如,本例题程序运行到 cin 语句时,系统就暂停了程序的运行,等待用户从键盘输入数据。用户输入完数据10,并按 Enter(回车)键后,系统接收到用户输入的数据,并存放到变量 r 所代表的内存空间中。接着,程序继续往下运行。

【例2-3】输入两个整数,然后输出它们中的较大者。

程序:

```
#include <iostream>
using namespace std;
int max(int a, int b)          //定义 max 函数,函数值为整型,形式参数 a,b 为整型
{                              //max 函数体开始
    return (a > b? a:b);       //将 a 和 b 中的较大数返回,通过 max 带回调用处
}                              //max 函数体结束
```

```
int main( )                              //定义主函数
{                                        //主函数体开始
    int p,q,m;                           //变量声明
    cin >> p >> q;                       //从键盘输入两个数据,分别存入变量 p 和 q 中
                                         //两个输入数据之间用空格、Tab 符或回车分隔
    m = max(p,q);                        //调用 max 函数,将得到的值(p 和 q 中的较大数)赋给 m
    cout << "max = " << m << endl;       //输出 m 的值
    return 0;                            //主函数体结束
}
```

程序的两次运行结果:

　　　　　　　　　　①9 3 ↵　　　②−9 3 ↵
　　　　　　　　　　　max = 9　　　　　max = 3

说明:

(1) 在本例题的程序代码中包含两个函数:main( )和 max( )。main( )称为主函数,它虽然在 max( )函数的后面,但程序是从 main( )函数开始,而 max( )函数是被 main( )函数调用的。当 max( )函数运行结束,程序又回到 main( )函数中,并最后在 main( )函数中结束整个程序的运行。

(2) 在 main( )函数中,通过 cin 连续输入了两个数据,并分别存放到变量 p 和 q 中。当程序运行到 cin 语句需要由键盘连续输入多个数据量时,输入的数据之间要用空格、Tab 符或者回车键予以分隔,最后按回车键结束输入操作。

【例 2-4】日期类对象示例。

程序:

```
/* Ex_Date.cpp 日期类对象示例程序 */
#include <iostream>               //文件包含命令(编译预处理命令)
using namespace std;              //使用名字空间 std
                                 //定义日期类
class Date                        //声明一个类,类名为 Date
{
    private:                      //说明以下成员为私有成员
        int year,month,day;       //日期类的年月日数据成员
        char strLog[80];          //用于记录日志的数据成员
        bool check();             //判断日期是否合法(成员函数)
    public:          //说明以下成员(函数)为公有成员(函数)
        Date(int year,int month,int day);     //构造函数,用于建立日期对象
        bool isLeap();            //判断闰年(成员函数)
        bool isLeap(int year);    //判断闰年(重载成员函数)
        int weekOfDay();          //求当前日期是星期几
        void display();           //输出显示当前日期
        void setLog(char * str);  //设置日志信息
        char * getLog();          //获取日志信息
};
```

//日期类成员函数的实现(略)

//主函数(程序执行的入口)

```
int main()
{
    int year,month,day;
    cout << "Please input year,month,day: ";
    //从键盘分别输入年、月、日数据,中间用空格、Tab 符或回车分隔
    cin >> year >> month >> day;
    Date today(year,month,day);          //建立日期对象
    cout << "今天是:";
    today. display();                    //调用日期对象的成员函数显示日期信息
    today. setLog("今天为 2008 北京奥运会开幕日");//调用日期对象的成员函数设置日志信息
    cout << "今日要点:";
    cout << today. getLog() << endl;      //调用日期对象的成员函数显示日志信息
    return 0;                            //程序正常结束
}
```

程序运行结果:

> Please input year,month,day: 2008 8 8 ↵
> 今天是:2008 年 8 月 8 日 星期五 闰年
> 今日要点:今天为 2008 北京奥运会开幕日

　　说明:在本例题的程序中,定义了一个 Date 日期类。在 main() 函数中,通过 Date 类建立了一个 today 的日期类对象,并实现了相应的日期数据的操作。对该程序的有关细节,我们暂且不用深究,在这里主要是为了说明组成 C++ 程序的有关语法成分还包括类和对象。有关类和对象的详细内容将从第 8 章开始介绍。

　　从以上几个实例可以看出,C++ 程序的基本结构是由编译预处理命令、语句、函数、类、变量(对象)、输入与输出以及注释等几个基本部分组成的,并通过必要的缩进等书写格式使程序具有较好的可读性。

　　(1) 函数　函数由函数首部和函数体组成。函数体是用一对花括号"{ }"括起来,由若干条声明语句和执行语句组成的语句序列。一个 C++ 程序必须有且只能有一个 main() 函数,它是程序执行的入口。程序总是从 main() 函数开始在 main() 函数中结束,而不论 main() 函数在整个程序中的位置如何。

　　(2) 类　类是对具有相同数据属性和操作行为的一类对象的抽象,它是同一类对象的属性和操作行为的统一描述体。

　　C++ 程序以函数和类作为基本模块来组成应用系统。

　　(3) 语句　C++ 语句以分号";"作为语句结束符。C++ 语句书写格式灵活,一行可以书写多条语句,一条语句也可以分开写在连续的若干行上。但变量名、类型名、编译预处理命令等不能跨行书写(仍可使用续行符"\"分行)。

　　(4) 变量(对象)　变量是对数据存储空间的抽象。对象,我们暂且把它作为特殊的变量对待。

　　(5) 输入与输出　C++ 没有提供直接的输入/输出语句。C++ 用标准输入/输出的头文件 iostream 替代了 C 语言的 stdio. h,用标准流对象 cin、cout 和提取(输入)运算符" >> "、插入(输

出)运算符"<<"等扩展了 C 语言的 scanf( )和 printf( )函数的功能,实现了 C++的基本输入/输出操作。其中,cin 代表标准输入设备:键盘;cout 代表标准输出设备:显示器;输入/输出运算符">>"和"<<"的箭头方向说明了数据流动的方向。

　　所谓头文件是一组由编译系统提供的、已经被验证的、高效率的、成熟的函数和类组成的程序文件,又称库文件。用户不必重新定义就可以直接使用库文件,只需通过文件包含预编译命令(#include 命令),将要用到的函数和类对应的库文件包含到用户程序中即可。"头文件"是延续 C 语言的术语,因为原来该类文件的扩展名取自单词 head 的第一个字母 h,head 也表示它往往要在程序的开头出现。

　　(6) 编译预处理命令　程序中的"#include <iostream>"不是 C++的语句,而是 C++的一个文件包含预处理命令,它的作用是将 C++的一个标准库文件 iostream 的内容包含到程序的当前位置,代替该命令行。

　　编译预处理命令不是 C++语言本身的组成部分,不能直接对它们进行编译,而是在对源程序进行正式编译之前,先对源程序中的编译预处理命令进行"预处理",再对预处理后的程序代码进行正式编译,以得到目标代码。

　　编译预处理命令以#开头,它们可以出现在程序中的任何位置,但一般写在程序的首部。与 C++语句不同,预处理命令在行末不加分号";",每条命令均占用一行。

　　C++的标准库文件 iostream 中提供了 C++基本输入/输出(Input/Output)的有关功能。要通过标准流对象 cin 和 cout 进行输入/输出操作,首先需要把标准库文件 iostream 包含到程序中。

　　(7) using namespace 语句　程序中的"using namespace std ;"语句,其意思是"使用名字空间 std"。C++标准库中的类和函数是在名字空间 std 中声明的,因此程序中如果需要用到 C++标准库,首先需要用#include 命令将相应的标准库文件包含到当前程序中,然后还需要用"using namespace std ;"语句作声明,表示要用到名字空间 std 中的内容。

　　在初学 C++时,对程序中的"#include <iostream>"文件包含预处理命令和"using namespace std ;"语句,先不必深究。只需知道,如果程序有输入或输出时,必须使用它们。

　　(8) 注释与缩进　在源程序中,凡是放在"/*"和"*/"之间或以"//"开始到行尾的部分都是注释的内容,前者称为"块注释",后者称为"行注释"。在 VC++源程序编辑器中,程序代码中的注释文本以绿色显示。

　　程序在编译时,注释部分被忽略,不产生目标代码,对程序运行不起任何作用。尽管如此,注释仍然是程序的重要组成部分。注释可以提高程序的可读性,它是对编程意图、程序功能、算法、语句的作用等所做的必要说明。注释应在编程的过程中进行。在注释中一般不要陈述那些一目了然的内容,以免影响注释的效果。

　　程序在书写时不要将程序的每一行都由第一列开始,应在语句前面加进一些空格,称为"缩进"。

　　C++语言程序的书写格式自由度高、灵活性强、随意性大。比如,一行内可写一条语句,也可写几条语句;一条语句也可分写在多行内。因此,应该通过必要的缩进格式,或是在适当的地方加进一些空行,以提高程序的可读性,便于人们阅读和理解。例如:

　　(1) 一般情况下每个语句占用一行。

　　(2) 表示结构层次的花括号单独占一行,并与使用花括号的语句对齐。花括号内的语句采用缩进书写格式。

　　(3) 不同结构层次的语句从不同的起始位置开始,即在同一结构层次中的语句,缩进同样的字数,用锯齿形缩进表示程序(块)的层次结构。

(4) 适当加些空格和空行。

2.2　C++语言关键字与标识符

2.2.1　关键字

关键字(keyword)又称保留字(reserved word),是系统预先定义的、具有特定含义和用途的字符序列。用户不能将关键字用做自己的变量名或函数名等。在 VC++源程序编辑器中,程序代码中的关键字以蓝色显示。

常见的关键字有:

auto	break	case	char	class	const	continue
default	delete	do	double	else	enum	extern
float	for	friend	goto	if	inline	int
long	new	operator	private	protected	public	register
return	short	signed	sizeof	static	struct	switch
this	typedef	union	unsigned	virtual	void	while

2.2.2　标识符

标识符(identifier,ID)是用来标识变量名、函数名、数组名、类名、对象名、类型名、文件名等的有效字符序列。标识符命名需要遵守"先定义、后使用"的基本原则,而且还要注意其合法性、有效性和易读性。

(1) 合法性　C++规定标识符由大小写字母、数字字符(0~9)和下划线组成,且第一个字符必须为字母或下划线;标识符中不能有汉字和空格;标识符区分大小写;用户自定义的标识符不能和系统的关键字同名。

例如,下面的标识符都是合法的:

X2 area_of_circle Student student _student (注意后面 3 个是不同的标识符)

而下面的标识符则不合法:

2X area-of-circle M. D (good student) int

(2) 有效性　标识符的长度最好不要超过32 个,有的编译系统只能识别前32 个字符,前32个字符相同的两个不同标识符被有的系统认为是同一个标识符。

(3) 易读性　做到"见名知义"就可以达到易读性的目的。

例如,min 表示最小值,average 表示平均值。

2.2.3　命名规范

标识符命名不仅需要遵守"先定义、后使用"的基本原则,并注意其合法性、有效性和易读性,而且还应遵守一定的规范。在软件开发的过程中,人们已逐步积累并总结出了许多行之有效的命名方法,如匈牙利命名法等。我们可以借鉴已有的命名方法,并结合自己的实际,建立符合我们需要的命名规范。比如:

(1) 以有意义的英语单词命名优先。

（2）变量名和函数名的第一个单词用小写字母,第二个以后的单词首字母大写。

例如:int myAge; getMyAge( )。

（3）常量名全部大写。

例如:const double PI = 3. 14。

（4）类名首字母大写,每个单词开头大写,其他用小写。

例如:class Hello; class EmployeeTes。

2.3　C++语言的数据类型

在计算机程序中处理的数据,总是具有某种确定的数据类型。数据类型描述了一个数据的以下 3 个特征:

（1）该类型的数据在计算机中所占内存的大小。

（2）该类型数据的存储格式与合法取值范围。

（3）应用于该类型数据的合法操作和运算集。

C++语言的数据类型如图 2-1 所示。

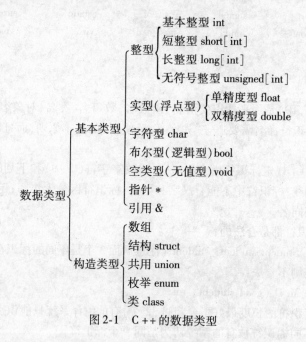

图 2-1　C++的数据类型

图 2-1 中的短整型、长整型和无符号整型的类型说明符中,用"[ ]"括起来的部分可以省略,几种整型类型对应着数学中的整数的概念,而 float 型和 double 型则对应着数学中的实数的概念,即带小数点的数。

C++没有统一规定各种类型数据所占用存储空间的大小,但规定了不同类型数据之间存储空间的大小关系。如 int 型数据所占的存储空间大小（字节数）不大于 long 型、不小于 short 型。此外,同一种数据类型在不同的 C++编译系统中的存储空间的大小可能不同,其数据的取值范围也就会有差异。图 2-2 是 Visual C++ 6.0 系统中的若干类型数据在内存中的存储格式示意图,表 2-1 是 Visual C++ 6.0 系统中的若干类型数据在内存中的空间大小与取值范围。

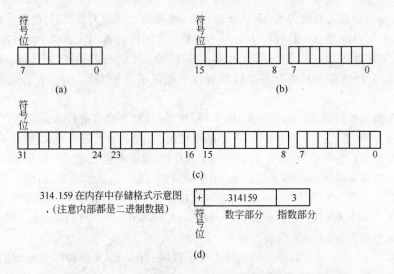

图 2-2 不同类型数据在内存中的存储格式示意图
(a) 字符型数据的存储格式；(b) 短整型数据的存储模式；(c) 整型和长整型数据的存储格式；
(d) 浮点型数据的存储格式

表 2-1 Visual C++ 6.0 若干类型数据的存储空间大小与取值范围

数 据 类 型	占 字 节 数	取 值 范 围
bool	1	{false，true} 或 {0，1}
char	1	−128 ~ 127
unsigned char	1	0 ~ 255
short [int]	2	−32768 ~ 32767 即 -2^{15} ~ $(2^{15}-1)$
unsigned short [int]	2	0 ~ 65535
int	4	−2147483648 ~ 2147483647
unsigned [int]	4	0 ~ 4294967295
long [int]	4	−2147483648 ~ 2147483647
unsigned long [int]	4	0 ~ 4294967295
float	4	−3.4E38 ~ 3.4E38
double	8	−1.7E308 ~ 1.7E308

C++语言对于数据类型的处理非常灵活，而一个数据的数据类型决定了该数据所占用的内存大小、存储格式、取值范围以及对该数据允许的操作或运算，因而需要注意 C++ 中各种类型数据的不同特点及相关问题。例如：

(1) char 型的字符数据在内存中是以它的 ASCII 码存储的。比如，字符 'a' 的 ASCII 码为 01100001，它在内存中的存储形式也就是 01100001，其对应的十进制表示为 97，与十进制整数 97 在一个字节的存储空间中的存储形式是一样的，也就是说，在一个字节的范围内，一个 int 型数据与一个 char 型数据的 ASCII 码是互通的，二者可以通用。

(2) 在 C 语言中，没有 bool 类型，而是用 0 表示"假"，用非 0 表示"真"。在 C++ 中，为了提高程序的可读性，引入了 bool 类型，其值为 true(真)或 false(假)。

C++ 的 bool 型数据其实是占用 1 个字节的两个特殊整数——1 和 0，对应 true 和 false。显然 bool 型与 int 型数据之间的关系,跟 char 型与 int 型数据之间的关系类似,也是互通的。

由于 int 型与 char 型、int 型与 bool 型在一个字节范围内的通用关系,int 型数据不仅可以参与算术运算、关系运算,还可以参与逻辑运算、位运算等几乎所有的运算,同样的,char 型和 bool 型数据,也可以广泛地参与其他运算。这给程序员提供了某种方便,但也容易造成混乱,应予注意。

(3) 两个整型数可以进行求余运算,但实型数(浮点数)不允许进行求余运算。

(4) 在一个 int 型空间中的正整数,若不断地增值,它并不能无限地变大,而是会在某个时刻因为符号位的改变而变成负数,会在某个时刻变为 0 值,这就是整数溢出的问题。

(5) float 型和 double 型数据采用的是"尾数 + 阶码"的浮点表示形式,如图 2-2(d)所示,它们可表示的数值范围分别为 $-3.4 \times 10^{38} \sim 3.4 \times 10^{38}$ 和 $-1.7 \times 10^{308} \sim 1.7 \times 10^{308}$,精度可以精确到 1.0×10^{-38} 和 1.0×10^{-308}。因此,在一般的应用问题中,float 型和 double 型数据总是可以满足精度和大小的要求,不会出现溢出现象。

以上仅就 C ++ 若干基本数据类型的特点作了说明,有关 C ++ 各种数据类型的进一步认识和应用将在随后各章节中陆续介绍。

2.4　常量与变量

程序中的数据,按照它在程序执行过程中其值是否允许被改变,又被分为常量与变量两大类。常量(constant)是指在程序执行过程中,其值不能被改变的量;变量(variable)是指在程序执行过程中,其值可以被改变的量。无论是常量还是变量,它总是具有某种确定的数据类型,从而决定了其占用存储空间的大小、存储格式以及允许的操作。

2.4.1　常量

C ++ 中的常量,可以以字面常量、const 常量或是符号常量的形式出现。

2.4.1.1　字面常量

以字面值的形式直接出现在程序中的常量称为"字面常量","字面常量"又称为"直接常量"或"值常量"。字面常量的类型是根据其书写形式来区分的,如 21,0, - 6 为整型常量,8.9, -1.58 为实型常量,'a','x'为字符型常量,"C ++ Program"为字符串常量。

(1) 整型常量　整型常量有三种表示形式。

1) 十进制形式的整数。如:34,128。

2) 以数字 0 开头的八进制形式的整数。如:020 表示它是一个八进制数 20,相当于十进制数 16; - 013 表示它是一个八进制负数 - 13,相当于十进制数 - 11。

3) 以数字 0 和一个英文字母 x(或 X)开头的十六进制形式的整数。如:0x20 表示它是一个十六进制数 20,相当于十进制数 32; - 0x1a 表示它是一个十六进制负数 - 1a,相当于十进制数 - 26。

当需要将一个整型常量存储在空间更大的存储类型中时,须在该整数的结尾加上相应的后缀。例如,要将 int 型范围的整数存储在 long 型中,要以大写字母 L 或小写字母 l 作结尾,比如:3276878L,496L;要将 int 型范围的整数存储在 unsigned 型中,要以大写字母 U 或小写字母 u 作结尾,比如:2100U,6u。

(2) 实型(浮点型)常量　实型常量又称为浮点数,它只有十进制的小数和指数两种形式。

1) 小数形式的浮点数。小数形式的浮点数由正负号、数字和小数点组成。其中小数点不能缺少,正数符号可以省略。如: + 3.14, - 2.5,123.0,123.,0.123,.123。

2）指数形式的浮点数。指数形式也就是科学记数法的形式,由尾数部分(数字部分)、指数符号 E(或 e)和指数部分共同构成。尾数部分和指数部分均不能省略,即指数符号 E 的前后都必须有数字,而且 E 后面的指数部分必须是一个十进制整数,而 E 前面的尾数部分在书写形式上可以是一个十进制整数,但本质上是一个小数形式的实型常量。如 1.2E9 或 1.2e9,都表示 1.2×10^9;1e-7 表示 1.0×10^{-7}。

可通过在数值后加上相应的后缀来表示不同的浮点类型的数值。加后缀"f"或"F"表示 float 型数,比如,1.234f 或 1.234F,而数值后无后缀的浮点数默认为 double 型数据。

在程序中无论把浮点数写成小数形式还是指数形式,在内存中都是以规范化的指数形式(即浮点形式)存储的,其中尾数部分必须小于 1、同时小数点后面第一个数字必须是一个非 0 数字。例如,无论在程序中写成 314.159 或 314.159e0,31.4159e1,3.14159e2,0.314159e3 等形式,它们在内存中的存储格式都是一样的,如图 2-2(d)所示。

（3）字符常量　字符常量是用单引号引起来的单个字符。如:'a'、'4'、'@'等是字符(char 型)常量。

另外,为了表示控制符等一些具有特殊功能的符号,C++提供了一种以反斜杠"\"开头的转义字符的字符常量表示方法。"转义字符",意思是将反斜杠"\"后面的字符转换成另外的意义,如:'\n'中的"n"不代表字母 n 而转义为一个控制操作——换行。

C++语言中常用的转义字符见表 2-2。

表 2-2　C++语言中常用的转义字符

字 符 形 式	功　　能	ASCII 码(十进制形式)
\n	换行	10
\t	水平制表(横向跳格:跳到下一个 tab 位置)	9
\b	退格	8
\r	回车(不换行,光标移到本行行首)	13
\\	反斜杠字符"\"	92
\'	单引号(撇号)字符	39
\"	双引号字符	34
\0	ASCII 码 0 所代表的"空操作(Null)"字符	0
\ddd	1~3 位八进制数所表示的 ASCII 字符	
\xhh	1~2 位十六进制数所表示的 ASCII 字符	

注: 1. 与八进制整数和十六进制整数的书写格式不同,表中的"\ddd"和"\xhh"所要求的八进制数和十六进制数没有以 0 引导。

2. 注意区别"空格(spacebar)"和"空操作"字符 '\0',"空操作"字符的 ASCII 码为 0,而"空格"的 ASCII 码为 32。

（4）字符串常量　字符串常量是用双引号引起来的若干个字符。如:"ab2e + "、"147"、"s"等。字符串常量在内存中按顺序逐个存储串中字符的 ASCII 码,并在最后自动存放一个"空(Null)"字符 '\0','\0'表示字符串的结束,所以字符串常量实际占用的内存字节数要比串中有效字符数多一个。

注意区别字符常量与字符串常量,比如,'a'是一个字符常量,占用一个字节的存储空间;而"a"是一个字符串常量,其有效字符虽然也只有一个 'a',但它还包含一个字符串结束符 '\0',"a"占用两个字节的存储空间。

字符串常量中同样可以使用转义字符,这时要注意区分开其中的转义字符与普通字符。

比如,如果程序中有下面的输出语句:

　　cout << "This is the first line. \nnext line is . . . " ;

程序运行后,在屏幕上显示的结果是:

　　This is the first line.

　　next line is . . .

它输出了两行,因为输出的字符串常量中的"\nnext",其中紧跟"\"的 n 代表换行的转义字符,再后面的 n 是一个普通字符。

又比如,如果程序中有下面的输出语句:

　　cout << "The numbers is 100\083. " ;

程序运行后,在屏幕上显示的结果是:

　　The numbers is 100

它只输出了字符串中"\083"左边的内容,因为其中的"\083"并不是一个八进制数,八进制数中没有数码"8",所以系统把"\0"作为转义字符理解,再后面的"83"是普通的数字字符,由于转义字符"\0"代表了一个有效字符串的结束,在它后面出现的字符,对于字符串而言是没有意义的,所以系统输出的结果到"\0"为止。

2.4.1.2　const 常量与符号常量

如果在程序中经常用到某个常量,当需要对该常量的值进行修改时,如果它是一个字面常量,修改起来往往顾此失彼,导致不一致。如果给这类常量取一个名字,通过名字去使用常量,将可避免以上问题,并且这种方法能保障数据的一致性,大大提高程序的可读性。

常量名的使用,必须遵循标识符"先定义、后使用"的基本原则。习惯上,常量名全部用大写字母标识。例如,通常用 PI 代表圆周率 3.14159 这个常量。

可以通过 const 修饰符定义一个有名常量,也可以沿用 C 语言的宏定义命令(#define)定义一个符号常量。

(1) const 常量　定义 const 常量的语句格式为:

　　const 类型标识符 常量名 = 表达式;

其中,"类型标识符"用以说明"常量名"所代表的量的数据类型,而 const 用以说明"常量名"所代表的量在程序运行期间不允许被改变。所以在定义 const 常量时必须同时对它初始化(即指定其值),此后它的值不能再改变。例如:

　　const float PI = 3.1416 ;

　　const int N = 100 + 80 ;

上面定义的 const 常量 PI,表示将 3.1416 这个实数存放在名字为 PI 所代表的 float 型的存储单元中;const 常量 N,表示将 100 + 80 的结果 180 存放在名字为 N 所代表的 int 型的存储单元中。它们在程序运行期间,其值是不允许被改变的。

(2) 符号常量　符号常量的定义——宏定义命令#define。

C++ 语言从 C 语言中继承了一种定义常量的方法,即在编译预处理中通过宏定义命令(#define)实现宏替换的方法,定义一个符号常量。例如:

　　#define PI 3.1416

#define N 100

这样,在程序代码中出现的所有的标识符 PI 就代表 3.1416,所有的标识符 N 就代表 100。

但须注意用宏替换的方法定义符号常量与 const 方法定义一个有名常量的实现机制是不同的。const 常量说明的是程序执行期间具有确定类型但不能改变值的、通过名字识别的一个数据存储单元,而上述的宏定义命令,它表示在编译预处理时把程序代码中出现的所有标识符 PI 用 3.1416 来替换,所有 N 用 100 来替换。宏替换的方式中没有类型、值的概念,仅是两个字符串在字面上的简单替换,在内存中并没有一个符号常量名所代表的存储单元,因而在程序中容易产生问题。比如,若有宏定义:#define N 100+80,它表示在编译预处理时把程序代码中出现的所有的标识符 N 简单地在字面上用"100+80"来替换,而"100+80"的具体意义是由程序中所替换位置的其他代码决定的,并不能肯定表示 180 这个整数。

因此,在大多数情况下建议使用 const 常量而不使用符号常量来定义一个有名常量。

2.4.2　变量

变量是对数据存储空间的抽象。const 常量名代表内存中的某个类型的数据存储单元;同样,变量名也是代表内存中的某个类型的数据存储单元,但这个存储单元的内容在程序执行期间是可以改变的,即变量值是可以改变的。其实,所谓 const 常量,就是对一个变量通过 const 修饰符作用以后,限制了该变量的可变值的性质,保证了该变量在程序执行期间其值不能被改变,所以 const 常量也可以称为 const 变量。

(1)变量的定义　变量在程序中必须遵循"先定义(或先声明)、后使用"的基本原则,程序中出现的所有变量都必须在第一次使用前由变量说明语句进行说明。

变量说明语句的格式为:

　　类型标识符 变量名表;

其中,"变量名表"是用逗号","隔开的一组同一类型的变量。例如:

　　int a ;
　　char c1 , c2 ;
　　double x , y , z ;

习惯上,常量名全部用大写字母,变量名则使用小写字母。

(2)变量的初始化　在定义变量的同时指定变量的值称为变量的初始化。C++语法为在变量的说明语句中进行变量初始化提供了方便。在 C++中对变量进行初始化有两种形式:

形式 1:类型标识符 变量名 = 表达式;

形式 2:类型标识符 变量名(表达式);

例如:

　　int a = 10 ;　　　　　　　//定义整型变量 a 的同时指定其值为 10
　　char c1 = 'A', c2('B') ;　　//定义字符变量 c1 和 c2 的同时指定其值分别为 'A' 和 'B'
　　double x, y, z = 3.18 ;　　//定义 double 型变量 x、y 和 z 的同时指定 z 的值为 3.18
　　　　　　　　　　　　　　//但 x 和 y 没有指定初始值

另外,有几点需要注意:

1)当定义一个变量时,若没有对它进行初始化,则它的值是未知的、不确定的。

2)在定义 const 修饰的变(常)量时,必须同时对它进行初始化。

3) 在 C++ 中虽然有字符串常量,却没有字符串变量。那么如何解决字符串"变量"的问题呢? 在后续的字符数组、字符指针、字符串对象等相关章节中将给出回答。

2.5　运算符与表达式

运算符是实现某种操作的符号,表达式则是由常量、变量、运算符、函数和圆括号等按一定的规则组成的一个操作序列。

运算符有两个重要的属性——优先级和结合性。优先级是指运算符所指定的运算的执行次序,优先级高的运算先执行;结合性是指同一优先级的运算符是从左向右的次序求值(称左结合)还是从右向左的次序求值(称右结合)。

按照参与运算的运算对象(操作数)的个数,可将运算符分为单目运算符、双目运算符以及三目、多目运算符。根据运算符运算类型的不同,可将表达式分为算术表达式、关系表达式、逻辑表达式、赋值表达式等。

高级程序设计语言中的运算符与表达式的概念来源于数学,但要注意与数学概念的区别与联系。具体地说,在学习 C++ 的运算符与表达式时,要注意如下几点:

(1) 运算符的合法性。比如,在程序代码中,不能将乘法运算符" * "错误地用" × "表示,不能将关系运算符" >= "错误地用" => "或" ≥ "表示。

(2) 运算符的功能。

(3) 运算符与操作数的关系:要求操作数的个数;要求操作数的类型。

(4) 运算符的优先级别。

(5) 运算符的结合方向("自左至右"或"自右至左"的求值次序)。

(6) 运算结果的类型。

(7) 多个连续运算符的识别:C++ 总是从左至右尽量多地将若干个字符组成一个运算符。

C++ 中有丰富的运算符,其功能强大、适应广泛、使用灵活。在附录 B 中,按优先级列出了 C++ 的运算符。下面介绍一些基本的运算符及其表达式。

2.5.1　算术运算符与算术表达式

+(加), -(减), *(乘), /(除), %(求余), 它们是 C++ 的基本算术运算符。

由算术运算符连接起来组成的表达式即为算术表达式。

说明:

(1) C++ 中没有幂运算符(乘方运算符),幂运算可通过函数实现。

(2) 注意 C++ 中除法运算的特点:

1) 当两个整数进行除法运算时,若不能整除,其结果也一定为整数而舍去小数部分。多数系统采取"向零取整"的方式来舍去小数部分。例如,5/3 的结果为 1, -5/3 的结果为 -1(而不是 -2)。

2) 当两个数相除,若除数和被除数中有一个是浮点数,则进行浮点数除法,结果是 double 型。例如,5/3.0 的结果为 1.66667, -5.0/3 的结果为 -1.66667。

注意比较:1/3 * 3 的结果为 0,而 1.0/3 * 3 的结果近似为 1。为什么? 请读者自己分析。

(3) 求余运算与乘除运算的优先级相同,但注意求余运算的运算对象必须是整数,而且还要注意求余运算结果的符号与除法运算不一致(求余运算结果的符号与被除数符号相同)。例如,40%11 和 40% -11 的结果都是 7, -40%11 和 -40% -11 的结果都是 -7。

2.5.2 赋值运算符与赋值表达式

赋值运算的格式为：

变量名 = 表达式

赋值符号"="就是赋值运算符,由赋值运算符将一个变量和一个表达式连接起来组成的式子就是赋值表达式。它的作用是将一个数据——赋值符号"="右边表达式的结果,赋给一个变量,实现赋值运算。例如：

```
int a, b , s = 1 ;        //定义变量的同时指定(初始化)s 的值为 1
a = 7 ;                   //给 a 变量赋值为 7
b = (a + s) * 10 ;        //将(a + s) * 10 的结果(80)赋值给变量 b
s = s + a ;               //将 s 的值与 a 的值相加后的结果,再次赋值给 s
```

在程序中经常出现类似于 s = s + a 这样的赋值表达式,它充分反映了"变量代表的是一个存储空间"这样一个概念。对于这样的赋值表达式,C + + 还提供了一种内部效率更高的复合赋值运算符来实现它。

在赋值符"="之前加上其他运算符,就构成了复合赋值运算符。比如,在"="前加上一个"+"运算符就构成了复合的赋值运算符"+=",它的作用是把运算符"+="右边表达式的计算结果与左边变量的值相加,再把相加后的值又赋给左边的变量。例如：

```
a += 3       等价于 a = a + 3,即:先使 a 加 3,再把和值赋给 a,使 a 进行一次自加 3 的操作
s += a       等价于 s = s + a,即:使 s 进行一次自加 a 的操作
x% = 3       等价于 x = x%3,即:先对 x 进行除以 3 的求余运算,再把运算结果赋给 x
x * = y + 8  等价于 x = x * (y + 8),即:先将 x 与(y + 8)相乘,再把运算结果赋给 x
```

为了更好地把握复合赋值运算的计算方式,还可以这样理解复合赋值运算的操作过程：

(1) 先将复合赋值运算符"="右边的部分用括号括起来,如果"="右边的部分只是一个孤立的数据,本步骤可以忽略。

(2) 再将"="左边的部分整体移动插入到"="右边,这样组成的表达式就是复合赋值运算最终将计算的表达式。

例如：

  a+=3 ➡ a+ = 3 ➡ a=a+3

  x*=y+8 ➡ x* = (y+8) ➡ x=x*(y+8) (可避免错误地理解成x=x*y+8)

赋值符号"="是一个运算符,通过它组成一个赋值表达式,这是 C + + 语言的一个重要特点。因为表达式的使用非常灵活,这使得赋值运算不仅仅是出现在赋值语句中,而是可以出现在允许表达式出现的任何地方。C + + 语言的这个特点,使其在算法(功能)实现上比其他高级语言更有优势。

赋值运算符的结合方向为"从右至左"。例如,a = b = 5 相当于 a = (b = 5)。

C + + 语言对于数据类型和表达式的处理非常灵活,它允许将某个类型的数据赋给另一种类型的变量,这时可能会出现数据溢出或数据截断的问题,还可能因系统对类型的不同理解而对存储内容完全相同的数据给出不同的处理。由于这些原因,程序运行后常常会出现意想不到的结

果,而编译系统并不提示出错,全靠程序员的经验来找出问题。这就要求编程人员对出现问题的原因有所了解,以便迅速排除故障。为此,当赋值运算符两侧的类型不一致时,我们要知道 C++的处理方式并予以足够的重视:

(1) 将浮点型数据赋给整型变量时,直接舍弃其小数部分。比如:

　　　　int i ; i = 2.83;　　　//程序执行后 i 的值为 2

(2) 将整型数据赋给浮点型变量时,整数值不变,但转换为浮点形式存储到变量中。

(3) 将 double 型数据赋给 float 变量时,要注意数据溢出(超出数据取值范围)问题。

(4) 将一个整型数据赋给另一种整型变量时(包括字符类型),按存储单元中的存储形式(对应的数位)直接传送。但注意:1)在将"长"类型向"短"类型赋值时,可能出现数据截断的问题。比如,将一个 int 型数据赋给一个 char 型变量,只将其低 8 位原封不动地送到 char 型变量,高位字节的数据将丢失(发生截断)。2)在将"短"类型向"长"类型赋值时,有一个符号扩展的问题。3)在同样存储空间大小的有符号类型与无符号类型(unsigned)之间赋值时,要注意因类型的不同,系统将采取的不同的理解和处理方式。有关示例请参见例 2-9。

关于赋值运算符与赋值表达式,还须注意如下两点:

(1) 赋值表达式的类型与值,取决于赋值运算符左边变量的类型与值。

例如:(假设 a,b,c 均定义为 int 型变量)

a = b = c = 5　　　　　　　　(a,b,c 值均为 5,表达式值及类型与 a 一致,为整型量 5)

a = 5 + (c = 6)　　　　　　　(c 值为 6,a 值为 11,表达式值为 11)

a = (b = 10)/(c = 2)　　　　(b 值为 10,c 值为 2,a 值为 5,表达式值为 5)

a = (b = 9) − 2.3　　　　　　(b 值为 9,(b = 9) − 2.3 的值为 6.7,但因 a 为 int 型变量,只能接受整数部分 6,而整个表达式值及类型与 a 一致:为整型量 6 而不是 6.7)

a += a − = a * a 等价
于 a += (a − = a * a)　　　　(若 a 的初值为 6,则最后 a 值为 −60,表达式值亦为 −60)

(2) 注意区别定义变量时的初始化操作与定义变量之后的赋值操作。例如:

　　　　int a = b = c = 5;　　　　　//非法,违反了"先定义、后使用"的原则
　　　　int a = 5, b = 5, c = 5;　　　//合法
　　　　int a, b, c ; a = b = c = 5 ;　//合法

2.5.3　关系运算符与关系表达式

C++提供了 6 种关系运算符,它们按优先级可以分为两组:

在关系运算中优先级较高的: >(大于)、>=(大于等于)、<(小于)、<=(小于等于)

在关系运算中优先级较低的: ==(等于)、!=(不等于)

由关系运算符连接起来组成的表达式即为关系表达式。

例如:

　　　　　　a! = b > c　　　　　　　等效于 a! = (b > c)
　　　　　　a == b < c　　　　　　　等效于 a == (b < c)
　　　　　　a > b! = c　　　　　　　等效于 (a > b)! = c

又如:

  c > a + b   等效于 c > (a + b)——关系运算符的优先级低于算术运算符

  a = b > c   等效于 a = (b > c)——关系运算符的优先级高于赋值运算符

  f = a > b > c   等效于 f = ((a > b) > c)——关系运算符的结合方向是"自左至右"

              (从整体上看,上面 3 个表达式中后面的 2 个表达式属于赋值表达式)

说明:

(1) 无论参与关系运算的操作数的类型如何,关系运算的结果只能是两个逻辑值之一——0(false)或 1(true)。

(2) 关系运算符" == "由两个等号" = "组成,注意与赋值符" = "区别开。

(3) 字符型数据按其 ASCII 码值的大小进行比较,但字符串常量不能直接用关系运算符比较。比如,"ABCD"与"AAA"不能直接比较大小,应使用相关的字符串函数进行比较。

(4) 不要对浮点数做相等或不相等的比较,因为两个浮点数的有效数字位数不一定相同,难以做精确比较,否则可能出现无法预知的结果或出现与预期值背离的结果。

(5) 在 C++语言中,允许使用诸如"a <= x <= b"这样的表达式,但其含义与同样的数学语言形式所表达的含义并不一致。比如,若 x 为 0.5,作为数学表达式的 0.3 <= x <= 0.8,其结果为 true(真);但在 C++语言中,0.3 <= x <= 0.8 的结果为 false(或 0)而不是 true(或 1)。为什么?请读者分析。

2.5.4 逻辑运算符与逻辑表达式

C++的逻辑运算符有:!(逻辑非)、&&(逻辑与)、||(逻辑或),优先级依次从高到低。由逻辑运算符连接起来组成的表达式即为逻辑表达式。

以下是逻辑运算符作用的通常描述:

(1) a&&b:若 a、b 均为真,则 a&&b 为真;若 a、b 之一为假,则 a&&b 为假。

(2) a||b:若 a、b 之一为真,则 a||b 为真;若 a、b 均为假,则 a||b 为假。

(3) ! a:若 a 为真,则!a 为假;若 a 为假,则!a 为真。

在 C++语言中,参与逻辑运算的量并不一定是逻辑值,C++允许各种类型的数据参与逻辑运算。那么,如何判断逻辑运算符两侧量的逻辑性呢?规则是,非 0 为"真"、0 值为"假"。

虽然 C++中参与逻辑运算的操作数并不要求是逻辑量,但逻辑运算的结果与关系运算一样,只能是两个逻辑值之一——0(false)或 1(true)。例如:

(1) 3||2 合法,其结果为 1(true)。

(2) 8&&0 合法,其结果为 0(false)。

(3) 若 a = 4,b = 5,则 a && b 的值为 1(true),因为 a 和 b 均为非 0,被当作"真"。

(4) 若 a = 4,则!a 的值为 0(false),因 a 为非 0 当作"真",对"真"求"非"变为"假"。

如上一节所述,在 C++中虽然允许使用诸如"a <= x <= b"这样的表达式,但其含义与同样的数学语言形式所表达的含义并不一致。若要实现"a <= x <= b"这样的数学语言所表达的原意,可以使用逻辑运算符将两个关系表达式连接成一个逻辑表达式,实现它的原意。即(a <= x)&&(x <= b)。

在有 && 和||的逻辑表达式的求解中,并非整个表达式的所有运算都完整地执行,一旦逻辑运算符左边的逻辑量已经确定了整个表达式的结果,表达式的剩余运算将即刻停止。例如:

(1) a&&b&&c:只有 a 为"真(非 0)"时,才需要判断 b 的值;只有 a、b 都为"真"时,才需要判断 c 的值;只要 a 为"假",运算操作就结束,整个表达式的值为 0。

（2）a‖b‖c：只要 a 为"真"，运算操作就结束，整个表达式的值为 1。

（3）（m = a > b）&&（n = c > d）：当 a = 1，b = 2，c = 3，d = 4，m 和 n 的原值为 1 时，表达式执行后，由于"a > b"的值为 0，m = 0，故"n = c > d"不被执行，因此 n 的值不是 0 而仍保持原值 1。

【例 2-5】 用 C++语言的表达式描述下列命题：

（1）三个数据 a、b、c，若能够构成三角形，表达式取真值，否则取假值。

解：能构成三角形的充要条件是，三角形三个边中的任意两个边的边长之和大于第三个边的边长。即：a + b > c&&a + c > b&&b + c > a

更清晰的写法：

（a + b）> c && （a + c）> b && （b + c）> a

（2）判别一个字符（ch）是否是一个字母。

解：ch >='A'&& ch <= 'Z'‖ ch >= 'a'&& ch <= 'z'

（3）判别某一年（year）是否为闰年。闰年的条件是符合下面两者之一：1）能被 4 整除，但不能被 100 整除；2）能被 100 整除，又能被 400 整除。例如 2008、2000 年是闰年，2005、2100 年不是闰年。

解：（year % 4 == 0 && year % 100 ! =0）‖ year % 400 == 0

当给定 year 为某一整数值时，如果上述表达式值为 1，则 year 为闰年，否则 year 为非闰年。

还可以用"!"运算符作用于上述表达式，直接判别非闰年：

! （（year % 4 == 0 && year % 100 ! = 0）‖ year % 400 == 0）

这时，若表达式值为 1，则 year 为非闰年，否则 year 为闰年。

2.5.5　其他运算符

2.5.5.1　自增（++）和自减（--）运算符

自增（++）和自减（--）运算符，只能作用于变量。它有前置与后置两种形式：

（1）前置自增/自减。

++i

--i

（2）后置自增/自减。

i++

i--

自增（++）和自减（--）运算符，若孤立地看它们对所作用变量（i）的影响，则无论是前置还是后置，结果都一样，都是使变量的值增 1 或减 1，等价于 i = i + 1 或 i = i - 1。

但必须注意的是，自增（++）和自减（--）运算符的作用，主要体现在程序中变量（i）所处位置的其他代码如何使用这个变量（i）。

前置自增/自减运算，它是先使变量（i）增 1 或减 1，再使变量（i）参与到程序的正常流程中；后置自增/自减运算，则先使变量（i）参与程序的正常流程，紧跟着使变量（i）增 1 或减 1。例如：

若 i 的原值为 3，则执行 j = ++i 后，j 值为 4，i 值为 4。因为 i 先自增 1，再赋值给 j。

若 i 的原值为 3，则执行 j = i++ 后，j 值为 3，i 值为 4。因为 i 先赋值给 j 后再自增 1。

在程序中合理使用自增（++）和自减（--）运算符，能使程序简洁高效。不过有利也有弊，由于前置、后置的用法较为复杂，有时在与加法、减法运算符混合使用时容易出现混乱，在编程时应注意避免出现诸如：++a++、a+++++a 这样的表达式。

2.5.5.2 条件运算符与条件表达式

条件运算符要求有 3 个操作对象，它是 C++ 中唯一的一个三目运算符。

条件表达式的一般形式为：

> 表达式 1 ? 表达式 2 ：表达式 3

求解过程：先求解表达式 1，若为非 0（真），则求解"："左边的表达式 2，此时表达式 2 的值就作为整个条件表达式的值；若表达式 1 的值为 0（假），则求解"："右边的表达式 3，表达式 3 的值就是整个条件表达式的值。

【例 2-6】 用 C++ 语言的表达式描述下列命题：

（1）求两个数中的较大数——将 x 和 y 中的较大数赋给 z。

解：z = (x > y ? x : y)

（2）判别一个字符是否为大写字母，如果是，将它转换成小写字母；如果不是，不转换。

解：假设被判别的字符存储在 char 型变量 ch 中，则

ch = (ch > = 'A' && ch < ='Z') ? (ch + 32) :ch

或 ch = (ch > = 'A' && ch < ='Z') ? (ch + 'a' - 'A') :ch

（从 ASCII 码表中可知，对应的大小写字母的 ASCII 码值相差 32）

条件表达式中，表达式 1、表达式 2 和表达式 3 的类型可以不同，这时，无论条件表达式的值取自表达式 2 还是表达式 3，条件表达式的类型总是取决于这二者中较高的类型。例如，有条件表达式 x > y ? 1 : 1.5，如果 x≤y，则条件表达式的值为 1.5，若 x > y，值应为 1，由于 C++ 把 1.5 按 double 型处理，double 的类型比 int 型高，因此，将 1 转换成 double 型数据，以此作为表达式的值。

2.5.5.3 逗号运算符与逗号表达式

由逗号运算符将若干表达式连接起来，就组成了逗号表达式。

逗号表达式的一般形式为：

> 表达式 1，表达式 2，……，表达式 n

逗号运算符又称为"顺序求值运算符"，其求解过程是，从左至右顺序求解各表达式的值，而整个表达式的值为最后运算的"表达式 n"的值。

逗号运算符是所有运算符中级别最低的运算符。

下面给出几个逗号表达式或与逗号表达式有关的式子：

a = 3 * 5, a * 4	整个表达式是一个逗号表达式，表达式的值取 a * 4 的值为 60（a 值为 15）
(a = 3 * 5, a * 4), a + 5	整个表达式是一个逗号表达式，表达式的值取 a + 5 的值为 20（a 值为 15）
x = a = 3, 6 * a	整个表达式是一个逗号表达式，表达式的值取 6 * a 的值为 18（x 和 a 的值均为 3）
x = (a = 3, 6 * 3)	整个表达式是一个赋值表达式，是把一个逗号表达式（a = 3, 6 * 3）的值 18 赋给 x，整个表达式的值就是被赋值的 x 的值，为 18

其实，逗号表达式无非是把若干个表达式"串联"起来。在许多情况下，使用逗号表达式的目的只是想分别得到各个表达式的值，而并非一定需要得到和使用整个逗号表达式的值。

2.5.5.4 sizeof 长度提取运算符

sizeof 运算符用于计算某种类型的数据对象在内存中所占的字节数。

格式：

sizeof(类型名)

sizeof(表达式)或 sizeof 变量名

说明：

（1）当 sizeof 的运算对象是变量名时，括号可以省略。

（2）sizeof 运算为用户提供了一种了解各种类型数据占用内存情况的途径。例如，在介绍基本数据类型时曾提出，不同的系统对某些数据类型所分配的内存大小可能是不同的，这往往造成程序的不可移植性，sizeof 运算符的使用，可以有助于解决这个问题。

2.5.6　混合运算时数据类型的转换

当表达式中出现了多种类型数据的混合运算时，往往需要进行类型转换。表达式中的类型转换分为自动转换和强制转换两种。

2.5.6.1　自动转换

在算术运算和关系运算中，如果参与运算的操作数类型不一致，系统将对运算符两边不同类型的数据自动转换成同一类型，然后再进行运算，即"先转换、后运算"。转换的基本原则是，由"短"类型向"长"类型转换，具体转换规则如图 2-3 所示。

图中纵向的箭头表示当运算对象为不同类型时转换的方向。比如 int 型与 double 型数据进行运算，先将 int 型数据转换为 double 型，然后在两个同类型（double 型）数据间进行运算，结果为 double 型。

图中横向向左的箭头表示必定的转换。比如，表达式中若有char 型或 short 型数据，它必定要先转换为 int 型数据，然后再进行运算，即使表达式中没有 int 型数据；表达式中若有 float 型数据，

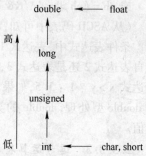

图 2-3　类型自动转换规则

它必定要先转换为 double 型数据，然后再进行运算，即使表达式中没有 double 型数据。

在逻辑运算中要求参与运算的操作数必须是 bool 型，如果操作数是其他类型，则系统自动将其转换为 bool 型。转换方法是，非 0 数据转换为 true，0 值数据转换为 false。

赋值运算要求左值（赋值运算符左边的变量）与右值（赋值运算符右边的值）的类型相同。若类型不同，系统会自动进行类型转换，但这时的转换不适用图 2-3 所示的自动转换规则，而是一律将右值转换为左值的类型，即赋值运算符左边的变量的类型。详细内容请参见 2.5.2 小节的相关部分内容。

2.5.6.2　强制类型转换

如果需要显式地改变一个数据的类型，就需要强制类型转换。强制类型转换是通过类型说明符和括号来实现的，它有下面两种格式：

（1）为了兼容 C 语言而保留的格式：

（类型名）表达式

（2）C++的格式：

类型名（表达式）

例如：

(int)（x＋y）或 int（x＋y）　　　将 x＋y 的值转换成整型

(int) x＋y 或 int(x)＋y　　　将 x 的值转换成整型得到一个临时量,再与 y 相加,x 原来的值及类型
均保持不变

(float)（5％3）或 float（5％3）　　　将5％3 的值转换成 float 型

(float)5/2 或 float(5)/2　　　将分式中的分子强制转换为 float 型,分子分母又会全部自动转换为
double 型

　　注意:无论是强制转换还是自动转换,它们都是暂时地、一次性地得到一个临时值,并不能改
变一个量原有的类型和值。比如上面(int) x＋y,该例子就直观地体现出了这一点。

2.6　程序举例

【例2-7】编程序求任意三个数中最大的一个数。

程序:

```
#include < iostream >
using namespace std;
int main ( )
{
    float x, y, z, max ;
    cout << "输入 3 个数据:" ;
    cin >> x >> y >> z ;
    max = x > y? x:y ;
    max = max > z? max:z ;
    cout << "最大的数据 = " << max << endl ;
    return 0 ;
}
```

程序运行结果:

输入 3 个数据:<u>10　29　8</u>↵

最大的数据 = 29

注意:

　　当程序运行到 cin 语句需要由键盘连续输入多个数据量时,输入的数据之间要用空格、Tab
符或者回车键予以分隔,最后按回车键结束输入操作。输入过程中不能输入错误的数据,如果错
误地输入了无效数据,必须在回车之前修改。一旦 Enter 键按下,而输入的是一个无效的数据,
cin 代表的输入操作即告结束,而程序却会继续下去。这会使程序运行得到一个错误的结果。

　　比如,本例题中,若在程序运行到 cin 语句时,错误地在 3 个输入数据之间用",",作为它们的
分隔符,则程序运行得到的就是下面的错误结果:

输入 3 个数据:<u>10 , 29 , 8</u>↵

最大的数据 = 10

因为在输入 10 的后面紧跟着的",",它不是 cin 连续输入数据之间的分隔符,也不是一个有效的
数据,所以 cin 的输入操作在这里就结束了,其后的 29 和 8 并没有有效地被程序接收。也就是
说,变量 x 接收到了 10,而变量 y 和 z 没有接收到任何值,它们原有的数据往往是一个未知的负
数,所以 x 中的 10 就是它们的最大数据了。

　　【例2-8】输入一个三位整数,然后按照字符方式依次输出该数的正(负)号和百位、十位、个

位数的数码。

解决本问题的关键是下面两点：

（1）如何把三位整数的每个数码分离出来。

这里有一个通用的方法：求余移位再求余。即用该整数除以 10 求余数，得到它的个位数；然后用 10 去除该数，使该数的小数点左移一位，并得到一个新的整数（C ++ 整数相除的特点）；再用这个新整数除以 10 求余数，则又得到当前的个位数数码，也就是原来的十位数数码；以此类推，把该整数的每个数码分离出来。反之，我们也可以用"乘 10 右移"的方法，使一个小数的小数点右移一位，再类似地取出小数的各个数码。

（2）如何把分离出来的代表数值大小的一位整数转换为对应的数字字符。

从 ASCII 码表中可知，数字字符 '0' 的 ASCII 码十进制表示为 48，'0' 到 '9' 的相邻数字字符的 ASCII 码值相差 1。利用 ASCII 码表的编码规律以及整型与字符型之间可以混合运算的特点，将一个代表数值大小的一位整数转换为对应的数字字符就容易了。例如，数字字符 '9' 是 ASCII 码表中数字字符 '0' 后面的第 9 个字符，即数字字符 '9' 等价于表达式 '0' +9 或 48 +9。也就是说，对于任意一个一位数的整数 m，通过表达式 m +'0' 或 m + 48，就可以把它转换为对应的数字字符。

通过以上的分析，可以写出如下的程序代码：

```cpp
#include  < iostream >
#include  < cmath >
using namespace std;
int main ( )
{
    char c0,c1,c2,c3;        //分别用于存放三位数的符号及其百位、十位和个位数的数码(字符)
    int n;
    cout << "输入一个 3 位整数:";
    cin >> n;
    c0 = n > = 0? ' +':' -';
    n = fabs(n);        //调用 cmath 系统库文件中的求绝对值函数
    c3 = n% 10 +'0';    //将 n 的个位数数码转换为对应的数字字符( 或 c3 = n% 10 + 48;
                        //数字字符 '0' 的 ASCII 码值为 48)
    n = n/10;          //小数点左移一位,使原来的十位数数码变成个位数数码
    c2 = n% 10 +'0';   //将当前 n 的个位数数码(原来的十位数数码)转换为对应的数字字符
    c1 = n/10 +'0';    //取出当前 n 的十位数数码(原来的百位数数码),并转换为对应的数
                       //   字字符
    cout << c0 <<'  '<< c1 <<'  '<< c2 <<'  '<< c3 << endl;
    return 0 ;
}
```

程序运行结果：

输入一个 3 位整数：－708 ↲
－ 7 0 8

说明：

（1）程序中用到了 cmath 系统库文件中的求绝对值函数 fabs( )，因而在程序开头使用了#include < cmath > 文件包含预编译命令。

（2）注意准确理解程序中取出百位数数码的表达式：c1 = n/10 +'0'。为什么这样也能正确取出百位数的数码？如果是一个 4 位或更多位数的整数，还能这样得到百位数数码吗？请读者思考。

【例 2-9】不同类型数据间的赋值。

程序：

```
#include <iostream>
using namespace std;
int main()
{
    int a = 256 + 69,m;
    char c;
    short int p = -1,n;
    unsigned short q;
    c = a;                  //将"长"类型向"短"类型赋值,可能出现数据截断
    q = p;                  //将有符号数赋给无符号变量
    m = 32767; m ++ ;
    n = 32767; n ++ ;       //32767 为 VC6.0 中短整型数据的最大数
    cout << "a: " << a << endl;
    cout << "c: " << c << endl;
    cout << "m: " << m << endl;
    cout << "n: " << n << endl;
    cout << "p: " << p << endl;
    cout << "q: " << q << endl;
    return 0;
}
```

程序运行结果：

```
a: 325
c: E
m: 32768
n: -32768
p: -1
q: 65535
```

说明：

（1）程序中变量 a 的值为 325，把它赋给字符型变量 c 时，发生了数据截断的处理，只将 a 的最低一个字节的数据赋给了 c，高位字节被截断，而这个最低字节中的数据是 69 大小的整数，对应字符 ASCII 编码，代表的就是大写字母"E"，所以输出 c 的结果是 E。

（2）变量 m 和 n 的初值都是 32767，然后它们都进行了自增 1 的运算，结果 m 的值为 32768，而 n 的值却为一个负数 -32768，这是为什么呢？原因是，m 是一个 int 型变量，32768 在 int 型数据的表示范围内，结果正常。但 n 是一个短整型的变量，在 Visual C ++6.0 系统中短整型数据能够表示的最大数是 32767，而 n 的初值就是 32767，n 再自增 1，数据溢出到符号位，使符号位变为 1，造成 n 的值变成一个负数，如图 2-4 所示。计算机是按照补码形式来存储一个整数的。正数的补码与原码相同，所以我们理解起来没有问题，但负数的补码则要进行转换（反码 +1），所以 n

自增 1 后的结果是 -32768 这个负数。未学过补码知识的,对此不必深究,但须认识到,对于一个整型空间中的正整数(包括 long、int、short 和 char 型),若不断地增值,它并不能无限地变大,而是会在某个时刻因为符号位的改变而变成负数,会在某个时刻变为 0 值,这就是整数溢出的问题。

(3) 程序中将有符号数 p 的值 -1 赋给了无符号变量 q,结果 q 得到的是 65535,这又是为什么呢? 其实在把 p 的值赋给 q 时,系统是按照存储单元中的存储形式直接传送的,如图 2-5 所示。也就是说,p 和 q 在内存里存储的数据是完全一样的。负数 -1 在内存里是以补码形式存储的,它的 16 个二进制位全部为 1,将它传送给 q 后,q 中存储的同样全部是 16 个二进制位均为 1 的数据,但 p 和 q 是不同的类型变量,对数据的理解不一样。p 是有符号型变量,它理解的是负数 -1;而 q 是无符号型变量,它对 16 个位全 1 的数据的理解还是一个正数,对应十进制大小就是 65535,所以输出 q 的结果是 65535。如果 p 为 0~32767 之间的正数,那么把 p 赋值给 q 后,两者的理解是相同的,输出结果将一样。

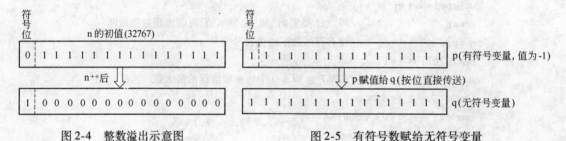

图 2-4　整数溢出示意图　　　　　　　　图 2-5　有符号数赋给无符号变量

习　题　2

● 思考题

2-1　数据类型描述了一个数据的哪三个特征?

2-2　C++有哪些基本数据类型? 各基本数据类型的取值范围是多少?

2-3　C++中的常量有哪几种表示形式?

2-4　常量和变量有什么区别? 如何理解 const 常量?

2-5　什么是运算符的优先级和结合性?

2-6　"=="运算符和"="运算符的含义是什么?

2-7　前置自增 ++i 和后置自增 i++ 的使用区别是什么?

2-8　由逻辑运算符构成的逻辑表达式在求值时有什么特点?

2-9　在包含有混合数据类型的表达式中,数据类型是怎样隐含自动转换的?

● 选择题

2-1　C++源程序文件的扩展名一般为 _____;源代码经编译后生成的目标文件,其扩展名为 _____;对目标文件进行连接后生成的可执行文件,其扩展名为 _____。

　　A. .txt　　　　　　　　B. .cpp　　　　　　　C. .obj　　　　　　　D. .exe

2-2　下列各组中不全是合法的标识符的是 _____。

　　A. day ,lotus_1_2_3 ,x1　　　　　　　　B. Abc ,_above ,basic

　　C. M. John ,year ,sum　　　　　　　　　D. YEAR ,MONTH ,DAY

2-3　下列各组中, _____ 都是 C++语言的保留字(关键字)。

A. class, operator, this   B. short, string, static

C. if , while, > =   D. private, public, sin

2-4　下列选项中合法的变量名是 _____。

A. x(1)   B. _xyz   C. 3y   D. y. 1

2-5　下面各项中,属于非法的 C++ 整型常量的是 _____。

A. 01   B. 0x11   C. 081   D. −32765

2-6　以下不合法的常量是 _____。

A. 2.7   B. 1.0E+3   C. 3.5E−3.0   D. 3.4e−5

2-7　下列字符常量的写法中,正确的是 _____。

A. '\082'   B. "ab"   C. '\t'   D. '\4f'

2-8　下列各组中全是字符串常量的是 _____。

A. '123' , "456" , "789"   B. 'abc', 'xyz', '5'

C. "a+b" , "1+2=5" , "china"   D. '\n', "1+2=3" , "aaa"

2-9　已知字符 A 的 ASCII 码是 65,字符 a 的 ASCII 码是 97,则 '\101' 表示的字符常量是 _____。

A. 字符 A   B. 字符 B   C. 字符 e   D. 非法常量

2-10　在 C++ 语言中,char 型数据在内存中的存储形式是 _____。

A. 原码   B. 反码   C. 补码   D. ASCII 码

2-11　sizeof(float) 是 _____。

A. 一个双精度型表达式   B. 一个整型表达式

C. 一种函数调用   D. 一个不合法的表达式

2-12　以下能正确地定义整型变量 a、b、c,并给它们都赋值 5 的语句是 _____。

A. int a=b=c=5;   B. int a,b,c=5;

C. int a=5,b=5,c=5;   D. a=b=c=5;

2-13　以下各组运算符的优先级按由高到低的顺序排列正确的是 _____。

A. * = 、&& 、! = 、%   B. * = 、% 、&& 、! =

C. % 、! = 、&& 、* =   D. && 、! = 、% 、=

2-14　已知 a、b 为整型,z 为实型,ch 为字符型,下列表达式中合法的是 _____。

A. z=(a+b)++   B. a+b=z   C. b=ch+a   D. b=z%a

2-15　设 char ch;则不合法的赋值语句是 _____。

A. ch='a+b';   B. ch='\0';   C. ch='a'+'b';   D. ch=7+9;

2-16　若有定义 int x;则经过表达式 x=float(2)/3 运算后,x 的值为 _____。

A. 2.0   B. 0   C. 2   D. 1

2-17　若有 int x=13,y=5;则表达式 x++ , y+=2, x/y 的值为 _____。

A. 1   B. 2   C. 0   D. 13

2-18　逻辑运算符两侧运算对象的数据类型 _____。

A. 只能是 0 或 1   B. 只能是 0 或非 0 数

C. 只能是整型或字符型数据   D. 可以是任何类型的数据

2-19　设整型变量 m、n、a、b、c、d 的值均为 1,表达式 (m=a>b)&&(n=c>b) 运算后,m、n 的值是 _____。

A. 0,0   B. 0,1   C. 1,0   D. 1,1

2-20　若希望当 A 的值为奇数时,表达式的值为"真",A 的值为偶数时,表达式的值为"假"。则以下不能满足要求的表达式是 _____。

A. A%2==1   B. ! (A%2==0)   C. ! (A%2)   D. A%2

2-21　若有条件表达式 (exp)? a++:b−− ,则以下表达式中能完全等价于表达式 (exp) 的是 _____。

A．（exp==0）　　　　B．（exp!=0）　　　　C．（exp==1）　　　　D．（exp!=1）

2-22　以下为非法操作的是 _____ 。

A．int i ; i = 100 ;　　　　　　　　　　　　B．int i = 100 ;

C．const int i ; i = 100 ;　　　　　　　　　D．const int i = 100 ;

● 填空题

2-1　C++程序书写格式规定,每行可写 _____ 语句,一个语句可以 _____ 。

2-2　一条 C++语言的语句至少应包含一个 _____ 。

2-3　用 _____ 对 C++程序中的任何部分作注释。

2-4　运用 C++语言实现一个基本程序的过程,包括编写源程序、_____ 、连接、运行(调试)。

2-5　设有说明:char c1;则 c1 ='a';是否正确? _____

2-6　设有说明:char c2;则 c2 = 65;是否正确? _____

2-7　char c ; 表达式 c ='a' – 'A' +'B'运算后,c 的值为 _____ 。

2-8　表达式 10 +'x' + 2.5 * 7 的值为 _____ 型的量。

2-9　表达式 x = (2 +3, 6 * 5) , x +5 运算后,x 的值为 _____ 。

2-10　设 a =5 ;则表达式 a + = a * = a + a 运算后,a 的值为 _____ 。

2-11　设 int a =7 ;double x = 2.5,y = 4.7 ;则表达式 x + a%3 * (int)(x + y)%2/4 的值为 _____ 。

2-12　把数学表达式 x + y≠a + b 写成 C++表达式: _____ 。

2-13　条件"2 < x < 3 或 x < – 10"的 C++表达式是 _____ 。

2-14　设 int i =32,j =1,k =3;则表达式! i||(j – k)&&i&&! (k – 3||i * k)的值为 _____ 。

2-15　设 int x,y,z ;则执行语句 x = (y = (z = 10) +5) – 5 后,x 值为 _____ ,y 值为 _____ ,z 值为 _____ 。

2-16　表达式 (int)(sqrt(0.25) +5.7) 运算后, 其值为 _____ 。

● 用 C++语言的表达式描述下列命题

2-1　将一个 int 型的单数字数码转换为对应的数字字符。

2-2　a 和 b 中有一个大于 d。

2-3　将含有 3 位小数的实型变量 x 的值,四舍五入到百分位。

2-4　d 是不大于 100 的偶数。

2-5　x、y 中至少有一个是 5 的倍数。

2-6　对 n(>0)个人进行分班,每班 k(>0)个人,最后不足 k 人也编一班,写出能编班数的表达式。

第3章 算法与控制结构

在1.5.2小节已经介绍了开发一个C++程序的基本过程,包括编辑(源程序)、编译、连接、运行调试这几个步骤,其中源程序的编辑与修改是核心。要写出一个能高效、圆满地完成某项工作的源程序,在源程序编辑之前的程序设计工作至关重要。正如1.1节所介绍的,程序设计的关键是通过对问题的分析,构造出求解问题的数据结构,并精确地定义求解问题的具体步骤,也就是算法。

本章主要就算法设计的基本认识与实现算法的三种基本结构以及C++语言的控制语句进行介绍。

3.1 算法与控制结构以及算法描述

算法就是解决特定问题的具体步骤,它是一个有限的操作序列。用计算机解决问题的算法一般应具有这样几个特征:(1)有穷性,指算法是有限的操作序列;(2)确定性,指每个操作有确定的含义,无二义性;(3)可执行性,指每个操作都是可以执行的;(4)有序性,指执行步骤严格按逻辑顺序进行;(5)可输入/输出信息,输入的信息是算法加工的对象,而算法解决问题的结果应当输出。

每一个算法都是由一系列的操作及其控制结构所组成。同一个操作系列,若按不同的顺序执行,将会得出不同的结果,而控制结构就在于控制组成算法的各操作的执行顺序。理论上已经证明,用顺序、选择和循环这三种基本控制结构可以实现任何复杂的算法。

(1)顺序结构:指每一步操作或每一个操作块在执行流中顺序逐个执行。所谓"块"是指作为一个整体对待的一组,一个操作块就是作为一个整体对待的一组操作。

(2)选择结构:又称为分支结构,它通过对给定的条件进行判断,从而决定执行两个或多个操作块中的哪一个,实现执行流的多路分支。

(3)循环结构:指按给定的条件重复地执行某一步操作或某个操作块。当我们能把一个复杂问题用循环结构来实现时,就能充分地发挥计算机高速度的优势。

图3-1以传统流程图的方式描述出了这三种基本控制结构。图中的虚线框表示一个基本结构,其中的A、B代表一个基本操作或又一个基本结构,p表示一个条件。

这三种基本结构有一个共同的特点,即从整体上看每个结构都相当于一个处理框,都只有一

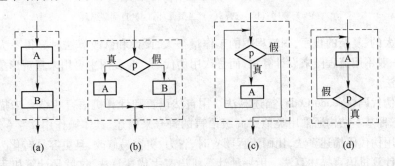

图 3-1 三种基本控制结构

(a)顺序;(b)选择;(c)当型循环;(d)直到型循环

个入口和一个出口——单入口和单出口,而每个结构又可以作为一个操作块被整体包含在另一个结构中,但每两个结构之间不能相互交叉和重叠。以这样的结构特点设计出来的算法,它不存在无规律的转向,它只在基本结构内才允许存在分支和向前或向后的跳转,其逻辑清晰、层次分明,易于编写和阅读理解,被称为"结构化"的算法。

传统流程图是用几种图形、箭头线和文字说明来表示算法的框图,它是一种直观形象的算法描述方法。美国国家标准协会 ANSI(American National Standard Institute)规定了一些常用的流程图符号,如图 3-2 所示。

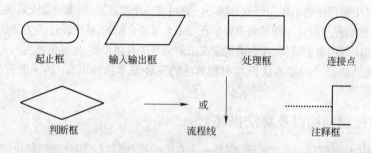

图 3-2　常用流程图符号

算法描述的方法有很多种,常用的除了上面介绍的传统流程图外,还有自然语言、结构化N-S流程图、伪代码、计算机语言等。

(1)用自然语言描述算法。用中文或英文等自然语言描述算法,通俗易懂但容易产生歧义,在程序设计中一般不用自然语言表示算法。

(2)用流程图描述算法。用图的形式描述算法,形象直观。传统的流程图是用带箭头的流线表示执行的流程,它虽然直观,但易导致非结构化的流线,设计出非结构化的算法。N-S 图是一种无流线的流程图,如图 3-3 所示,它的每一种基本结构都是一个矩形框,使整个程序算法可以像搭积木一样堆成。这样,N-S 图既保留了传统流程图形象直观的优点,又去掉了容易导致程序非结构化的流线,是一种结构化的流程图。

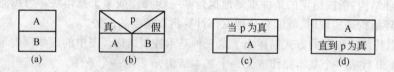

图 3-3　三种基本结构的 N-S 图
(a) 顺序;(b) 选择;(c) 当型循环;(d) 直到型循环

对比较大的、复杂的程序,画流程图的工作量很大,设计和修改算法时显得不大方便。在专业人员中,一般不用流程图来设计算法,而喜欢用伪代码。流程图主要用来直观形象地说明已经设计好的算法。

(3)用伪代码(Pseudo Code)描述算法。用自然语言和计算机语言相结合来描述算法。其中,算法的三种基本结构通常用类似于高级语言的符号来描述,具体操作用文字(英文或汉字)来描述。使用伪代码描述算法,比画流程图省时、省力、更容易修改,且更容易转化为程序。

(4)用计算机语言描述算法。用一种计算机语言去描述算法,这就是计算机程序。对于一个简单的问题,可以直接用计算机语言写出解决问题的程序。

【例 3-1】判断一个正整数是否是素数。分别用自然语言、流程图和伪代码来描述解决该问题的算法。

算法分析:所谓素数,是指除了 1 和该数本身之外,不能被其他任何整数整除的数。判断一个整数 n 是否为素数的方法很简单,将 n 作为被除数,将 2 到 $n-1$ 各个整数轮流作为除数,如果都不能被整除,则 n 为素数。具体的算法描述如下:

(1) 用自然语言描述的算法:

Step1:设置一个判断素数的标志量 flag,初值为 true(先假定是一个素数)

Step2:输入 n 的值(欲判断的数)

Step3:2 赋给 i(i 作为除数)

Step4:n 被 i 除,得余数 r

Step5:如果 r 等于 0,表示 n 能被 i 整除,n 不是素数,置 flag 为 false

Step6:使 i 自增 1($i+1 \Rightarrow i$)

Step7:如果 flag 为 true 而且 $i \leqslant n-1$,返回到 Step4;否则执行下一步

Step8:如果 flag 为 true,打印"n 是素数",否则打印"n 不是素数"

算法结束

说明:

实际上,n 不必被 2 到 $n-1$ 的整数除,只需被 $2 \sim \sqrt{n}$ 之间的整数除即可。原因是:

假设 n 不是一个素数,那么 n 就应当有两个不小于 2 的因子 p 和 q,即 n 可以分解为 $n = (\sqrt{n})^2 = p \times q$,其中 p 和 q 都是大于或等于 2 的整数。假设 p 是两个因子中比较小的那个整数,则可以推出 $(\sqrt{n})^2 = p \times q \geqslant p^2 \geqslant 2^2$,而 n 是一个正整数,由此可以进一步推出 $\sqrt{n} \geqslant p \geqslant 2$。也就是说,若正整数 n 不是一个素数,那么在 $2 \sim \sqrt{n}$ 之间必定有一个 n 的约数,或者说,只要在 $2 \sim \sqrt{n}$ 之间找到一个 n 的约数,n 肯定不是一个素数。进一步地,如果在 $2 \sim \sqrt{n}$ 之间没有找到 n 的约数,那么在 $\sqrt{n}+1 \sim n-1$ 之间是否也肯定没有 n 的约数呢? 结论是肯定的。因为,如果在 $\sqrt{n}+1 \sim n-1$ 之间存在一个 n 的约数,由 $n = (\sqrt{n})^2 = p \times q$ 可知,n 必定还有一个约数,而这个约数不可能还在 $\sqrt{n}+1 \sim n-1$ 之间,它必定在 $2 \sim \sqrt{n}$ 之间。这就反证了如果在 $2 \sim \sqrt{n}$ 之间没有找到 n 的约数,那么在 $\sqrt{n}+1 \sim n-1$ 之间也肯定没有 n 的约数。

通过以上分析可以得出结论:判断一个正整数 n 是否是素数,只需用 $2 \sim \sqrt{n}$ 之间的整数去除 n,看看 n 能否被整除即可。由此可见,上述判断素数的算法,其中的 Step7 可以改为:

Step7:如果 flag 为 true 而且 $i \leqslant \sqrt{n}$,返回到 Step4;否则执行下一步

(2) 用流程图描述的算法:

图 3-4 是用传统的流程图描述的判别素数的算法。

(3) 用伪代码描述的算法:

```
BEGIN(算法开始)
flag = true;
输入 n;
i = 2;
do
{
        求 n 除以 i 的余数 r;
        if(余数 r 为 0) flag = false;
```

　　　　　　$i+1 \Rightarrow i$;
　　　}
　　while（flag 为 true 而且 $i \leqslant n-1$）返回到 do ;
　　if（flag 为 true）输出打印"n 是素数";
　　else 输出打印"n 不是素数";
　　END(算法结束)

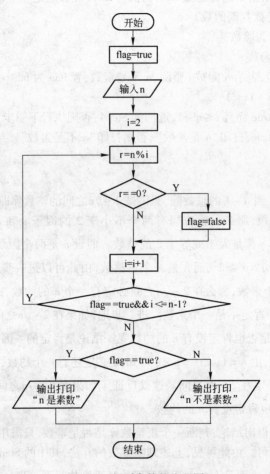

图 3-4　判别素数的流程图

　　说明:用伪代码表示算法书写格式自由,所用符号、文字随意,就像写作文一样,很容易表达出设计者的思想,而且修改方便。但其缺点是不如流程图直观,稍不注意,容易出现逻辑上的错误。因而需要通过锯齿形缩进的书写格式,准确地表达出算法的逻辑结构。

3.2　C++语句概述

　　算法是独立于具体的计算机语言的,而实现算法则需要用某一种计算机语言写出相应的程序。程序一般包括数据描述和数据操作两大部分,数据描述由声明语句来实现,数据操作由执行语句来完成。算法中的每一步操作对应程序的某一条执行语句,通过语句向计算机系统发出操作指令,完成相应的动作。可以说,计算机程序是用某种计算机语言具体实现的算法,它是由一系列的语句组成的。

　　C++的语句包括了声明语句、执行语句、空语句和复合语句。

3.2.1　声明语句

声明语句主要包括数据类型的声明、函数和变量的定义、变量的初始化等。例如下面对变量定义的语句：

int a, b ;

各种类型的声明语句将分别在相应的章节中介绍,在此不再赘述。

3.2.2　执行语句

执行语句又可以分为以下几类:

(1) 控制语句　控制语句用来控制程序中语句执行的次序。更确切地说,控制语句可以用来改变或打破程序中按语句的先后次序顺序执行的规律。

C++有9条控制语句,它们的关键字及功能是:

1)	if( ) ~ else ~	条件语句
2)	switch( )	多分支选择语句
3)	while( ) ~	循环语句(当型循环)
4)	do ~ while( )	循环语句(直到型循环)
5)	for( ) ~	循环语句(当型循环)
6)	continue	结束本次循环语句
7)	break	中止执行 switch 或循环语句
8)	goto	无条件转向语句(可用于跳出多重循环)
9)	return	从函数返回语句(并可带回一个返回值)

程序中控制语句的使用具有关键性的作用,只有正确灵活地使用控制语句,才能设计出实用的程序。

(2) 函数调用语句　由一次函数调用加一个分号就构成一个语句。例如:

max(x , y) ; //假设已定义了 max 函数,它有两个参数:x、y

(3) 表达式语句　任何一个表达式,在其后加一个分号就成为一个语句。例如:

i = i + 1　　　//是一个赋值表达式
i = i + 1;　　　//是一个赋值语句

表达式能构成语句是 C++语言的一个重要特色。表达式语句是 C++程序中使用频率最高的语句。其实"函数调用语句"也属于表达式语句,因为函数调用也属于表达式的一种。只是为了便于理解和使用,我们才把"函数调用语句"和"表达式语句"分开来说明。

3.2.3　空语句

空语句是只有一个分号的语句,它什么也不做,但可在规范程序的结构中发挥作用。例如,当程序中某个位置在语法上需要一条语句,而在语义上又不需要执行任何操作时,比如某个转向点、选择结构中的一个空分支等,这时可以在相应位置使用一条空语句。

3.2.4　复合语句

复合语句是用花括号{ }括起来的由多条语句组成的语句组。复合语句中虽然包含多条语句,但复合语句的意义就在于从逻辑上把它作为一条语句对待。

复合语句中,可以包含变量定义,可以包含顺序、选择、循环语句。因此复合语句又称为块语句、程序块或分程序。在复合语句中定义的变量只在此复合语句中有效。

如下面就是一个复合语句:

```
{
    int z ;
    z = x + y ;
    if( z > 100 ) z = z - 100 ;
    cout << z ;
}
```

注意:复合语句中最后一个语句后面的分号不能省略,而在 ｛ ｝外面不需要再加分号。

需要注意的是,C ++ 没有提供直接的赋值语句和输入/输出语句。C ++ 的赋值语句由赋值表达式加上一个分号构成;C ++ 的输入/输出语句可通过标准流对象 cin、cout 和输入/输出运算符“ >> ”与“ << ”来组成。赋值表达式的详细内容可参考 2.5.2 小节内容,标准流对象 cin、cout 可参考 11.2 节的有关内容。

3.3　选择结构

选择结构又称为分支结构,在 C ++ 中可通过条件表达式、if 语句和 switch 语句建立选择结构的程序。条件表达式在 2.5.5 小节已经介绍过,本节主要介绍如何用 if 语句和 switch 语句建立选择结构。

3.3.1　if 语句

3.3.1.1　if 语句的基本形式——双分支选择结构

if 语句的基本形式:

```
if ( 表达式)
    内嵌语句1 ;
else
    内嵌语句2 ;
```

如图 3-5 所示,该语句的执行流程是:当表达式的值为非 0(真)时,执行语句 1,否则执行语句 2。这是一个双分支的选择结构,其中内嵌的“语句 1”和“语句 2”往往是以复合语句的形式出现。也就是说,if 语句更常用的形式是:

```
if ( 表达式)
{
    内嵌语句系列1
}
else
{
    内嵌语句系列2
}
```

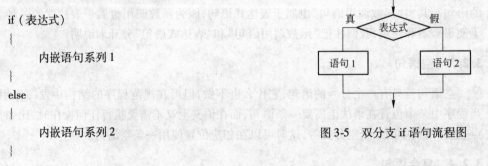

图 3-5　双分支 if 语句流程图

说明:

(1) if 后面圆括号中的表达式,可以是任何合法的表达式,该表达式作为 if 语句判断的条件,其依据是表达式的值,非 0 为"真"、0 值为"假"。

（2）不要错误地认为 if-else 语句是两个语句。else 是 if 语句中的子句,它不能作为独立的语句单独使用,而必须与 if 配对使用。

【例3-2】将 x、y 这两个数中较大的数赋给 z。

用 if-else 语句实现该功能:

```
if( x > y) z = x ;
else z = y ;
```

也可以利用条件表达式实现该功能,比如:

```
z = ( x > y ? x : y) ;
```

显然,利用条件表达式更简洁高效,但用条件表达式表达的选择结构,有其局限性。比如上述问题,若改成:将 x、y 这两个数中较大的数赋给 max,较小的数赋给 min。这时,条件表达式就无能为力了。

【例3-3】输入一个字符,判别它是否为大写字母,如果是,将它转换成小写字母;如果不是,不转换。然后输出最后得到的字符。

分析:从 ASCII 码表中可知,大写字母排列在小写字母之前,即大写字母的 ASCII 码值小于小写字母的 ASCII 码值,且对应的大小写字母的 ASCII 码值相差 32。这个 32 的差值不必死记,利用整型与字符型数据通用的特征,用对应大小写字母的字符数据进行相减即可得到。

程序:

```
#include  < iostream >
using namespace std;
int main( )
{
    char ch;
    cin >> ch;
    if( ch >='A'&& ch <='Z')
            ch = ch + 32;              //将大写字母转换成小写字母,可改成:ch = ch + ( 'a' –'A' );
    else
            ;                      //空语句
    cout << ch << endl;
    return 0;
}
```

程序的三次运行结果:

　　　　　　　　　① H ↵ 　　　② @ ↵ 　　　③a ↵
　　　　　　　　　　　h 　　　　　　　@ 　　　　　　a

上面程序中的 if 语句还可以换成条件表达式语句来完成同样的功能。程序如下:

```
#include  < iostream >
using namespace std;
int main( )
{
        char ch;
```

```
cin >> ch;
ch = (ch >='A'&& ch <='Z')? (ch +'a' -'A') : ch;
cout << ch << endl;
return 0;
}
```

【例 3-4】 编写程序,判别某一年(year)是否为闰年。

分析:在例 2-5 中我们已经给出了判别闰年的逻辑表达式,即

(year % 4 == 0 && year % 100 ! = 0) || year % 400 == 0

程序:

```
#include <iostream>
using namespace std;
int main()
{
    int year;
    bool leap;            //用于存储是否闰年的信息
    cout << "Please Enter year:";
    cin >> year;
    leap = (year%4 ==0 && year%100! =0)||(year%400 ==0);
    if(leap)
        cout << year << " is a leap year. " << endl;
    else
        cout << year << " is not a leap year. " << endl;
    return 0;
}
```

程序的两次运行结果:

① Please Enter year:2008 ↵   ② Please Enter year:2009 ↵
　　 2008 is a leap year.　　　　　　　　 2009 is not a leap year.

3.3.1.2　if 语句的简化形式——单分支选择结构

将 if 语句基本形式中的 else 部分省略,就变成了单分支选择结构,即:

　　 if (表达式)
　　　　 内嵌语句;

或

　　 if (表达式)
　　 {
　　　　 内嵌语句系列
　　 }

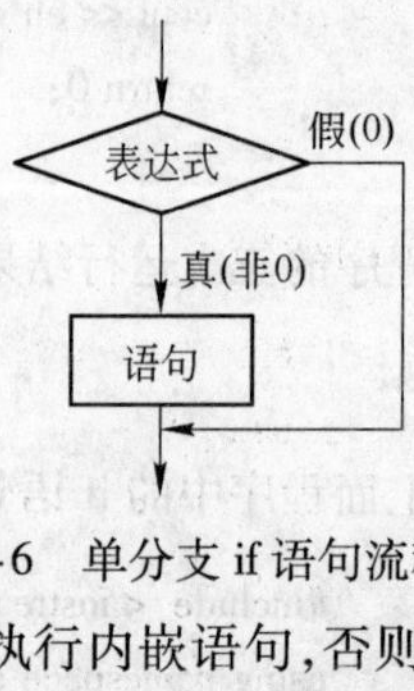

图 3-6　单分支 if 语句流程图

如图 3-6 所示,该语句的执行流程是,当表达式的值为非 0(真)时,执行内嵌语句,否则不执行。然后继续执行 if 语句后面的语句。这是一个单分支的选择结构。

当双分支选择结构中的某一分支没有具体操作时,就可以简化为单分支的选择结构。例如,例 3-3 程序中的 if-else 语句可以换成单分支选择结构的 if 语句,程序如下:

```
#include <iostream>
using namespace std;
int main()
{
    char ch;
    cin >> ch;
    if( ch >='A' && ch <='Z')
        ch = ch + ( 'a' -'A') ;
    cout << ch << endl ;
    return 0;
}
```

3.3.1.3　if 语句的嵌套

如果 if 或 else 后面的语句本身又是一个 if 语句,就形成了 if 语句的嵌套。这时要特别注意 else 与 if 配对使用的特点,每个 else 必须且只能与前面最近的未配对的 if 语句配对。

对于嵌套结构,要注意算法的结构化设计。为了避免非结构化的算法、避免误用 if 语句的嵌套导致出现 if 语句之间的交叉和重叠,最好使每一层内嵌的 if 语句都包含 else 子句,这样 if 的数目和 else 的数目相同,从内层到外层一一对应,不致出错。也可以合理使用｛｝,将无 else 子句的内嵌 if 语句变成复合语句,改变自动配对的逻辑关系,保障程序逻辑的正确性。而且注意使用锯齿型书写形式正确反映嵌套结构的层次性,增加程序的可读性。

【例 3-5】 求三个整数的最大值。

算法设计(伪代码):

```
BEGIN(算法开始)
输入 3 个整数 a,b,c ;
if( a <b)
    最大值 max 在 b 和 c 之中,进一步比较 b 和 c( 内嵌 if 结构);
else
    最大值 max 在 a 和 c 之中,进一步比较 a 和 c( 内嵌 if 结构);
输出最大值 max ;
END(算法结束)
```

程序:

```
#include <iostream>
using namespace std;
int main()
{
    int a, b, c, max ;
    cout << "请输入三个整数 a,b,c 的值:" ;
    cin >> a >> b >> c; //以空格、Tab 键或 Enter 键分隔各输入项,最后以 Enter 键结束输入
    if(a <b)
        if(c <b)  max = b;
        else max = c;
    else
```

```
        if( c < a)  max = a;
        else max = c;
    cout << " a = " << a << ", b = " << b << ", c = " << c << ", max = " << max << endl;
    return 0;
}
```

程序运行结果：

　　　　　　　　请输入三个整数 a,b,c 的值：13　　28　　20 ↵
　　　　　　　　a = 13, b = 28, c = 20, max = 28

又如,下面的程序段：

```
    if( x > 0)
        if( y > 0)
            cout << " x 与 y 均大于 0" ;
        else
            cout << "x 大于 0,y 小于等于 0" ;
```

这里 else 与 if(y > 0)配对。如果需要 else 与 if(x > 0)配对,则可以增加花括号 | | 来改变 else 与 if 原来自动配对的逻辑关系。比较如下程序段：

```
    if( x > 0)
        {
            if( y > 0)
            cout << " x 与 y 均大于 0" ;
        }
    else
        cout << " x 不大于 0,y = " << y ;
```

3.3.2　if-else if 语句与 switch 语句——多分支选择结构

双分支选择结构只能处理"二选一"的情况,而实际问题中常常需要处理"多选一"的情况,这就需要多分支的选择结构。

C + + 提供了两种多分支选择语句：if-else if 语句与 switch 语句。

3.3.2.1　if-else if 语句

形式为：

```
    if( 表达式 1) 语句 1
    else if( 表达式 2) 语句 2
    ……
    else if( 表达式 n – 1) 语句 n – 1
    else 语句 n
```

如图 3-7 所示,该语句的执行流程是：当表达式 1 的值为真(非 0)时,执行语句 1,否则判断当表达式 2 的值为真时,执行语句 2,依此类推,若表达式 n – 1 的值为假,则执行语句 n。可见这是一个多分支的选择结构,其中无论有多少个分支,都只能执行其中一个分支,而且最后都要归到一个共同的出口。

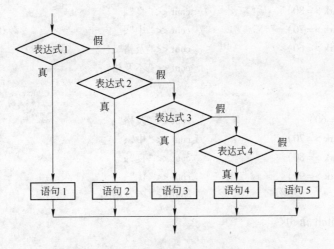

图 3-7 多分支 if 语句流程图

注意:

(1) else if 不能写成 elseif,两者之间要有空格。

(2) 当多分支中有多个表达式同时满足时,则只执行第一个与之匹配的语句。因此要注意程序的逻辑结构是否合理,注意多分支中表达式的书写次序,防止某些值被屏蔽掉。

【例 3-6】输入某课程的百分制成绩 $mark$,输出对应五级制的等级,等级评定规则如下:

$$等级 \begin{cases} 优 & mark \geqslant 90 \\ 良 & 80 \leqslant mark < 90 \\ 中 & 70 \leqslant mark < 80 \\ 及格 & 60 \leqslant mark < 70 \\ 不及格 & mark < 60 \end{cases}$$

根据评定规则,我们用如下四种不同的方法表示。请读者思考:四种方法都正确吗? 哪个方法最佳?

方法 1

```
if( mark >=90)              cout << "优";
else if( 80 <= mark <90)    cout << "良";
else if( 70 <= mark <80)    cout << "中";
else if( 60 <= mark <70)    cout << "及格";
else                        cout << "不及格";
```

方法 2

```
if( mark >=90)                    cout << "优";
else if( 80 <= mark && mark <90)  cout << "良";
else if( 70 <= mark && mark <80)  cout << "中";
else if( 60 <= mark && mark <70)  cout << "及格";
else                              cout << "不及格";
```

方法 3

```
if( mark >=90)              cout << "优";
```

else if(mark >= 80)	cout << " 良";
else if(mark >= 70)	cout << " 中";
else if(mark >= 60)	cout << " 及格";
else	cout << " 不及格";

方法 4

if(mark >= 60)	cout << " 及格";
else if(mark >= 70)	cout << " 中";
else if(mark >= 80)	cout << " 良";
else if(mark >= 90)	cout << " 优";
else	cout << " 不及格";

3.3.2.2　switch 语句

形式为:

```
switch (表达式)
{
      case 常量表达式 1:      语句组 1; [ break; ]
      case 常量表达式 2:      语句组 2; [ break; ]
      ……
      case 常量表达式 n - 1:  语句组 n - 1; [ break; ]
      [ default:             语句组 n; ]
}
```

其中,方括号"[ ]"中的语句为可选项。

如图 3-8 所示,该语句的执行流程是:首先计算 switch 表达式的值,然后扫描所有的 case 子句,寻找值相等的 case 常量表达式,并以此为入口标号开始顺序执行,直到 switch 语句全部结束或遇到改变程序流程的 break 语句为止;如果没有找到值相等的 case 常量表达式而有 default 子句,则从 default 开始顺序执行。其中, break 的作用是提前结束 switch 语句。

说明:

(1) switch 后面的表达式要与 case 常量表达式的类型匹配,要求为整型、字符型及其派生类型和枚举型。

(2) case 常量表达式只是起语句标号的作用,而不是在该处进行条件判断,也不是仅仅执行本 case 后面的语句。所以,为使用 switch 语句实现多分支选择结构,通常与 break 语句配合起来使用,以保证多路分支的正确实现。

(3) default 同样也是起语句标号的作用,它的位置一般放在最后,但也可以放在其他地方。

(4) 各个 case 常量表达式的值要互不相同。

(5) case 后面的语句组包含多条语句时,可以不用｛｝括起来组成复合语句,而多个 case 常量表达式也可以共用一个语句组(为什么? 请读者思考)。

(6) switch 语句简洁直观、可读性强,但有其局限性:一是它的每个分支都是与同一个值(switch 表达式)进行比较;二是 switch 表达式的类型有限制,而用 if-else if 语句来组成多分支选择结构,则没有这些限制。所以 if 语句功能更强大。

【例 3-7】输入一个 0 ~ 6 的整数,输出其对应星期几的英文表示。

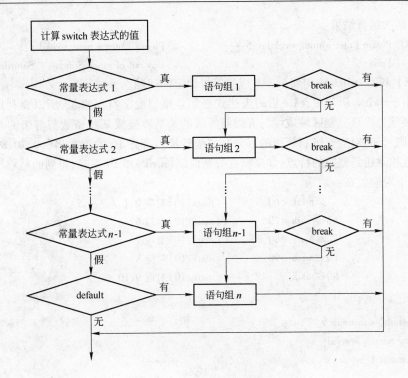

图 3-8   switch 语句流程图

程序:

```cpp
#include < iostream >
using namespace std;
int main( )
{
    int day;
    cout << "Please Enter a num_weekday:";
    cin >> day;
    switch(day)
    {
        case 0: cout << "Sunday" << endl;          break;
        case 1: cout << "Monday" << endl;          break;
        case 2: cout << "Tuesday" << endl;         break;
        case 3: cout << "Wednesday" << endl;       break;
        case 4: cout << "Thursday" << endl;        break;
        case 5: cout << "Friday" << endl;          break;
        case 6: cout << "Saturday" << endl;        break;
        default: cout << "Day out of range Sunday... Saturday" << endl;
    }
    return 0;
}
```

程序的两次运行结果：

① Please Enter a num_weekday:5 ↵　　　② Please Enter a num_weekday:8 ↵

　　Friday　　　　　　　　　　　　　　　Day out of range Sunday. . . Saturday

【例 3-8】利用 switch 语句解例 3-6 成绩等级评定的问题。

分析：由于 switch 语句中，case 后的表达式必须是整型或字符型常量，所以要利用 switch 语句解本题，必须先将百分制区域成绩与五级制等级的关系转换成某些整数与等级的关系。根据等级评定规则可知，对应五级制等级的百分制成绩转换点都是 10 的整数倍（60、70、80、90）。依据 C++ 整数相除还是整数的特点，如果将百分制成绩（mark）以 10 整除，得到的整数与百分制区域成绩有如下对应关系：

$$mark < 60 \qquad (mark/10) \text{对应} 0、1、2、3、4、5$$
$$60 \leqslant mark < 70 \qquad (mark/10) \text{对应} 6$$
$$70 \leqslant mark < 80 \qquad (mark/10) \text{对应} 7$$
$$80 \leqslant mark < 90 \qquad (mark/10) \text{对应} 8$$
$$90 \leqslant mark \qquad (mark/10) \text{对应} 9、10$$

程序：

```cpp
#include < iostream >
using namespace std;
int main( )
{
    int mark;
    cout << "输入百分制成绩:";
    cin >> mark;
    if( mark < 0 || mark > 100)
    {
        cout << "输入的成绩超出范围,请重新输入:";
        cin >> mark;
    }
    mark = mark/10;
    switch( mark )
    {
        case 0:
        case 1:
        case 2:
        case 3:
        case 4:
        case 5: cout << "不及格" << endl;        break;
        case 6: cout << "及格" << endl;          break;
        case 7: cout << "中" << endl;            break;
        case 8: cout << "良" << endl;            break;
        case 9:
        case 10 : cout << "优" << endl;
    }
    return 0;
```

程序的两次运行结果:

① 输入百分制成绩:89 ↵　　② 输入百分制成绩:108 ↵
　　良　　　　　　　　　　　输入的成绩超出范围,请重新输入:60 ↵

　　　　　　　　　　　　　　及格

　　说明:上述程序对于错误的输入,仅通过 if 语句提供了一次检测和重新输入的机会。如果要使程序更好地适应各种应用环境,还需要进一步改进和完善,一方面是 switch 结构本身要有错误数据的信息提示,另一方面就是如何合理使用下一节将要介绍的循环结构。

3.4　循环结构

　　计算机的运算速度快,最善于进行重复性的工作。在利用计算机解题时,往往可以把复杂的不容易理解的求解过程转换为易于理解的操作的多次重复,这就是循环。利用循环(重复操作),可以降低问题的复杂性和程序设计的难度,可以减少程序代码的输入量,可以使得人们写出很短的程序代码就让计算机做大量的工作。

　　在循环算法中,穷举与迭代(递推)是两类具有代表性的基本算法。

　　(1) 穷举　它的基本思想是,对问题的所有可能状态一一测试,直到找到解或将全部可能状态都测试过为止。

　　(2) 迭代与递推　先看一个例子:求 1～99 的奇数和。我们可以这样来求解:首先设置一个累加器 sum,其初值为 0,然后利用 sum = sum + i 这个赋值操作,让计算机重复进行计算来求解。每一次的赋值操作使 i 依次取 1、3、…、99,最后就可得到 1～99 的奇数和。

　　显然,这是一个不断由变量的旧值递推出变量的新值(或用新值取代变量的旧值)的过程,我们称之为迭代与递推算法。其中的 sum = sum + i,称为迭代关系式。迭代与递推算法的核心就是要写出迭代关系式——用同一个变量存储新值,并不断由旧值递推出变量的新值。

　　从一般意义上说,递推法的特点就是从一个已知事实出发,按一定规律推出下一个事实,再从这个新的已知事实出发,再向下推出一个新的事实。这样重复下去,直到得出结果。

　　C++ 提供了 while 语句、do-while 语句和 for 语句这 3 种循环语句来构造程序的循环结构。

3.4.1　while 语句

　　while 语句的一般形式为:

　　　　while (表达式)
　　　　　　循环体语句

　　while 语句的执行流程如图 3-9 所示。while 后面的表达式是作为循环条件用的,当表达式的值为真(非 0)时,就反复执行循环体语句;一旦表达式的值为假(0 值)即结束循环。为了使循环能够结束,循环体中一般应含有改变循环条件表达式值的语句。

　　【例 3-9】求 1～99 的奇数和。

　　程序:

```
#include <iostream>
using namespace std;
int main()
```

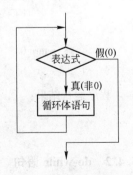

图 3-9　while 语句流程图

```
    {
        int i = 1, sum = 0;
        while( i <= 99)
        {
            sum = sum + i;
            i = i + 2;
        }
        cout << " sum = " << sum << endl;
        return 0;
    }
```

程序运行结果:

$$sum = 2500$$

说明:

(1) 上例中的 i 既是控制循环进程的变量,又是迭代关系式中的操作数。

(2) 注意循环变量 i 的设置方法:在 while 语句前 i 必须有初值,在循环体中 i 必须随着循环的进行而不断地改变其值,直到达到 99 使循环结束。

(3) 当循环体中的语句不止一条时,必须用 { } 将循环体语句组合成一条复合语句。

【例 3-10】输入一个整数,求出它的所有因子。

分析:求一个整数 n 的所有因子可以采用穷举法,对 $1 \sim n$ 的全部整数进行测试判断,凡是能够整除 n 的均为 n 的因子。

程序:

```
    #include < iostream >
    using namespace std;
    int main()
    {
        int n, i = 1;
        cout << "输入一个整数:";
        cin >> n;
        cout << "它的因子是:";
        while( i <= n)
        {
            if( n % i == 0) cout << i << " ";
            i ++ ;
        }
        return 0;
    }
```

程序运行结果:

输入一个整数:18 ↵
它的因子是:1 2 3 6 9 18

3.4.2 do-while 语句

do-while 语句的一般形式为:

```
    do
        循环体语句
    while（表达式）；
```

do-while 语句的执行流程如图 3-10 所示。它首先执行一次循环体语句,然后计算表达式的值;当表达式的值为真(非 0)时,反复执行循环体语句;一旦表达式的值为假(0 值)即结束循环。同样地,为了使循环能够结束,循环体中一般应含有改变循环条件表达式值的语句。

说明:

（1）do-while 语句与 while 语句的区别仅在于:while 语句是先判断后循环,有可能一次也不执行循环体语句;do-while 语句是先执行一次循环体语句,然后再进行判断,循环体语句至少被执行一次。当 while 后面表达式的值第一次循环就为真(非 0)时,while 语句与 do-while 语句完全等价。

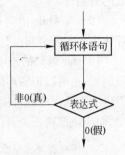

（2）注意在 do-while 语句中,while（表达式）后面有分号;而在 while 语句中,循环体语句本身的分号就表示了语句的结束,它不需要额外的分号。在 C++ 语言中,分号是语句结束的标志,如果在 while 语句中 while（表达式）后出现分号,则代表循环体为空。

图 3-10 do-while 语句流程图

比较下面用 do-while 语句实现例 3-9 的程序:

```cpp
#include < iostream >
using namespace std;
int main( )
{
    int i = 1, sum = 0;
    do
    {
        sum + = i;
        i + = 2;
    }
    while(i < = 99);
    cout << " sum = " << sum << endl;
    return 0;
}
```

3.4.3　for 语句

C++ 中的 for 语句使用最为广泛和灵活,它既可以用于循环次数确定的情况,也可以用于循环次数不确定的情况(与 while 语句等效地使用)。

for 语句的一般形式如下:

```
    for（表达式 1；表达式 2；表达式 3）
        循环体语句
```

如图 3-11 所示,for 语句的执行流程是:首先计算表达式 1 的值

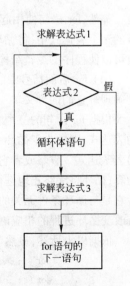

图 3-11　for 语句流程图

（只计算一次），再计算表达式 2（循环条件）的值，并根据表达式 2 的值判断是否执行内嵌的循环体语句。如果表达式 2 的值为真（非 0），则执行循环体语句，并紧接着计算表达式 3 的值，再回头计算表达式 2 的值，并根据表达式 2 的值判断是否执行循环体，如此循环往复，一旦表达式 2 的值为假（0 值）即结束循环。

说明：

（1）注意 for 后面括号中的两个分号，在此处它们不是语句结束符，而是用于分隔三个表达式的分隔符。

（2）与 while 语句和 do-while 语句一样，循环体中的语句往往不止一条，这时必须用 ｛｝ 将循环体中的多条语句组合成一条复合语句。

（3）for 语句的使用非常灵活，特别是 for 后面括号中的三个表达式，只要合法，并没有什么限制，甚至可以把循环体和一些与循环控制无关的操作也放进表达式中，这可以使程序更简洁，但也会降低程序的可读性。因此，最好不要把与循环控制无关的内容放到 for 后面括号的表达式中，而应该把这三个表达式理解为最基本的控制循环进程的量。即：

```
for(循环变量赋初值;循环条件;循环变量增值) 循环体语句
```

比如，例 3-9 中的程序段：

```
int i = 1, sum = 0;
while( i < = 99)
{
    sum = sum + i;
    i = i + 2;
}
```

用 for 语句写出的代码是：

```
int sum = 0;
for( int i = 1; i < = 99; i + = 2) sum + = i;
```

显然，for 语句使用起来更简单、方便，而且它可以将控制循环进程的量全部放进 for 后面括号的三个表达式中，将循环的主体放在循环体中。这样既可以降低循环控制出现错误的可能性，也可以使程序的逻辑结构非常清晰。

（4）for 后面括号中的三个表达式可以部分或全部省略，但两个分号不能省略。这时，需要准确理解它们的含义。

根据 for 语句的三个表达式最基本的意义可知：1）若表达式 1 省略或者它是与循环条件无关的表达式，则缺少了循环变量赋初值的操作，这时应该在 for 语句之前给控制循环的变量赋初值；2）若表达式 2 省略或者它是与循环条件无关的表达式，则缺少了循环条件，等价于循环条件永远为真，循环将无终止地进行下去，这时应该在循环体中有终止循环的语句；3）若表达式 3 省略或者它是与循环条件无关的表达式，则缺少了改变循环进程的控制量，同样，这时应该在循环体中有改变循环进程的相应语句。

依据以上所述，显然可以得出以下几个完全等价的语句结构：

```
for ( ；表达式 2 ； ) 语句        等价于        while(表达式) 语句
for ( ；； ) 语句              等价于        while(1) 语句
```

（5）一般情况下，for、while 和 do-while 这三种循环语句可以互相代替，但 for 语句使用最广泛、最灵活。其中一个原因是,用 while 和 do-while 语句构造循环,循环变量初始化的操作需要在 while 和 do-while 语句之前完成,而在循环体中又要包含控制循环进程的语句,这样容易造成循环控制部分与循环主体关系的混乱。for 语句则不同,for 语句可以将循环控制部分与循环主体有效分开,使程序的逻辑结构非常清晰。

　　(6) 构造循环结构,要注意正确设置循环控制量,避免死循环。一旦程序运行出现死循环,可按 Ctrl + Break 终止程序的运行。

　　(7) 构造循环结构,还要注意"边界值"问题,即注意判断循环的起始点和结束点,正确设置循环初始值和循环条件,使循环次数既不要多一次也不能少一次。

　　【例 3-11】 分别用 C ++ 的三种循环语句,求 20! 。

　　分析:我们知道 $n! = 1 \times 2 \times 3 \times \cdots \times (n-1) \times n$,可以把它理解成重复进行了 n 次乘法操作。每一次乘法操作都是将已有的乘积再乘以一个数 i,i 依次取 1、2、$\cdots$、n,即 $i! = (i-1)! \times i$。这是一个数学概念上的迭代关系式。现须把它转换为计算机循环意义上的迭代关系式——用同一个变量存储新值(乘积),并不断由旧值递推出变量的新值。

　　假如每一次乘法操作的乘积存放在 f 中,f 的初值设为 1(不能设为 0),则求 $n!$ 的计算机循环操作的迭代关系式为 f = f * i,i 依次取 1、2、$\cdots$、n。还须注意的是,由于阶乘的增长非常快,f 不宜定义为 int 型变量,而应定义为浮点型变量(float 型或 double 型)。

　　下面是用三种循环语句求 $n!$ 的程序段。

while 语句:

```
int n = 20;
double f = 1;
int i = 1;
while( i < = n)
{
    f = f * i;
    i ++ ;
}
cout << f << endl;
```

do-while 语句:

```
int n = 20;
double f = 1;
int i = 1;
do
{
    f = f * i;
    i ++ ;
} while( i < = n);
cout << f << endl;
```

for 语句:

```
int n = 20;
double f = 1;
```

```
for ( int i = 1 ; i <= n ; i + + )
    f = f * i ;
cout << f << endl ;
```

3.4.4　循环的嵌套(多重循环)

在一个循环体内又包含了一个完整的循环结构,称为循环结构的嵌套(多重循环)。

正如在 3.3.1.3 小节中所说明的;对于嵌套结构,要注意算法的结构化设计,外层结构必须完整地包含内层结构,不能出现交叉和重叠。只要符合这个原则,循环结构与循环结构、选择结构与选择结构、循环结构与选择结构之间都可以嵌套。为了正确反映嵌套结构的层次性,增加程序的可读性,要注意在编写程序时使用锯齿型书写形式。

【例 3-12】 求 1! + 3! + 5! + 7! + … + 21!

分析:总体上看它是一个不断累加的过程。若累加和用 sum 表示,每次被加的数据项($n!$)用 t 表示,则其迭代关系式是 sum = sum + t,而 t 是某个数的阶乘,由例 3-11 可知,一个数的阶乘也需要通过一个循环操作得到,其迭代关系式是 t = t * i。这就构成了一个两重循环结构。外层循环是一个不断累加的过程,在每一次累加之前,先要通过内层循环计算出当前 t 的值。

程序:

```
#include < iostream >
using namespace std ;
int main ( )
{
    double sum = 0 , t ;
    int i , j ;
    for( j = 1 ; j <= 21 ; j + = 2)
    {
        t = 1 ;
        for( i = 1 ; i <= j ; i + + ) //求 j 阶乘并存放在 t 中
            t = t * i ;
        sum = sum + t ;
    }
    cout << "1! + 3! + 5! + 7! + . . . + 21! = " << sum << endl ;
    return 0 ;
}
```

程序运行结果:

$$1! + 3! + 5! + 7! + \cdots + 21! = 5.12129e + 019$$

从上面例题分析和代码实现中,我们可以看到多重循环进程控制的一个重要特点:外层循环进程调整一次,内层循环则要循环一遍。由此我们可以得出循环控制变量的设置特点:外层循环变量相对稳定,内层循环变量逐一变化。简单地说,外层变一次,内层变一遍。

对于多重循环的每一层循环控制变量变化规律的理解,读者可以用时钟上时、分、秒三根针构成的三重循环的变化进行模拟,即当最内层循环秒针走一圈,分针加一,秒针又从头开始走;当分针走满一圈,时针加一,分针又从头开始走;以此类推,时针走满一圈,即 12 小时,循环结束。

多重循环的循环次数等于每一重循环次数的乘积。比如时钟 12 小时中秒针所走的圈数为

$12 \times 60 \times 60$。为了优化算法效率,减少循环次数,在设计多重循环结构时,应尽量减少循环嵌套的层数。

【例3-13】中国古代数学史上著名的"百鸡问题":鸡翁一,值钱五;鸡母一,值钱三;鸡雏三,值钱一。百钱买百鸡,问鸡翁、鸡母、鸡雏各几何?

分析:设鸡翁、鸡母、鸡雏分别为 cocks、hens、chicks。依题意可得数学方程:

$$\begin{cases} cocks + hens + chicks = 100 \\ 5 \times cocks + 3 \times hens + 1/3 \times chicks = 100 \end{cases}$$

这是一个不定方程,没有唯一解。只能将各种可能的取值代入方程进行测试,其中能同时满足两个方程的就是所需的解。这是一个穷举算法的应用。进一步分析可知,百钱最多可买鸡翁20、鸡母33、鸡雏300,但"百钱买百鸡",鸡雏也不能超过100。即鸡翁、鸡母、鸡雏的取值范围是:

$$cocks : 0 \sim 20$$
$$hens : 0 \sim 33$$
$$chicks : 0 \sim 100$$

可以通过三重循环,测试所有可能的解。代码如下:

```
for( cocks = 0 ; cocks <= 20 ; cocks ++ )
    for ( hens = 0 ; hens <= 33 ; hens ++ )
        for ( chicks = 0 ; chicks <= 100 ; chicks ++ )
            if ( ( cocks + hens + chicks == 100 ) && ( 5 * cocks + 3 * hens + chicks/3 == 100 ) &&
            ( chicks%3 ==0 ) )
                cout << cocks << "," << hens << "," << chicks << endl;
```

该算法使用三重循环,循环体的执行次数是 $21 \times 34 \times 101 = 72114$ 次。实际上,我们可以改进一下算法:依题意可知,当 cocks 和 hens 确定时,chicks 只能是 100—cocks—hens。因此只要用 cocks 和 hens 去测试,而 chicks 由 100—cocks—hens 确定,然后只需代入钱数验证的方程进行检测即可。这样去掉了次数最多的最内层的循环,减少了一重循环,循环体的执行次数减少为 $21 \times 34 = 714$ 次。

具体程序代码如下:

```
#include < iostream >
using namespace std;
int main( )
{
    int cocks,hens,chicks;
    for( cocks = 0 ; cocks <= 20 ; cocks ++ )
        for( hens = 0 ; hens <= 33 ; hens ++ )
        {
            chicks = 100 - cocks - hens;
            if ( ( 5 * cocks + 3 * hens + chicks/3 == 100 ) && ( chicks%3 ==0 ) )
                cout << cocks << " " << hens << " " << chicks << endl;
        }
    return 0;
}
```

程序运行结果：

$$
\begin{array}{rrr}
0 & 25 & 75 \\
4 & 18 & 78 \\
8 & 11 & 81 \\
12 & 4 & 84
\end{array}
$$

注意：上面的程序代码中，if 语句条件式中为什么要有 chicks%3 == 0？是否可以把整个条件式改成 5.0 * cocks + 3.0 * hens + chicks/3.0 == 100.0 而去掉 chicks%3 == 0？在三重循环结构中如何改进循环进程控制量，从而既去掉 chicks%3 == 0 部分又能减少循环次数？请读者思考。

3.5　break、continue 及 goto 语句

3.5.1　break 语句

在 switch 语句中为了实现多分支选择结构，我们已经用到了 break 语句。break 语句不能单独使用，只能用于 switch 语句和循环语句中，它的作用是，提前终止 switch 语句或循环语句的执行，即跳出 switch 语句或循环语句，继续执行后续语句。

3.5.2　continue 语句

continue 语句同样不能单独使用，只能用于循环语句中，其作用是，提前结束本次循环，跳过循环体中余下的其他语句，接着开始判断是否继续执行下一次循环。

说明：

（1）提前终止或结束往往要依据某个条件，所以 break 语句和 continue 语句也总是与一个条件语句结合，实现改变程序原有执行流程的作用。

（2）在一个嵌套结构中，break 语句只能跳出它所在的那一层回到其上一层，而不能跳出多层。

（3）注意比较 for 语句中含有 break 和 continue 语句后的执行流程，如图 3-12 所示。

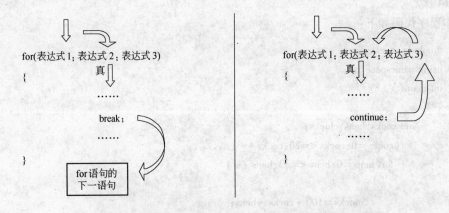

图 3-12　包含 break 和 continue 的 for 语句执行流程示意图

【例 3-14】去掉例 3-1"判断一个正整数是否是素数"的算法中判断素数的标志量 flag，换一个使用 break 和 continue 语句的算法。

算法描述如下（伪代码）：

BEGIN(算法开始)

输入 n；

i = 2；

do

{

　　　求 n 除以 i 的余数 r；

　　　if(余数 r 不为 0)

　　　　　i + 1 ⇒ i，并继续下一次循环(continue)

else

　　可以确定 n 不是素数，终止整个循环(break)

}

while(i ≤ √n) 返回到 do；

if(i >= √n + 1，即 n 没有被整除过)

　　　输出打印"n 是素数"；

else

　　　输出打印"n 不是素数"；

END(算法结束)

程序代码：

```cpp
#include  < iostream >
#include  < cmath >
using namespace std;
int main( )
{
    int n,k,r,i;
    cout << "请输入一个正整数:";
    cin >> n;
    k = int(sqrt(n));              //用 k 代表根号 n 的整数部分
    i = 2;
    do
    {
        r = n%i;
        if(r! = 0){i ++ ;continue;}  //如果不能整除,继续下一次循环
        else break;                  //如果能整除,终止整个循环
    }
    while(i <= k);
    if(i >= k + 1)                   //条件满足则说明 n 没有被整除过
        cout << n << "是一个素数" << endl;
    else
        cout << n << "不是一个素数" << endl;
    return 0;
}
```

程序的两次运行结果：

　　　① 请输入一个正整数:3 ↵　　　　　　　② 请输入一个正整数:4 ↵
　　　　　　3 是一个素数　　　　　　　　　　　　　　4 不是一个素数

请读者按照例 3-1 所描述的算法写出程序,并与本例题的程序进行比较。

3.5.3　goto 语句

形式为:

```
goto 标号;
标号:语句;
```

其中,"标号"的命名规则同"标识符","标号:"后的语句是任意语句,表示 goto 语句的转向入口。goto 语句的作用就是将程序的执行流程跳转到指定的某标号语句处。

由于 goto 语句跳转到标号语句这种方式具有随意性,使用 goto 语句很容易造成程序段之间形成"交叉"关系,破坏程序的结构,不利于程序的维护和调试。所以,一般应少用或不用 goto 语句。

【例 3-15】 求 $sum = \sum_{i=1}^{100} i$,分别用 if 与 goto 语句构成的循环和 for 语句实现。

用 if 与 goto 语句实现的程序:

```
#include < iostream >
using namespace std;
int main( )
{
        int i,sum = 0;
        i = 1;
loop: if( i < = 100 )
        {
                sum = sum + i;
                i + + ;
                goto loop;
        }
        cout << " sum = " << sum << endl;
        return 0;
}
```

用 for 语句实现的程序:

```
#include < iostream >
using namespace std;
int main( )
{
        int sum = 0;
        for( int i = 1 ; i < = 100 ; i ++ )
            sum = sum + i;
        cout << " sum = " << sum << endl;
        return 0;
```

程序运行结果:

$$sum = 5050$$

3.6 程序举例

【例3-16】利用公式 $\pi/4 \approx 1 - 1/3 + 1/5 - 1/7 + \cdots$,求 π 的近似值,直到最后一项的绝对值小于 10^{-6} 为止。

分析:利用该公式计算 π 的近似值,可以把它看成是一个不断累加的过程。每一次累加进来的是一个分数,而且每当累加进来一个正的分数时,下一次累加进来的就是一个负的分数,再下一次累加进来的又是一个正的分数,如此反复,累加进来的分数符号位每次都要改变。

若累加和用 sum 表示,每次被加的数据项(带符号的分数)用 t 表示,则其迭代关系式是 sum = sum + t。由于 t 是一个每次累加都要改变符号的分数,因此要注意 t 的符号的设置以及分子分母要以实数方式运算的特点。因为分子分母不能是两个整数相除,否则分子分母整除的结果只能保留整数部分,对本例题而言,分子分母整除的结果总是 0。

通过以上分析并注意分数运算和符号位变化的处理方式,可以写出下面的程序代码:

```cpp
#include <iostream>
#include <cmath>
using namespace std;
int main()
{
    int sign = 1, n = 1;        //sign 用于设置正负号,n 代表分母
    double t = 1, sum = 0, pi;
    while(fabs(t) > 1e - 6)
    {
        t = sign/double(n);    //或: t = sign * 1.0/n;
        sum = sum + t;
        sign = - sign;          //每次循环改变一次正负号
        n += 2;
    }
    pi = sum * 4;
    cout << "pi = " << pi << endl;
    return 0;
}
```

程序运行结果:

$$pi = 3.14159$$

【例3-17】打印输出 100～200 间的全部素数。

分析:在例3-1 和例3-14 中已经介绍了判断素数的程序,它是一个循环结构。现在要输出 100～200 间的全部素数,只需对 100～200 间的全部奇数测试一遍即可。这是一个两重循环结构,外循环变量 n 分别取 100～200 间的需要测试的各个奇数,内循环则用以判断每个 n 值是否为素数,如果是就输出该素数。

程序代码如下:

```
#include <iostream>
#include <cmath>
using namespace std;
int main()
{
    int n,k,i;
    for(n = 101;n < 200;n += 2)             //偶数肯定不是素数
    {
        k = int(sqrt(n));
        for(i = 2;i <= k;i ++)
            if(n% i == 0) break;
        if(i >= k + 1)
            cout << n << " ";
    }
    cout << endl;
    return 0;
}
```

程序运行结果:

101 103 107 109 113 127 131 137 139 149 151 157 163 167 173 179 181 191 193 197 199

【例 3-18】 按以下格式打印输出九九乘法表。

$$1 * 1 = 1$$
$$1 * 2 = 2 \qquad 2 * 2 = 4$$
$$1 * 3 = 3 \qquad 2 * 3 = 6 \qquad 3 * 3 = 9$$
$$\cdots\cdots\cdots\cdots\cdots\cdots\cdots\cdots\cdots\cdots\cdots\cdots\cdots$$
$$1 * 9 = 9 \qquad 2 * 9 = 18 \qquad 3 * 9 = 27 \qquad \cdots \qquad 9 * 9 = 81$$

分析:打印九九乘法表,也就是重复若干次 i * j = k 的输出操作。由于是按行按列的二维输出方式,一共要输出 9 行,每一行输出的项数与当前的行数有关,因此需要通过两重循环结构来控制行列输出的问题。若内外循环变量分别使用 i 和 j,则按照多重循环中外层循环变量相对稳定的进程控制特点,外循环变量 j 用于控制行的输出,内循环变量 i 用于控制每行输出的项数;而且 i、j 与输出内容密切相关,它们正好对应乘法表中的被乘数和乘数。显然,i 和 j 的取值范围是:外循环变量 j 为 1 ~ 9,内循环变量 i 为 1 ~ j。

程序代码如下:

```
#include <iostream>
using namespace std;
int main()
{
    int i,j;
    for(j = 1;j <= 9;j ++)
    {
        for(i = 1;i <= j;i ++)
            cout << i << " * " << j << " = " << i * j << "\t";   //每输出一项就跳到下一个制表位
```

```
            cout << endl;                        //内循环一遍就换行
        }
        return 0;
    }
```

习 题 3

● 思考题

3-1 什么是算法? 它有哪些特征?

3-2 什么是"结构化"的算法? 组成结构化算法的基本控制结构有哪几种?

3-3 有哪些常用的算法描述方法? 它们各有什么特点?

3-4 什么是复合语句? 它有什么作用?

3-5 C++语言实现选择结构的语句有哪几个? 它们有何异同?

3-6 C++语言实现循环结构的语句有哪几个? 它们有何异同?

3-7 请比较 break 语句与 continue 语句。

● 选择题

3-1 为了避免在嵌套的条件语句 if-else 中产生二义性,C++语言中规定的 if-else 匹配原则是 _____ 。

    A. else 字句与其之前未配对的 if 配对

    B. else 字句与其之前未配对的最近的 if 配对

    C. else 字句与其之后最近的 if 配对

    D. else 字句与同一行上的 if 配对

3-2 对于 switch(c) 中的变量 c 不能定义为 _____ 类型。

    A. unsigned   B. int   C. char   D. float

3-3 下列关于 switch 语句的描述中,正确的是 _____ 。

    A. switch 语句中 default 字句可以没有,也可有一个

    B. switch 语句中每个语句序列必须有 break 语句

    C. switch 语句中 default 字句只能放在最后

    D. switch 语句中 case 子句后面的表达式可以是整型表达式

3-4 下面叙述正确的是 _____ 。

    A. for 循环只能用于循环次数已经确定的情况

    B. for 循环同 do while 语句一样,先执行循环体再判断

    C. 不管哪种形式的循环语句,都可以从循环体内转到循环体外

    D. for 循环体内不可以出现 while 语句

3-5 下面程序的运行结果是 _____ 。

```
int n = 0 ;
while( n++ <= 2 ) ;
cout << n ;
```

    A. 2   B. 3   C. 4   D. 有语法错误

3-6 下面程序段运行后,a、b、c 的值分别是 _____ 。

```
a = 1; b = 2; c = 2;
while ( a < b < c ) { t = a; a = b; b = t; c - - ; }
```

```
cout << a << b << c;
```

    A. 1, 2, 0　　　　B. 2, 1, 0　　C. 1, 2, 1　　D. 2, 1, 1

3-7　以下 for 循环体执行的次数是 _____ 。

```
for ( x = 0, y = 0; ( y = 123 ) && ( x < 4 ); x ++ );
```

    A. 无限次循环　　　　　　　　B. 循环次数不定
    C. 4 次　　　　　　　　　　　　D. 3 次

3-8　以下程序段的输出结果为 _____ 。

```
for( i = 4; i <= 10; i ++ )
{
        if( i % 3 == 0 ) continue;
        cout << i;
}
```

    A. 45　　　　　　B. 457810　　C. 69　　　　D. 678910

3-9　若输入字符串"ABC#",下面程序段的输出为 _____ 。

```
char c;
while ( cin >> c, c ! = '#' ) cout << c + 2;
```

    A. 222　　　　　　B. CDE　　　C. 676869　　D. 333

3-10　下列不是死循环的是 _____ 。
    A. int i = 100; while(1) { i = i % 100 + 1;
                               if (i > 100) break;}
    B. for (; ;);
    C. int k = 0; do { ++k;} while (k >= 0) ;
    D. int s = 36;
        while (s); - - s;

● 填空题

3-1　以下程序段的运行结果是 _____ 。

```
int x = 1, y = 0;
switch ( x )
{
        case 1:
                switch ( y )
                {
                        case 0: cout << " * * 1 * * \n"; break;
                        case 1: cout << " * * 2 * * \n"; break;
                }
        case 2: cout << " * * 3 * * \n";
}
```

3-2　执行下面程序段后, k 值是 _____ 。

```
k = 1; n = 263; do { k * = n % 10; n/ = 10;} while( n );
```

3-3　鸡兔共有30只,脚共有90个,下面的程序段计算鸡兔各有多少只:

```
for ( x = 1 ; x <= 29 ; x ++ )
{
        y = 30 - x ;
        if ( _____ ) cout << x << " ," << y << endl ;
}
```

3-4　下面程序段的运行结果是 _____ 。

```
int i , j = 4 ;
for( i = j ; i <= 2 * j ; i ++ )
    switch( i/j )
        {
                case 0 :
                case 1 : cout << " * * " ; break ;
                case 2 : cout << "#" ;
        }
```

3-5　以下程序段的功能:从键盘输入的字符中统计数字字符的个数(n),用"#"结束循环。

```
int n = 0 ; char c ;
while ( _____ )
    if( _____ ) n ++ ;
```

3-6　填空完成下面程序,其功能是打印100以内个位数为6且能被3整除的所有数。

```
int i , j ;
for( i = 0 ; _____ ; i ++ )
{
        j = i * 10 + 6 ;
        if ( _____ ) continue ;
        cout << j << endl ;
}
```

3-7　填空完成下面程序,其功能是从3个红球,5个白球,6个黑球中任意取出8个球,且其中必须有白球,输出所有可能的方案。

```
int i , j , k ;
cout << " red\twhite\tblack" << endl ;
for( i = 0 ; i <= 3 ; i ++ )
    for( _____ ; j <= 5 ; j ++ )
        {
                k = 8 - i - j ;
                if( _____ )
                    cout << i << '\t' << j << '\t' << k << endl ;
        }
```

● 编程题

3-1　编一程序,实现下列分段函数的求值。

$$y = \begin{cases} |x| & x < 5 \\ 3x^2 - 2x + 1 & 5 \leqslant x < 20 \\ x/5 & x \geqslant 20 \end{cases}$$

3-2　求一元二次方程 $ax^2 + bx + c = 0$ 的根,其中系数 a、b、c 由键盘输入。

3-3　按工资的高低纳税。已知不同工资 s 与税率 p 的关系如下:

$$\begin{array}{ll} s < 1000 & p = 0\% \\ 1000 \leqslant s < 2000 & p = 5\% \\ 2000 \leqslant s < 5000 & p = 8\% \\ 5000 \leqslant s < 8000 & p = 15\% \\ 8000 \leqslant s & p = 20\% \end{array}$$

编一程序,输入工资数,使用 switch 语句,求纳税款和实得工资数。

3-4　用下面的公式求自然数 e 的近似值,要求最后一项小于 10^{-6}。

$$e = 1 + \frac{1}{1!} + \frac{1}{2!} + \frac{1}{3!} + \cdots + \frac{1}{n!} + \cdots$$

3-5　有一分数系列:

$$\frac{2}{1}, -\frac{3}{2}, \frac{5}{3}, -\frac{8}{5}, \frac{13}{8}, -\frac{21}{13}, \cdots$$

求出这个数列的前 20 项之和。

3-6　输出所有的"水仙花数"。所谓"水仙花数"是指一个三位数,其各位数字的立方和等于该数本身。例如,153 就是一个水仙花数,因为 $153 = 1^3 + 5^3 + 3^3$。

3-7　编写一个程序,求 100 ~ 1000 之间有多少个这样的整数,其各个数位的数字之和等于 11。

3-8　36 块砖 36 人一次搬完,男人一人搬 4 块,女人一人搬 3 块,小孩两人搬 1 块。编写一程序,输出参加搬砖的男人、女人和小孩的数量。

3-9　一个数如果恰好等于它的因子之和,这个数就称为"完数"。例如,6 的因子为 1、2、3,而 $6 = 1 + 2 + 3$,因此 6 是一个"完数"。编程序找出 1000 以内的所有完数。

3-10　编写程序,求出当前开发环境中 int 型数据的表示范围。

3-11　甲乙丙三人同时放第一个鞭炮,以后甲每隔 5 s 放一个,乙每隔 6 s 放一个,丙每隔 7 s 放一个,每人各放 21 个鞭炮。问一共能听到多少次鞭炮声?

第4章 函数及编译预处理

代码重用是软件开发人员追求的目标之一。一段通用的程序块不应被重复地编写或复制，而应该是一次写定后，就可以通过某种简便的方式去重复地使用它。在 C++ 中实现这种目标的方法之一就是编写函数。简单地说，函数就是一个相对独立的、通用的处理过程的程序段，我们把这个程序段封装起来用一个函数名来表示，并通过函数名来调用该程序段。

函数可以分为系统函数和用户自定义函数两大类。系统函数又称内置函数或库函数，是由编译系统提供、已经被验证、高效率、成熟的函数，用户不必重新定义系统函数就可以直接使用它们，之前只需通过文件包含预编译命令（#include 命令），将要用到的系统函数对应的库文件嵌入到当前程序中即可。

函数的意义不仅仅体现在代码的重用，它还非常有利于代码的维护、规范和功能的封装，并能降低程序的复杂度，从而有利于程序的构建，它是模块化构建程序的主要部件和重要基础。

本章主要介绍用户自定义函数的有关概念和使用方法，并对编译预处理命令进行介绍和说明。

4.1 函数定义与函数调用

4.1.1 函数定义

函数定义的一般形式：

```
函数类型 函数名(形式参数表)
{
    函数体
}
```

函数由函数首部和函数体组成。函数首部包括函数类型、函数名和由圆括号"( )"括起来的形式参数表。函数体是用一对花括号"{ }"括起来的、由若干条声明语句和执行语句组成的语句系列，用以具体实现函数的功能。

比如，例 2-3 中定义的 max 函数，其功能是返回两个整数中较大一个的值。

```
int max (int a, int b)          //函数首部,a,b 为形式参数
{                               //函数体开始
    return (a > b? a:b);
}                               //函数体结束
```

又如，下面函数的功能是打印一个表头。

```
void tableHead( )
{
    cout << " ***************" << endl;
    cout << " *  example  *" << endl;
```

```
        cout << "***************" << endl;
    }
```

说明:

(1) 函数名是一个相对独立的通用程序段的外部标识符。当函数定义之后,即可通过函数名来调用这个程序段。

(2) 函数类型说明的是函数返回值的类型。一般一个函数调用结束时需要返回一个值到调用它的位置,返回是通过 return 语句实现的。

return 语句的一般格式为:

    return 表达式;

return 语句一般是函数体中的最后一条语句,但也可以放在函数体中的其他位置。当程序执行到函数体的 return 语句时,无论它是否是最后一条语句,该函数调用立即结束。

return 语句返回的值,其类型必须与函数类型匹配。所谓匹配是指类型一致或是可以自动转换的类型。同时需要注意的是,函数返回值的类型由函数首部的函数类型确定而不是由 return 语句确定。

一个函数也可以没有返回值,但这时函数类型须定义为 void,函数体中也不必使用 return 语句。例如上面打印表头的函数 tableHead( )。

(3) 形式参数表是由逗号隔开的若干个形式参数的列表。形式参数简称为"形参"。

形式参数表的语法格式如下:

    (类型 1 形参 1,类型 2 形参 2,… ,类型 n 形参 n)

形式参数表说明的是建立一个函数时需要的基本信息,也就是这个函数需要处理的数据对象。同时形参也是函数定义的局部变量,它只在本函数中有效。

一个函数也可以没有形参,就像上面的函数 tableHead( )。这时形参表内可以标识为 void,也可以空着,但括号不能少。无需形参的函数被称为无参函数,需要形参的函数被称为有参函数。

(4) C++中不允许重复定义函数,即不允许定义函数首部完全相同的两个函数。C++中也不允许函数的嵌套定义,即不允许在一个函数定义的函数体中包含另一个函数的完整定义。

4.1.2　函数调用

函数调用的一般形式:

    函数名(实际参数表)

其中,"实际参数表"是在函数调用时提供的实际参数值,用于传递基本信息给形参。实际参数又简称为"实参"。实参可以是常量或具有确定值的变量、表达式等。实参表同样是由逗号隔开,而且必须与形参表中参数的个数、位置和类型一一对应。

下面通过例 2-3 中程序的执行过程来说明函数调用中程序的执行流程以及内存分配情况,并进一步地理解和认识函数参数。

在例 2-3 中包含 main( )和 max( )两个函数。代码如下:

```
    int max(int a,int b)
    {
```

```
        return (a > b? a:b);
    }
    int main()
    {
        int p,q,m;
        cin >> p >> q;
        m = max(p,q);
        cout << "max = " << m << endl;
        return 0;
    }
```

程序运行结果:

$$-9 \quad 3 \ \lrcorner$$
$$max = 3$$

函数调用的程序执行流程描述如图 4-1 所示。

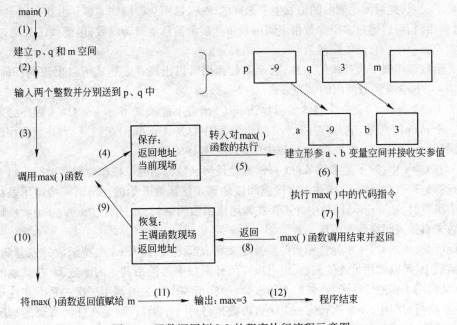

图 4-1 函数调用例 2-3 的程序执行流程示意图

如图 4-1 所示(图中标号表示程序流程执行的顺序),程序从 main() 函数的第一条语句开始执行:(1)建立 p、q 和 m 变量空间;(2)输入两个整数并分别送到 p 和 q 空间中;(3)~(4)遇到了对 max() 函数的调用,这时暂停当前函数的执行,即暂停对 m 的赋值操作,保存该操作指令的地址(即返回地址,作为从 max() 函数调用结束并返回后继续执行的入口点),同时保存当前函数执行现场,然后转入对 max() 函数的执行;(5)建立形参 a、b 变量空间,并接收实参传递过来的值;(6)执行 max() 中的代码指令;(7)max() 函数调用结束,释放 a、b 空间,然后返回主调函数执行现场返回地址;(8)~(9)恢复先前保存的 main() 函数执行现场,从先前保存的返回地址处开始继续执行,即从 main() 中 max() 函数调用处继续执行;(10)将 max() 函数调用结束的返回值赋给 m;(11)输出:max = 3;(12)程序结束。

说明：

（1）函数调用过程中，调用其他函数的函数称为主调函数，被其他函数调用的函数称为被调函数。比如，上述示例中 main( ) 函数是主调函数，max( ) 函数是被调函数。程序流程执行到函数调用，就保存当前函数的相关信息，转去执行被调函数；被调函数执行结束后返回主调函数继续执行程序，直至整个程序结束。

（2）函数定义时，形参表中的形参是在建立一个函数时所需要的基本信息，也就是说它们是用于在函数被调用时，接收所需信息的。实参表中的实参则是用于在函数调用时向对应的形参传递基本信息（确定值）的。实参和形参各自占有自己的内存空间。

（3）函数在没有被调用的时候是静止的，此时的形参只是一个符号，它并不占有实际的内存空间，也没有实际的值。只有函数被调用时才给形参分配存储单元，并接收实参值，然后执行函数体中的程序代码。这与数学中的概念相似，例如在数学中我们都熟悉这样的函数形式：

$$f(x) = x^2 + x + 1$$

这样的函数只有自变量 x 被赋值以后，才能计算出函数值，这与形参赋值的道理是一样的。

（4）函数调用时，由实参传值给形参的过程是一个单向传递过程。一旦形参获得了值便与实参脱离了关系，此后无论形参的值发生了怎样的改变，都不会影响到实参。由此我们也可以看出，函数调用时，可以通过多个参数由主调函数传递多个信息给被调函数，但被调函数通过 return 语句只能返回一个信息给主调函数。

（5）函数调用属于表达式的一种，因而函数调用可以出现在表达式可以出现的任何地方。下面的例 4-1 包含有函数调用的多种形式。

（6）主函数 main( ) 是一个特殊的函数，main( ) 函数不能被调用。一个 C++ 程序必须有且只能有一个 main( ) 函数，它是程序执行的入口。程序总是从 main( ) 函数开始，并且程序流程最后还要回到 main( ) 函数，在 main( ) 函数中结束整个程序的运行。

（7）在 C++ 中，除了主函数 main( ) 外，其他任何函数都不能单独作为程序运行。每一个函数的执行都是通过在 main( ) 函数中直接或间接地调用该函数开始的。所谓间接调用是指当调用某一个函数时，在 main( ) 函数中并不存在调用该函数的语句，而是通过 main( ) 函数所调用的其他函数来直接或间接地调用该函数。

由此可见，虽然 C++ 不允许函数的重复定义和嵌套定义，但 C++ 支持函数的嵌套调用，即在一个函数中，可以调用另外的函数，也可以在另外函数中再调用其他的函数，而在其他的函数中，可能又调用了别的一些函数，如此不断嵌套，形成了一个复杂的调用层次关系。在这种情况下，函数在执行过程中，不是执行完一个函数再去执行另一个函数，而是在任何需要的情况下可对其他函数进行调用，调用结束后再依次返回。例 4-5 给出了一个函数嵌套调用的示例。

【例 4-1】函数调用示例。

程序：

```cpp
#include <iostream>
using namespace std;
//打印表头的函数
void tableHead( )
{
    cout << " **************** " << endl;
    cout << " *   example   * " << endl;
    cout << " **************** " << endl;
```

```
    }
    //求较大值的函数
    int max( int a,int b)
    {
        return ( a > b? a:b);
    }
    int main( )
    {
        int a,b,c;
        int max1,max2,max3;
        tableHead( );                //函数调用语句,打印表头
        cin >> a >> b >> c;
        max1 = max( a,b);            //实参是两个变量,max1 得到 a,b 中较大的值
        max2 = max( a + 30,b * 5);   //实参是两个表达式,max2 得到两个表达式中较大的值
        max3 = max( a,max( b,c));    //函数调用中的一个实参又是一个函数调用
                                     //max3 得到 a,b,c 中最大的值
        cout << " max1 = " << max1 << endl;
        cout << " max2 = " << max2 << endl;
        cout << " max3 = " << max3 << endl;
        return 0;
    }
```

程序运行结果:

```
****************
*      example      *
****************
7  -9 8 ↵
max1 = 7
max2 = 37
max3 = 8
```

需要注意的是,上述示例中,max( )函数中的 a、b 与 main( )函数中的 a、b 虽然名称相同,但是属于两个相互独立、互不隶属的函数中的变量,它们占有各自独立的存储空间,在各自所属的函数中有效,互不干扰,它们只是在有函数调用关系时,通过参数传递建立联系。

4.1.3 如何建立函数

建立函数的过程是一个抽象思维的过程,即如何在一个通用的处理过程中,找出其通用(共性)的部分,抽取出其中的基本信息,确定形式参数,建立函数首部,最终形成函数代码。

具体地说,对于一个通用的处理过程,应该把它编写成一个独立的函数,而定义函数时可能会涉及若干个变量,决定这些变量是作为函数的参数还是在函数体内定义这有一个原则:作为一个相对独立的程序模块,函数在使用时完全可以被看成一个"黑匣子"的封装体。在封装体的外部只能看到输入和输出的使用接口,其他部分都在封装体内。

从函数的定义可看出,函数首部正是用来反映函数的功能和使用接口的,它所定义的是"做什么"。在这部分必须明确"黑匣子"的输入输出部分:输出就是函数的返回值,是函数处理的结

果;输入就是形式参数,是函数要处理的数据对象。因为函数体中具体描述的是"如何做",所以除参数之外的为实现算法所需要用到的变量应当定义在函数体内。

进一步地说,形式参数反映了函数的抽象属性,说明了建立一个函数和调用函数时需要的基本信息。从函数功能的角度看,形式参数就是函数要处理的数据对象。

【例 4-2】数学函数 $f(x) = x^2 + 1$ 用 C++语言实现。

分析:通过前面对 C++函数"黑匣子"特征的描述可知,该数学函数要处理的对象是自变量 x。对于类似 $f(x) = x^2 + 1$ 的数学函数,只有那些功能上起自变量作用的变量才必须定义为 C++函数的形式参数。

在 $f(x) = x^2 + 1$ 这个数学函数中,自变量为 x,因而,在下面定义的 C++函数 f()中,自变量 x 作为形参,而变量 z 用于保存中间结果被定义在函数体内。

函数代码如下:

```
float f( float x)
{
    float z;
    z = x * x + 1;
    return z;
}
```

【例 4-3】将例 3-12 求解问题的方法分解,先写一个求 $n!$ 的函数 fac(n),然后在 main()函数中通过循环调用该函数,求和计算 $1! + 3! + 5! + 7! + \cdots + 21!$。

分析:从例 3-11 的分析中,我们不难发现,求 $n!$ 的函数 fac(n)的处理对象是一个 int 型数据,函数的返回值应该用一个浮点类型(double 或 float)表示。另外需要注意的是,作为一个独立的函数,应使其具有良好的封装性和相对完整的功能,为此在函数代码中增加了 0! 和对错误参数的处理:(1)根据阶乘的定义,0! 的值为 1;(2)如果参数 n 为负数,则函数 fac(n)返回 -1,这表示参数错误(负值在正常的阶乘值中是不会出现的,因而可用做参数错误的标志)。

与例 3-11 的算法还略有区别的是例 3-11 使用的阶乘定义为 $n! = 1 \times 2 \times 3 \times \cdots \times (n-1) \times n$,而本例使用的阶乘定义为 $n! = n \times (n-1) \times \cdots \times 3 \times 2 \times 1$,它们没有本质的区别,但在循环的方向上是相反的。

有了求 $n!$ 的函数,在 main()函数中通过单循环结构就可以计算出 $1! + 3! + 5! + 7! + \cdots + 21!$,从而避免了两重循环的设计,降低了求解问题的复杂度。

程序代码如下:

```
#include < iostream >
using namespace std;
int main ( )
{
    double fac( int );              //函数声明
    double sum = 0;
    for( int i = 1; i <= 21; i + = 2)       //求 1! + 3! + … + 21!
        sum = sum + fac(i);
    cout << "1! + 3! + ... + 21! = " << sum << endl;
    return 0;
}
```

```
//求 n! 的函数(递推算法)
double fac( int n)
{
        double f = 1;
        if( n > 0)
                for( ;n > 1;n - - ) f = f * n;      //求 n!
        else if( n ==0) f = 1;                //0! 的值为 1
        else if( n < 0) f = - 1;              //如果 n 为负数,则返回 - 1,表示错误
        return f;
}
```

【例 4-4】写一个求素数的函数,然后在 main( )函数中调用测试该函数。

分析:在例 3-1、例 3-14 和例 3-17 中已经对判断素数的程序有了介绍,但那时还不能写一个独立通用的判断素数的函数。判断一个数是否是素数,显然这个函数要处理的数据对象是某个正整数,我们用一个抽象的变量 n 表示。即该函数的形参是一个 int 整型量(n)。也就是说,对于例 3-1、例 3-14 和例 3-17 中判断素数的程序段,其中那个实实在在被判断是否为素数的正整数,在现在的函数中是用一个抽象的变量 n 表示。这样,原来程序段那个被判断的量,都要用这个抽象的变量 n 代表,从而形成了一个功能固定的通用代码段——函数。该函数的程序代码所处理的结果(即返回值)应该是一个逻辑量,故而可以把该函数的类型定义为 bool 型。

下面给出判断素数的函数及其测试程序的完整代码。

```
#include < iostream >
#include < cmath >
using namespace std;
//判断素数的函数
bool isPrime( int n)
{
        bool prime = true;              //先假设 n 为素数
        int k;
        k = int( sqrt( n) );
        for( int i = 2;i <= k;i ++ )
                if( n% i ==0) { prime = false; break; }
        return prime;
}
//测试 isPrime( )函数
int main( )
{
        int m;                          //m 为被测试的数
        cout << "请输入一个自然数:";
        cin >> m;
        if( isPrime( m) )
                cout << m << "是一个素数" << endl;
        else
```

```
cout << m << "不是一个素数" << endl;
    return 0;
}
```

说明：isPrime( )函数的函数体中定义的 prime、k 和 i，只是函数处理过程中要用到的临时变量，而形参 n 则反映了函数的抽象属性，说明了建立一个函数和调用函数时需要的基本信息。

4.2　函数原型与函数声明

在 C++的语法上，对程序中函数的排列次序是没有固定要求的。但如果被调用函数的定义是在主调函数之后，则必须在主调函数中对被调函数先进行声明，然后才能使用这个函数。所谓函数声明，就是声明某个函数在其他地方有定义，并将该函数的结构信息（函数首部）通知编译系统。这样，一方面使编译能够正常进行，另一方面可使得编译程序能发现函数调用时参数不一致的错误。

函数声明又称为函数原型或函数的引用性声明，它是一条以分号结束的语句，实际上就是所定义函数的函数首部。其一般形式为：

　　　　　函数类型 函数名(参数类型1,参数类型2,…)；

或

　　　　　函数类型 函数名(参数类型1 参数名1,参数类型2 参数名2,…)；

第 1 种形式是基本的形式，它只列出了每个形参的类型，参数名省略；第 2 种形式则列出了每个形参的类型以及参数名。

函数声明中的形参作用域只在原型声明中，即作用域结束于右括号。因此，函数声明中形参的名字是不重要的，是否有参数名、是什么参数名都无所谓，重要的是参数类型。函数声明中的形参名可以省略，但不能省略类型标识符。

比如，下面的例 4-5 中的函数声明也可以写成：

　　　　　int max(int a, int b) ; //或 int max(int x, int y) ; ,其作用完全相同。

注意区分"函数调用"语句与"函数声明"语句的不同。

【例 4-5】把例 2-3 中 max( )函数的位置放在 main( )函数之后，这时在 main( )函数中必须对max( )函数先进行声明才能使用它。代码如下：

```
#include <iostream>
using namespace std;
int main()
{
    int p,q,m;
    int max(int, int);                //函数声明
    cin >> p >> q;
    m = max(p, q);                    //函数调用
    cout << "max = " << m << endl;
    return 0;
}

int max(int a, int b)
{
    return (a > b? a:b);
```

```
}
```

函数声明的位置既可以在主调函数定义中,也可以在主调函数定义外。习惯上把程序中用到的所有函数集中放在最前面声明。这有两个好处,一是对所有用到的函数一目了然;二是在各个主调函数中不必对所调用的函数再作声明,不用再仔细检查哪个函数在前,哪个函数在后。

从设计程序的角度看,对于一个小型程序,有经验的程序编制人员一般都把 main() 函数写在最前面,这样对整个程序的结构和作用清晰明了,可以统揽全局。然后再具体了解各函数的细节。这时就要求对被调函数提前进行声明。而且,以这种方式编写的程序,函数声明的位置与函数调用语句的位置一般比较近,这样在写程序时便于就近参照函数原型来书写函数调用,不易出错。

对于一个大型程序,一般将程序中需要用到的函数声明集中在一个文件中,而把函数的定义放在其他文件中。在设计程序时,只要通过文件包含命令(#include)将函数原型声明的文件包含在当前程序中,就可以使用这些函数了。这样有利于程序的整体设计,而把程序实现的细节另外再做处理。

【例4-6】用弦截法求方程 $f(x) = x^3 - 5x^2 + 16x - 80 = 0$ 的根。

分析:这是一个数值求解问题。根据数学知识,可以列出以下的解题步骤:

(1) 取两个不同点 x_1 和 x_2,如果 $f(x_1)$ 和 $f(x_2)$ 符号相反,则 (x_1, x_2) 区间内必有一个根。如果 $f(x_1)$ 与 $f(x_2)$ 同符号,则应改变 x_1 和 x_2,直到 $f(x_1)$ 与 $f(x_2)$ 异号为止。注意 x_1、x_2 的值不应差太大,以保证 (x_1, x_2) 区间内只有一个根。

(2) 连接 $(x_1, f(x_1))$ 和 $(x_2, f(x_2))$ 两点,此线(即弦)交 x 轴于 x。如图 4-2 所示。

x 点坐标可用下式求出:

$$x = \frac{x_1 \cdot f(x_2) - x_2 \cdot f(x_1)}{f(x_2) - f(x_1)}$$

再从 x 求出 $f(x)$。

(3) 若 $f(x)$ 与 $f(x_1)$ 同符号,则根必在 (x, x_2) 区间内,此时将 x 作为新的 x_1。如果 $f(x)$ 与 $f(x_2)$ 同符号,则表示根在 (x_1, x) 区间内,此时将 x 作为新的 x_2。

(4) 重复步骤(2)和(3),直到 $|f(x)| < \xi$ 为止。ξ 为一个很小的正数,例如 10^{-6}。此时认为 $f(x) \approx 0$。

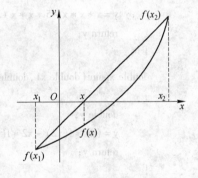

图 4-2 弦截法示意图

以上就是弦截法的算法。

在程序中分别用以下几个函数来实现以上有关部分的功能:

(1) 用 $f(x)$ 代表 x 的函数:$f(x) = x^3 - 5x^2 + 16x - 80$。

(2) 用函数 xpoint (x1,x2) 来求 $(x_1, f(x_1))$ 和 $(x_2, f(x_2))$ 的连线与 x 轴的交点 x 的坐标。

(3) 用函数 root(x1,x2) 来求 (x_1, x_2) 区间的实根。

根据以上算法,可以编写出下面的程序:

```cpp
#include <iostream>
#include <cmath>
using namespace std;
double f(double);                    //函数声明
double xpoint(double,double);        //函数声明
double root(double,double);          //函数声明
```

```
int main( )
{
    double x1 ,x2 ,f1 ,f2 ,x;
    do
    {
        cout << " Please input x1 ,x2: ";
        cin >> x1 >> x2;
        f1 = f( x1) ;
        f2 = f( x2) ;
    }
    while( f1 * f2 >= 0) ;                    //如果 f1 与 f2 同号,则重新选取 x1 和 x2
    x = root( x1 ,x2) ;
    cout << " A root of equation is " << x << endl;
    return 0 ;
}


double f( double x)
{
    double y;
    y = x * x * x - 5 * x * x + 16 * x - 80 ;
    return y;
}

double xpoint( double x1 ,double x2)
{
    double y;
    y = ( x1 * f( x2) - x2 * f( x1) )/( f( x2) - f( x1) );
    return y;
}

double root( double x1 ,double x2)
{
    double x ,y ,y1;
    y1 = f( x1) ;
    do
    {
        x = xpoint( x1 ,x2) ;
        y = f( x) ;
        if( y * y1 > 0) y1 = y ,x1 = x;
        else x2 = x;
    }
    while( fabs( y) >= 0. 000001) ;
    return x;
}
```

程序运行结果：　　　　　　Please input x1,x2: 2.0 3.5 ↵

Please input x1,x2: 3.0 6.8 ↵

A root of equation is 5

说明：

（1）程序中,f、xpoint 和 root 这 3 个函数均在 main 函数之后定义,因此在 main 函数之前对这 3 个函数作了声明。

（2）在 root 函数中要用到对浮点数求绝对值的函数 fabs,它在系统数学函数库中,因此在文件开头要用#include <cmath>把有关的头文件包含进来。

（3）程序从 main 函数开始执行。先执行一个 do-while 循环,循环的作用是输入 x1 和 x2,判别 f(x1)和 f(x2)是否异号。如果不是异号则重新输入 x1 和 x2,直到 f(x1)与 f(x2)异号为止。然后调用函数 root(x1,x2)求根 x。调用 root 函数的过程中要用到 xpoint 函数,而执行 xpoint 函数的过程中要用到 f 函数,从而形成了函数的嵌套调用。如图4-3 所示。

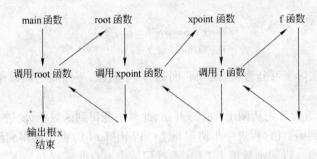

图 4-3　函数的嵌套调用

4.3　函数的递归调用

递归是一种描述问题的方法。通俗地讲,用自身的结构来描述自身就称为递归。用递归方法设计的算法,也可以简单地描述为"自己调用自己"。例如用如下方法定义阶乘：

$$n! = \begin{cases} 1 & (n=0) \\ n \times (n-1)! & (n>0) \end{cases} \quad 即：f(n) = \begin{cases} 1 & (n=0) \\ n \times f(n-1) & (n>0) \end{cases}$$

可以看出它是用阶乘来定义阶乘,用自身的结构来描述自身,是一个典型的递归描述方法。由此我们很容易地写出例 4-7 中用递归算法实现的求阶乘的函数 fac(n)。这种包含递归调用的函数就称为递归函数。

【例 4-7】用递归函数 fac(n)实现阶乘的计算。

程序：

```
#include <iostream>
using namespace std;
int main()
{
    double fac(int);        //函数声明
    int n;
    cout << "Enter a positive integer: ";
    cin >> n;
```

```
            cout << "The factorial of " << n << " is： " << fac(n) << endl;
            return 0;
    }


    //求 n! 的函数(递归算法)
    double fac(int n)
    {
            double f;
            if(n<0) f = -1;            //如果 n 为负数,则返回 -1,表示错误
            else if(n==0) f = 1;       //递归终止条件
            else f = n * fac(n-1);     //递归调用方式
            return f ;
    }
```

程序运行结果：

Enter a positive integer：3 ↵

The factorial of 3 is：6

递归算法过程实际上可分为"递推"和"回归"两个阶段,下面我们就以递归函数求 3! 为例来说明这两个阶段。

如图 4-4 所示,流程首先从调用 fac(3)开始,此时不能得到函数值,要进一步调用 fac(2);调用 fac(2)也不能得到函数值,再进一步调用 fac(1);调用 fac(1)也不能得到函数值,再进一步调用 fac(0);调用 fac(0),得到函数值 1,"递推"过程结束。自此流程开始了"回归"过程,依次由 fac(0)返回值给 fac(1),fac(1)返回值给 fac(2),逐级返回至最初的 fac(3)函数调用。至此函数的递归调用全部结束。

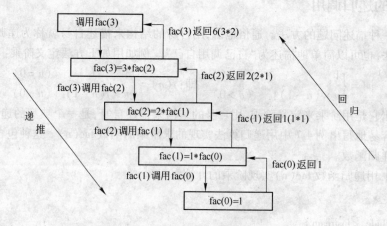

图 4-4　调用 fac(3)引起的递归过程

通过上面的例子可看出,一个递归的问题分为"递推"和"回归"两个阶段。递推不能无限制地进行下去。如果递推不能使问题简化并最终收敛到初始状态(递归终止条件),就可能发生无限递推。所以必须要有一个结束递推过程的条件,并进入回归阶段。即任何有意义的递归总是由两部分组成:递归方式和递归终止条件。

在函数的递归调用中,当"递推"过程还没有到达递归终止条件时,每一次的函数调用都不

能结束,都必须将当前函数调用的返回地址以及参数和局部变量等保存起来;在进入"回归"阶段后,再倒过来依次结束每一次的函数调用,释放原来占用的内存空间。

实现这种方式的存储结构是"先进后出"的栈结构:在"递推"阶段,逐层连续地将每次函数调用的返回地址和参数等压入栈中;在"回归"阶段,不断从栈中逐层弹出当前的参数,直到栈空返回到最初调用处为止。图 4-5 给出了以递归函数求 3! 所引起的内存空间动态变化的示意图。

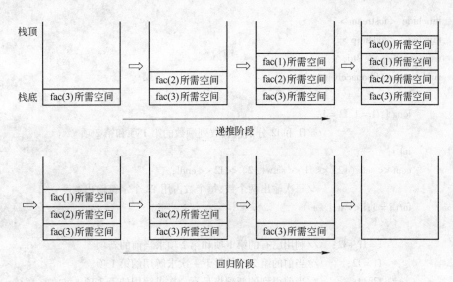

图 4-5　fac(3)递归调用时内存空间的动态变化

递归是一种有效的描述问题的方法。当一个问题蕴涵递归关系且结构比较复杂时,采用递归算法往往比较自然、简洁、容易理解,但它是以牺牲时间、消耗内存为代价的。

函数的递归调用又可分为直接递归和间接递归这样两种情况。在函数 A 的定义中直接有调用函数 A 的语句,即自己调用自己,就形成了直接递归调用;另一种是函数 A 的定义中出现调用函数 B 的语句,而函数 B 的定义中再出现调用函数 A 的语句,这就形成了间接递归调用。

注意比较递归算法和递推算法。在例 4-3 和例 4-7 中,它们都实现了求 $n!$ 的函数,但两者的实现机制是不同的。前者使用的是递推算法,后者使用的是递归算法。从程序的控制结构看,迭代与递推算法是一个循环结构,它是一个不断由旧值递推出变量的新值的过程;而递归算法是一个选择结构,其中一个分支用于说明递归的方式,其他的分支用于说明递归的终止条件。从算法的效率看,通过前面的分析我们知道,递归算法的简洁易读是以牺牲时间、消耗内存为代价的。

要正确地理解和使用递归算法。有的问题既可以用递归方法解决,也可以用迭代与递推的方法解决,比如求 $n!$;而有的问题不用递归方法是难以解决的,如汉诺塔(Tower of Hanoi)问题,参见例 4-18。

【例 4-8】求 Fibonacci 数列。这是一个有趣的古典数学问题:有一对兔子,从出生后第 3 个月起每个月都生一对兔子。小兔子长到第 3 个月后每个月又生一对兔子。假如所有兔子都不死,问每个月的兔子总对数为多少?

根据以上描述,可以得出 Fibonacci 数列的特点。数列的第 1、2 项分别为 1、1,从第 3 项开始,每一项都是其前面两项之和。即:

$$F_1 = 1 \qquad (n=1) \qquad\qquad F_0 = 0 \qquad (n=0)$$
$$F_2 = 1 \qquad (n=2) \qquad 或 \qquad F_1 = 1 \qquad (n=1)$$
$$F_n = F_{n-1} + F_{n-2} \quad (n \geq 3) \qquad\qquad F_n = F_{n-1} + F_{n-2} \quad (n \geq 2)$$

　　下面我们给出求 Fibonacci 数列的两种方法。一种是使用递推法求解 Fibonacii 数列,另一种是使用递归法求解 Fibonacii 数列。由于递归算法的效率问题,用递归算法实现的程序,所求 Fibonacii 数列的项数不宜太大,否则输出速度会非常缓慢。另外还要注意的是,本例中使用递归算法求解时,其递归终止条件有两个。

　　(1) 递推法求解 Fibonacii 数列:

```cpp
#include  < iostream >
#include  < iomanip >
using namespace std;
void number_fibonacci( int n)
{
    long f,f1 = 1,f2 = 1;
                        //f1 和 f2 分别代表数列顺数的第 1 项和第 2 项
    int i;
    cout << setw( 12) << f1 << setw( 12) << f2 << endl;
                        //每次输出两个数,每个数占用 12 个字符输出宽度
    for( i = 3;i < = n;i + + )
    {
        f = f1 + f2;    //利用已有的第 1 项和第 2 项求当前的新项
        f1 = f2;        //当前的第 2 项将是下一次求解用的第 1 项
        f2 = f;         //当前得到的新项将是下一次求解用的第 2 项
        cout << setw( 12) << f;
        if( i%2 = =0) cout << endl;          //每输出两项后换行
    }
}


int main( )
{
    int n;
    cout << "需输出的 Fibonacci 数列的项数:";
    cin >> n;
    number_fibonacci( n);
    return 0;
}
```

　　说明:上述程序中,为了控制每个数据项的输出宽度,使用了输出宽度的设置函数 setw( ),它的使用方法跟一般的输出数据一样,直接插入到 cout 的输出流中,其作用是控制紧跟其后的那个输出项的输出宽度,也只作用于这一个输出项,它声明在 iomanip 头文件中,所以先要有文件包含预编译命令#include < iomanip >,然后才能使用它。

　　(2) 递归法求解 Fibonacii 数列:

```cpp
#include  < iostream >
#include  < iomanip >
using namespace std;
long fibonacci( int n)
```

```
    {
        long f;
        if(n<=0) f=0;      //条件使用 n<=0 而不仅仅是 n==0,可以包容错误的参数传递
        else if(n==1) f=1;
        else f=fibonacci(n-1)+fibonacci(n-2);
        return f;
    }

    int main()
    {
        int m,n;
        cout << "需输出的 Fibonacci 数列项数的范围(m~n):";
        cin >> m >> n;
        for(int i=m;i<=n;i++)
        {
            cout << setw(12) << fibonacci(i);        //每个输出项占用 12 个字符输出宽度
            if(i%2==0) cout << endl;                  //每输出两项后换行
        }
        return 0;
    }
```

4.4　有关函数的其他几个议题

4.4.1　函数重载

在 C++中,允许多个函数使用相同的函数名,只要它们在参数个数或类型上存在差异,这就是函数重载。函数重载的好处在于,可以用相同的函数名来定义一组功能相同或类似的函数,增加程序的可读性。

例如求绝对值的函数,可以定义如下几个重载函数:

```
int abs(int x) { return x>0? x:-x; }
double abs(double x) { return x>0? x:-x; }
long abs(long x) { return x>0? x:-x; }
```

函数是按名调用的,那么在函数调用时是如何区分相同名字的不同函数呢?——是根据形参与实参的参数类型和参数个数的不同来区分的。因此在定义重载函数时必须保证其参数个数或类型不同,只有返回值类型不同的函数不能重载。

另外还需说明的是,函数不能重复定义,函数重载只是定义一个名字相同的另一个函数,并不是重复定义某个函数。

【例 4-9】重载绝对值函数。

```
#include <iostream>
using namespace std;
int abs(int x) { return x>0? x:-x; }
double abs(double x) { return x>0? x:-x; }
```

```
long abs( long x)  { return x > 0? x: - x; }
int main( )
{
        int x1 = - 1;double x2 = 2. 5;long x3 = - 3;
        cout << " |x1| = " << abs(x1) << endl;
        cout << " |x2| = " << abs(x2) << endl;
        cout << " |x3| = " << abs(x3) << endl;
        return 0;
}
```

4. 4. 2　有默认参数值的函数

定义或声明函数时,可以给形参指定默认值,这就是有默认参数值的函数。例如:

　　int max(int a, int b, int c = 0)

调用有默认参数值的函数时,实参的个数可以与形参的个数不同,实参未给定的,系统将按同样的顺序从对应的形参的默认值中得到值,以补齐所缺少的参数。

定义或声明有默认参数值的函数时,指定默认值的参数必须是形参表列中最右端的参数。这是因为在函数调用时,参数自左向右逐个匹配,当实参和形参个数不一致时,只有这样才不会产生二义性。例如:

```
int max( int a, int b, int c = 0);            //正确
int max( int a, int b = 0, int c = 0);        //正确
int max( int a, int b = 0, int c);            //不正确
```

既可以在函数声明中也可以在函数定义中指定默认参数值,前提是指定默认参数值必须是在函数调用之前。

有默认参数值的函数也可以重载,但要注意防止重载函数与有默认参数值的函数冲突,从而避免函数调用时的二义性问题。

例如,若有函数 int max(int a, int b, int c = 0),则不能有重载函数 int max(int a, int b),可以有重载函数 int max(int a, int b, int c, int d)。因为,如果同时有 int max(int a, int b, int c = 0) 和 int max(int a, int b),那么对于函数调用 max(- 3, - 8),系统究竟是按重载函数调用 max(- 3, - 8),还是按有默认参数值的函数调用 max(- 3, - 8,0) ? 此时出现了两种执行的版本,这就是二义性,是不允许的。

【例 4-10】 有默认参数值函数的应用。

```
#include  < iostream >
using namespace std;
void delay( int loops = 1000)         //延时函数,默认延时 1000 个时间单位
{
        for( ;loops > 0;loops - - );   //空循环,起延时作用
}
int main( )
{
        cout << " 延时 100 个时间单位" << endl;
```

```
delay(100);
cout << "取默认值,延时 1000 个时间单位" << endl;
delay();                           //等价于 delay(1000)
return 0;
}
```

4.4.3 内联函数

当程序执行函数调用时,系统要建立栈空间,保护现场,传递参数以及控制程序执行的转移等等。这些工作需要系统时间和空间的开销。在函数规模很小的情况下,函数调用的时间开销可能相当于甚至超过执行函数本身的时间,若该函数在程序中的使用频率很高,则将使程序的执行效率大大降低。

对于这种功能简单但使用频率很高的函数,为了提高效率,一个解决办法就是不使用函数,直接将函数的代码嵌入到程序中。但这个办法有两个缺点,一是相同代码重复书写,二是程序可读性往往没有使用函数的好。为了协调效率和可读性之间的矛盾,C++ 提供了另一种方法,即在编译时将所调用函数的代码直接嵌入到主调函数中,而不是在程序执行期间调用函数,这就避免了函数调用与返回的控制转移。这种能在编译时自动将函数代码嵌入到主调函数中的函数称为内联函数(inline function)。

指定内联函数的方法很简单,只需在函数声明或函数定义时,在函数首部的左端增加一个修饰词 inline 即可。

【例 4-11】读入一行字符串(以"#"结束),逐个判断其字符是否为数字字符。

由于判断一个字符是否为数字字符的函数,其代码少、使用频度高,因此将其说明为内联函数。

```
#include < iostream >
using namespace std;
inline bool isNumber( char ch) { return ch >='0'&&ch <='9'? 1:0; }
int main()
{
    char ch;
    while(cin >> ch,ch! ='# ')
    {
        if(isNumber(ch)) cout << ch << "是数字字符" << endl;
        else cout << ch << "不是数字字符" << endl;
    }
    return 0;
}
```

需要说明的是:

(1) 对函数作 inline 声明,对编译系统而言只是建议性的而不是指令性的,并非一经指定为 inline,编译系统就必须这样做,编译系统会根据具体情况决定是否这样做。

(2) 内联函数的本质是用空间换取时间。因此,只有那些规模较小而又频繁调用的简单函数,才适合声明为 inline 函数。

(3) 内联函数中不能包括复杂的控制语句,如循环语句、switch 语句、递归调用等。因为这些结构的代码不能在编译时被自动嵌入到相应位置成为有效的执行代码。如果内联函数中有这类代码,系统将以一般函数来处理。

4.5　变量的作用域与存储类别

变量是对数据存储空间的抽象。C++的每一个变量都具有两个属性:数据类型和数据的存储类别。数据类型确定了数据的结构,比如数据的存储格式和需占用内存空间的大小等;存储类别则说明了数据在内存中的存储位置并决定了它的生存期和作用域。

变量的生存期是指它从获得内存空间到空间释放之间的时期,变量的作用域是指变量在程序中可以使用的范围。

4.5.1　局部变量与全局变量

根据变量的作用范围,可将变量分为局部变量与全局变量。

在函数中或在由花括号"{}"括起来的分程序中定义的变量为局部变量。局部变量只在本函数内或分程序的范围内有效(作用域)。定义在所有函数之外的变量为全局变量,所以全局变量又称外部变量。全局变量的有效范围(作用域)为,从定义该变量的位置开始到本源文件结束。如果要在此范围之外使用该全局变量,则需要在使用该变量的位置之前,通过 extern 关键字先声明该变量为已经定义的全局变量,然后才能使用它。

局部变量可以与全局变量同名,内层变量(程序块中的变量)也可以与外层变量同名。由于它们所处的位置不同,作用范围不一样,它们在内存中占用的是不同的存储单元,因而不会引起系统识别的错误。但要注意系统对它们的处理原则,即局部变量局部有效、全局变量全局有效;当全局变量与局部变量同名或内层变量与外层变量同名时,局部优先于全局、内层优先于外层。更准确地说,对于程序块中嵌套其他程序块的情况,如果嵌套块中有同名变量,则服从局部优先原则,即在内层块中屏蔽外层块中的同名变量,外层块中的同名变量变为不可见的变量。换句话说,内层块中变量的作用域为内层块,外层块中变量的作用域为外层块除去包含同名变量的内层块部分。

【例 4-12】局部变量使用示例。

程序:

```
#include  < iostream >
using namespace std;
void fun( )
{
        int t = 5;            // fun( )函数中的局部变量
        cout << "fun( )中的 t = " << t << endl;
}

int main( )
{
        float t = 3.8;        //main( )函数中的局部变量
        fun( );
        {
                int t = 100;  //程序块中的局部变量
```

```
        cout << "程序块中的 t = " << t << endl;
    }
    cout << "main( )中的 t = " << t << endl;
    return 0;
}
```

程序运行结果:

$$fun( )中的 t = 5$$
$$程序块中的 t = 100$$
$$main( )中的 t = 3.8$$

说明:

(1) 不同函数中可以使用相同名字的变量,因为它们是局部变量,在内存中占有不同的存储单元,只在各自的有效范围内起作用,各司其职,互不干扰。函数中的形式参数也是局部变量,它只在自己的函数内有效。

(2) 为了避免程序难于理解和调试,最好不要在嵌套的程序块中定义与外层同名的变量。

(3) 设置全局变量可以增加函数间数据联系的渠道,也因同样的原因,要尽量少用或不用全局变量。因为:若两个函数 A 和 B 都使用了全局变量 x,且执行 A 函数改变了全局变量 x 的值,则 x 必然影响到 B 函数的执行。对 B 而言,这种影响是被动的。B 函数可能需要的是 x 被改变前的值,但 B 并不知道 x 已经被 A 函数改变了,这就出现了问题。显然,全局变量的使用,破坏了函数的独立性、降低了函数的通用性。

在设计函数时,应该使函数本身的内聚性强、与其他函数的耦合性弱,这样才能保证函数的相对独立性和通用性。内聚性强是指功能要单一,不要把互不相干的功能放到一个函数中;与其他函数的耦合性弱,是指函数间的相互影响要尽量少,应该把函数做成一个封装体,除了可以通过"实参 – 形参"的渠道与外界发生联系外,没有其他渠道。而使用全局变量是不符合这个原则的。

4.5.2 变量的存储类型

变量的存储类型分为自动类型(auto)、静态类型(static)、寄存器类型(register)和外部类型(extern)四种。

在函数中定义的局部变量默认为自动类型,在函数之外定义的全局变量即为外部类型。也可以在函数中定义局部变量时,增加修饰词 static 或 register,将该变量声明为静态类型或寄存器类型,从而说明它的存储位置在内存的静态存储区或 CPU 的寄存器中。

在程序中定义寄存器变量对编译系统只是建议性而不是强制性的。当今的优化编译系统能够识别使用频繁的数据,自动地将这些数据放在 CPU 的寄存器中,以提高程序的执行效率。因此现在已经不需要特别用 register 来声明变量,我们也就此忽略对 register 变量的介绍。

变量的存储类型说明了变量在内存中的存储位置并决定了它的生存期和作用域。

下面先看一下内存中供用户使用的存储空间的情况。

如图 4-6 所示,这个存储空间可以分为三部分,程序区、静态存储区和动态存储区。

程序执行期间,数据分别存放在静态存储区和动态存储区中,分别称为静态存储方式和动态存储方式。

作为局部变量的函数中的形式参数和函数中定义的自动变量,存

用户区
程序区
静态存储区
动态存储区

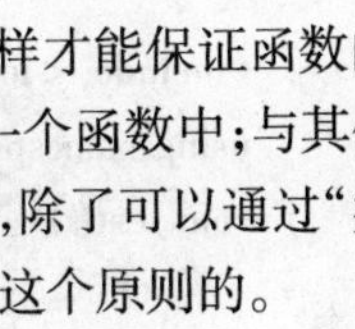

图 4-6 内存中供用户
使用的存储空间

放在动态存储区,它们在函数调用开始时才被分配相应的存储单元,函数结束时即释放这些空间。在程序执行期间,这种分配和释放是动态的。如果在一个程序中两次调用同一个函数,则要进行两次分配和释放,而两次分配给此函数中局部变量的存储空间的位置可能是不相同的。程序中的大部分变量都属于这一类。

全局变量和静态(static)局部变量则存放在静态存储区,它们在程序开始执行时就被分配了固定的存储单元,直到整个程序执行完毕才释放这些空间。它们的生存期贯穿于整个程序执行期间。由此可见,静态(static)局部变量虽然只有局部作用域,但却具有静态(永久)生存期。从另一个角度说,虽然静态局部变量在函数调用结束后仍然存在,但其他函数是不能使用的,它只能在其所在函数的下一次调用中有效。

有时希望函数中局部变量的值在函数调用结束后不消失而保留原值,这时就应定义该变量为静态局部变量。

另外需要说明的是:

(1) 静态存储区中的变量,在未被用户初始化的情况下,系统会自动将其初始化为 0;而动态存储区中的变量,在未被用户初始化的情况下,其内容是随机的。要注意及时给动态存储区中的变量赋值,以免程序的其他地方错误地使用它们而引起难以预料的结果。

(2) 与 auto、static 和 register 三个关键字不同,extern 只能用来声明已定义的外部变量,而不能用于变量的定义。只要看到 extern,就可以判定这是变量声明,而不是定义变量。

【例 4-13】比较自动变量与局部静态变量。

程序:

```cpp
#include < iostream >
using namespace std;
void test( )
{
    int i = 0;              //自动变量,等价于: auto int i = 0;
    static int j = 0;       //局部静态变量
    i ++ ; j ++ ;
    cout << "i = " << i << " j = " << j << endl;
}


int main( )
{
    for( int i = 1 ; i <= 3 ; i ++ )
        test( );            //3 次函数调用
    return 0;
}
```

程序运行结果:

```
i = 1 j = 1
i = 1 j = 2
i = 1 j = 3
```

说明:程序中 3 次调用 test( ) 函数,test( ) 函数中的自动变量 i 每次都被重新赋初值 0;而静态局部变量 j 只在第 1 次函数调用时赋初值,以后每次函数调用时都不再重新赋初值,而是保留上次函数调用结束时的值。

【例 4-14】全局变量使用示例。

程序：

```
#include  < iostream >
using namespace std;
int max(int,int);                    //函数声明
int main()
{
        extern int p,q;              //对全局变量 p,q 作提前引用声明
        cout << max(p,q) << endl;
        return 0;
}
int p = 28,q = -33;                  //定义全局变量 p,q
int max(int a,int b)
{
        return (a > b? a:b);
}
```

程序运行结果：

28

4.6　编译预处理

编译预处理是指在编译源程序之前,先按源程序中的编译预处理命令,由预处理器对源程序进行一些加工处理工作。然后再对加工处理后的程序代码进行正式编译,从而得到目标代码。所谓预处理器是包含在编译器中的预处理程序。

编译预处理包括文件包含、宏定义和条件编译。编译预处理命令以#开头,它们可以出现在程序中的任何位置,但一般写在程序的首部。与 C ++ 语句不同,预处理命令在行末不加分号";",而且每条命令都需占用一行。

4.6.1　文件包含

文件包含用#include 指令,其作用是在正式编译前,由预处理器将指令中指明的源程序文件嵌入合并到当前源程序文件的指令位置处,在正式编译时它们将作为一个整体被编译,并生成一个目标代码文件。

命令格式：

```
#include <文件名>
```

或

```
#include "文件名"
```

命令格式中文件名用尖括号括起来的方式称为标准方式,这时预处理器将在系统指定的文件夹下搜索由文件名所指明的文件。这种方式适用于嵌入系统提供的头文件,因为这些头文件一般都存放在系统指定的文件夹下。系统指定的文件夹一般是 include 子文件夹。第二种用双引号将文件名括起来的方式,预处理器是首先在当前源程序文件所在文件夹下搜索,如果找不到

再按标准方式搜索。这种方式适用于嵌入用户自己建立的头文件。

一条文件包含命令,只能指定一个被包含文件。如果要包含多个文件,则要用多条包含命令。

VC++不仅提供了 C++ 标准库函数,还提供了大量的系统类和系统库函数,若要调用这些函数和类,必须在程序头部包含相应的库文件。

C++程序用到的库文件,主要来源于:

(1) 标准 C 语言库函数的头文件,其文件名带有 . h 后缀,如 stdio. h、math. h。

(2) 标准 C++ 语言类库的头文件,其文件名不带 . h 后缀,如 iostream、string。

(3) 由标准 C 语言库函数头文件扩展而来的标准 C++ 的头文件,其文件名是把原有标准 C 语言库函数头文件去掉 . h 后缀再加上 c 前缀而形成,如 cstdio、cmath、cstring。

需要注意的是,由于 C 语言没有名字空间的概念,因此在 C++ 程序文件中如果用到带后缀 . h 的标准 C 语言库函数的头文件时,不必用名字空间,只需在文件中包含所用的头文件即可。而用到 C++ 语言的函数和类时,则不仅要包含相应的头文件,还需在程序中通过“using namespace std;”命令对名字空间 std 作声明。

4.6.2　宏定义

宏定义就是把一长串字符序列用一个简短的名字去代替。

命令格式:

(1) 不带参数的宏:

　　#define 宏名 字面串

(2) 带参数的宏:

　　#define 宏名(形参表) 字面串

(3) 终止宏定义:

　　#undef 宏名

宏定义命令的作用是在编译预处理时,将源程序中宏定义命令之后的宏名简单地置换成字面串——这个过程称为“宏展开”或“宏代换”。宏不能重复定义,但可以用“#undef 宏名”命令终止宏定义的作用域,这样被终止的宏名可以再用。

例 2-2 中的“#define PI 3.141593”就是一条宏定义命令。在编译预处理时,预处理器把源程序文件中所有的 PI 替换为 3.141593。它相当于用一个易于理解和记忆的符号 PI 定义了一个常数量 3.141593。宏定义的这种应用方式称为“定义符号常量”。

对带参数的宏的展开过程是,以程序中的“宏名(实参表)”中的实参置换“字面串”中的形参,用这样形成的字面串替换宏名。例如,比较以下三个宏定义及相关宏展开后的不同结果,如表 4-1 所示。

表 4-1　三个宏定义展开后的不同结果

宏 定 义	程序中不同语句的宏展开结果	
	语句 a = SQ(n+1);	语句 a = 2.7/SQ(3.0);
#define SQ(x) x*x	a = n+1*n+1（错）	a = 2.7/3.0*3.0（错）
#define SQ(x) (x)*(x)	a = (n+1)*(n+1)	a = 2.7/(3.0)*(3.0)（错）
#define SQ(x) ((x)*(x))	a = ((n+1)*(n+1))	a = 2.7/((3.0)*(3.0))

以上标注为"错"的语句,不是指宏展开不能进行,而是指宏展开的结果可能与原语句的本意不符。例如,语句"a = SQ(n + 1);"的本意应该是把(n + 1)作为一个整体进行平方运算,而按"#define SQ(x) x * x"定义的宏进行展开后,结果为 a = n + 1 * n + 1,相当于 2n + 1 而不是(n + 1) * (n + 1)。出现这个问题的原因,是宏展开只是简单的字面替换,不能进行计算。这是与函数不同的。带参函数的函数调用中,是将实参表达式计算后的值传递给形参变量的。

为了克服上述问题,对带参宏定义时,宏体及其各个形参都应该用圆括号括起来。例如上述的第三种宏定义方式就是如此。

另外注意,在程序中用双引号引起来的字符串内的字符,即使有与宏名相同的字面串,它也不代表宏,不进行置换。

使用宏定义,一方面可以提高源程序的可维护性和可移植性,减少源程序中重复书写字符串的工作量;但另一方面,为了尽量发挥编译系统的作用,又不提倡使用宏定义,而是用 const 常量代替使用符号常量,用内联函数代替使用带参宏。

4.6.3　条件编译

条件编译是指根据一定的条件去编译源程序文件中的不同部分,而不是全部编译。条件编译使得同一源程序在不同的编译条件下可得到不同的目标代码。

条件编译的常用形式有:

第一种形式:

#ifdef 宏名　程序段 1
［#else　程序段 2］
#endif

作用:如果宏名已被#define 命令定义过,则编译"程序段 1",否则编译"程序段 2"。其中,用方括号[ ]括起来的部分是可选部分。

第二种形式:

#ifndef 标识符　程序段 1
［#else　程序段 2］
#endif

作用:与前一种形式的区别仅在于,如果标识符没有被#define 命令定义过,则编译"程序段1",否则编译"程序段 2"。

第三种形式:

#if 表达式 1　程序段 1
［#else　程序段 2］
#endif

作用:如果"表达式 1"为"真"就编译"程序段 1",否则编译"程序段 2"。

条件编译可有效地提高程序的可移植性,它可以为一个程序提供各种不同的版本,常常被应用在商业软件中。利用条件编译还可以帮助调试程序,这时可在调试程序时增加一些调试语句,以达到跟踪的目的。当程序调试好后,重新编译时,使调试语句不参与编译即可。

4.7　程序举例

【例 4-15】编程计算一个空心圆柱体的体积。

分析：将该问题分成三个部分解决，输入输出数据由主函数 main( ) 完成，圆柱体体积计算由函数 cylinderVolume( ) 完成，计算内外圆柱体体积之差由函数 deSize( ) 完成。

程序代码：

```
#include < iostream >
using namespace std;
float cylinderVolume(float radius, float height);          //函数声明
float deSize(float outer, float inner, float height);       //函数声明
int main( )
{
        float outerEdge, innerEdge, height;
        cout << "空心圆柱体的外半径: ";
        cin >> outerEdge;
        cout << "空心圆柱体的内半径: ";
        cin >> innerEdge;
        cout << "空心圆柱体的高度: ";
        cin >> height;
        cout << "空心圆柱体的体积是:" << deSize(outerEdge, innerEdge, height) << endl;
        return 0;
}
//计算圆柱体的体积
float cylinderVolume(float radius, float height)
{
        const float PI = 3. 1415926f;
        return radius * radius * PI * height;
}
//计算空心圆柱体的体积
float deSize(float outer, float inner, float height)
{
        float outerSize = cylinderVolume(outer, height);
        float innerSize = cylinderVolume(inner, height);
        return outerSize – innerSize;
}
```

程序运行结果：

空心圆柱体的外半径: 2 ↵
空心圆柱体的内半径: 1 ↵
空心圆柱体的高度: 1 ↵
空心圆柱体的体积是:9. 42478

【例4-16】打印输出 11 ~ 999 之间满足如下条件的数 $m: m$、m^2 和 m^3 均为回文数。所谓"回文数"是指其各位数字左右对称的整数，比如 11，121，676，25852 等。

分析：为了降低程序的复杂度，先写出判断回文数的函数 symm( )，然后再调用该函数完成本题的任务。判断一个数是否是回文数，可以利用例2-8 中介绍的"求余移位再求余"的方法，从该数的最低位开始，依次取出该数的各位数字，并随后按反序重新构成新的数。比较新数与原数

是否相等,若相等,则原数为回文数。

程序代码如下:

```cpp
#include <iostream>
using namespace std;
int main()
{
    bool symm(long n);                //函数声明
    long m;
    for(m=11; m<1000; m++)
        if(symm(m)&&symm(m*m)&&symm(m*m*m))
            cout << "m=" << m << " m*m=" << m*m << " m*m*m=" << m*m*m << endl;
}


//判断是否是回文数
bool symm(long n)
{
    long i,m;
    i=n; m=0;
    while(i)                    //当除以10(移位)以后的i不为0则继续循环
    {
        m=m*10+i%10;            //取出当前i的个位数并反序构成新的数
        i=i/10;
    }
    return(m==n);
}
```

程序运行结果:

```
m=11 m*m=121 m*m*m=1331
m=101 m*m=10201 m*m*m=1030301
m=111 m*m=12321 m*m*m=1367631
```

【例4-17】 输出某年(year)元旦是星期几以及是否是闰年的信息。

分析:先写出判断闰年的函数和求元旦是星期几的函数。由例2-5和例3-4可以很容易地写出判断闰年的函数 isLeap()。下面分析如何写出求元旦是星期几的函数 weekOfNewYear()。

平年一年是365天,闰年比平年多一天,1900年的元旦是星期一。先求出1900年到某年(year)的前一年为止的闰年数,再计算出1900年到某年(year)的前一年为止的总天数,然后把总天数加1以后除以7求余数。这样就得出了该年(year)元旦是星期几的结果。

程序代码:

```cpp
#include <iostream>
using namespace std;
bool isLeap(int year);              //函数声明
int weekOfNewYear(int year);        //函数声明
```

```
void display(int year);            //函数声明
int main()
{
    int year;
    cout << "请输入年份: ";
    cin >> year;
    display(year);
    return 0;
}
//判断闰年
bool isLeap(int year)
{
    return (year%4 ==0&&year%100! =0||year%400 ==0);
}
//求元旦是星期几
int weekOfNewYear(int year)
{
    int days,m =0;     //days 为 1900 年至(year –1)年份为止的总天数，m 是此期间的闰年数
    for(int i =1900;i < year;i ++ )
        if(isLeap(i)) m ++ ;
    days = (year –1900) * 365 + m;
    return (days +1)%7;
}
//输出元旦是星期几等信息
void display(int year)
{
    int weekDay = weekOfNewYear(year);
    cout << year << "年元旦 ";
    switch(weekDay)
    {
        case 0: cout << "星期日"; break;
        case 1: cout << "星期一"; break;
        case 2: cout << "星期二"; break;
        case 3: cout << "星期三"; break;
        case 4: cout << "星期四"; break;
        case 5: cout << "星期五"; break;
        case 6: cout << "星期六"; break;
    }
    if(isLeap(year)) cout << " " << "闰年";
    cout << endl;
}
```

程序的两次运行结果：

① 请输入年份: 2009 ↵　　　　　② 请输入年份: 2008 ↵
　　2009 年元旦　星期四　　　　　　　2008 年元旦　星期二　闰年

【例 4-18】汉诺塔(Tower of Hanoi)问题。这也是一个有趣的古典数学问题:有三根针 A、B、C。A 针上有 n 个盘子,盘子大小不等,大的在下,小的在上,如图 4-7 所示。要求把这 n 个盘子从 A 针移到 C 针,在移动过程中可以借助 B 针,每次只允许移动一个盘子,且在移动过程中在三根针上始终都保持大盘在下,小盘在上。要求编程打印出移动的步骤。

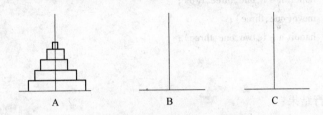

图 4-7　汉诺塔问题示意图

分析:

将 n 个盘子从 A 针移到 C 针可以分解为下面三个步骤:

(1) 将 A 上 $n-1$ 个盘子移到 B 针上(借助于 C 针)。

(2) 把 A 针上剩下的一个盘子移到 C 针上。

(3) 将 $n-1$ 个盘子从 B 针移到 C 针上(借助于 A 针)。

以上所述的三个步骤其实包含了两种操作:

(1) 将多个盘子从一根针上移到另一根针上,这是一个递归的过程。写一个 hanoi 函数实现。

(2) 将 1 个盘子从一根针上移到另一根针上。写一个 move 函数实现。

当 n 值较大时,该问题不用递归方法是难以解决的。

下面给出完整的程序代码:

```cpp
#include < iostream >
using namespace std;
void hanoi( int n, char one, char two, char three);        //函数声明
void move( char getone, char putone);                       //函数声明
int main( )
{
    int m;
    cout << "Enter the number of diskes: ";
    cin >> m;
    cout << "The steps to moving " << m << " diskes: " << endl;
    hanoi( m,'A','B','C');
}
void move( char getone, char putone)
{
    cout << getone << " - - > " << putone << endl;
}
```

```
        void hanoi(int n,char one,char two,char three)
            //将 n 个盘子从 one 针借助于 two 针移到 three 针上
        {
            if(n==1) move(one,three);
            else
            {
                hanoi(n-1,one,three,two);
                move(one,three);
                hanoi(n-1,two,one,three);
            }
        }
```

程序的两次运行结果：

① Enter the number of diskes：2 ↵

The steps to moving 2 diskes：

A - - >B

A - - >C

B - - >C

② Enter the number of diskes：3 ↵

The steps to moving 3 diskes：

A - - >C

A - - >B

C - - >B

A - - >C

B - - >A

B - - >C

A - - >C

习 题 4

● 思考题

4-1　请比较函数定义、函数声明与函数原型。

4-2　函数声明中的参数名与函数定义中的参数名以及函数调用中的参数名必须一致吗？

4-3　比较递归算法和递推算法。

4-4　重载函数、有默认参数值的函数和内联函数，它们有哪些特点？

4-5　什么是变量的作用域？它与变量的存储类别是什么关系？

4-6　试说明静态变量的特点和作用。

4-7　#include 是什么命令？有什么作用？

● 选择题

4-1　一个 C++ 源程序至少包含一个且只能包含一个 _____ 函数。

A. MAIN( )　　　　　B. main( )　　　　　C. open( )　　　　　D. close( )

4-2　一个 C++ 源程序一般包含许多函数,其中 main( ) 函数的位置 _____ 。

A. 必须在最开始   B. 必须在最后
C. 既可以在最开始也可以在最后   D. 可以任意

4-3 对于 C++ 程序的函数,下列叙述中正确的是 _____。
A. 函数的定义不能嵌套,但函数的调用可以嵌套
B. 函数的定义和调用均不能嵌套
C. 函数的定义可以嵌套,但函数的调用不能嵌套
D. 函数的定义和调用可以嵌套

4-4 函数声明中不包括下面哪一项? _____。
A. 函数类型   B. 函数名
C. 函数参数的类型和参数名   D. 函数体

4-5 函数调用语句 func((exp1,exp2),(exp3,exp4,exp5))含有的实参的个数是 _____。
A. 1 个   B. 2 个   C. 4 个   D. 5 个

4-6 以下不正确的说法是 _____。
A. 在不同函数中可以使用相同名字的变量
B. 形式参数是局部变量
C. 在函数内定义的变量只在本函数范围内有效
D. 在函数内的复合语句中定义的变量在本函数范围内有效

4-7 当一个函数无返回值时,函数的类型应定义为 _____。
A. int   B. void   C. 无   D. 任意

4-8 在 C++ 语言中函数返回值的类型是 _____。
A. 由调用该函数时系统临时决定的
B. 由 return 语句中的表达式类型决定的
C. 由定义该函数时所指定的函数类型决定的
D. 由调用该函数时的主调函数类型决定的

4-9 下列叙述中,错误的是 _____。
A. 一个函数中可以有多条 return 语句
B. 函数调用执行到 return 语句即意味着函数调用结束
C. 函数调用必须在一条独立的语句中完成
D. 函数通过 return 语句返回其函数值

4-10 下面有关重载函数的说明中,正确的是 _____。
A. 重载函数必须具有不同的返回值类型
B. 重载函数形参个数必须不同
C. 重载函数必须具有不同的形参列表
D. 重载函数名可以不同

4-11 在函数中未指定存储类别的变量,其隐含存储类别为 _____。
A. 静态(static)   B. 自动(auto)   C. 外部(extern)   D. 存储器(register)

● 填空题

4-1 一个函数由 _____ 和 _____ 两部分组成。

4-2 函数体一般包括 _____ 和 _____。

4-3 C++ 程序的执行从 _____ 函数开始,在 _____ 函数中结束。

4-4 一个 C++ 源程序一般包含许多函数,其中 main()函数是程序执行的入口,所以在整个程序中它必须定义在所有的函数之前。以上叙述是否正确? _____

4-5 调用其他函数的函数称为 _____ 函数,被其他函数调用的函数称为 _____ 函数。

4-6 从变量存在的时间(即生存期)角度来分,可以分为 ＿＿＿＿ 存储方式和 ＿＿＿＿ 存储方式。

4-7 下面 add 函数的功能是求两个参数的和,并将值返回调用函数。函数中错误部分是 ＿＿＿＿ ,改正后为 ＿＿＿＿ 。

```
void add(float a,float b)
{ float c; c = a + b; return c; }
```

4-8 以下程序的运行结果是 ＿＿＿＿ 。

```
void fun(int i,int j) { int x = 7; cout << "i = " << i << "," << "j = " << j << "," << "x = " << x << endl; }
int main()
{
        int i = 2, x = 5, j = 7;
        fun(j,6);
        cout << "i = " << i << "," << "j = " << j << "," << "x = " << x << endl;
        return 0;
}
```

4-9 以下程序中的 isLeap() 是判断闰年的函数,闰年的条件是以下二者之一:(1)能被 4 整除,但不能被 100 整除;(2)能被 100 整除,又能被 400 整除。请填空。

```
#include < iostream >
using namespace std;
int main()
{
        int year;
        ＿＿＿＿＿＿＿＿
        cout << "Please input year:" << endl;
        cin >> year;
        if( ＿＿＿＿＿＿＿＿ ) cout << year << " is a leap year. " << endl;
        else cout << year << " is not a leap year. " << endl;
        return 0;
}
        ＿＿＿＿ isLeap(int year)          //判断闰年
{       return ( ＿＿＿＿＿＿＿＿ ); }
```

4-10 已有函数 pow,现要求取消变量 i 后 pow 函数的功能不变。请填空。

修改前的 pow 函数:

```
double pow(int x,int y)
{
        int i,j = 1;
        for(i = 1;i <= y; ++i) j = j * x;
        return (j);
}
```

修改后的 pow 函数:

```
double pow(int x,int y)
{
```

```
          int j;
          for( _____ ; _____ ; _____ )
              j = j * x;
          return( j );
      }
```

4-11 〔程序〕

```
      void myswap( int a, int b) { int t; if( a > b) t = a, a = b, b = t; }
      int main( )
      {
          int x = 15, y = 12, z = 20;
          if( x > y) myswap( x, y);
          if( x > z) myswap( x, z);
          if( y > z) myswap( y, z);
          cout << x << endl; cout << y << endl; cout << z << endl; //程序的输出为 _____
          return 0;
      }
```

4-12 以下程序的运行结果是 _____ 。

```
      int func( int a, int b)
      {
          static int m = 0, i = 2;
          i + = m + 1;
          m = i + a + b;
          return( m);
      }
      int main( )
      {
          int k = 4, m = 1, p;
          p = func( k, m); cout << p;
          p = func( k, m); cout << p;
          return 0;
      }
```

● 编程题

4-1   写两个函数,分别求两个整数的最大公约数和最小公倍数,并在主函数中调用验证这两个函数。

4-2   编写求圆的周长和面积的函数,并在主函数中调用验证这两个函数。

4-3   编写递归函数 getPower(int x, int y),计算 x 的 y 次幂。

4-4   编写求三角形面积的程序。

      提示:

      构成三角形的充要条件是:

          (a + b) > c && (a + c) > b && (b + c) > a

      三角形的面积为:

$$area = \sqrt{s \cdot (s-a) \cdot (s-b) \cdot (s-c)}$$

其中，a、b、c 为三角形的三条边，$s = \dfrac{1}{2}(a+b+c)$。

4-5　用下面的公式求 e^x 的近似值，要求最后一项小于 10^{-6}。

$$e^x = 1 + \frac{x}{1!} + \frac{x^2}{2!} + \frac{x^3}{3!} + \cdots + \frac{x^n}{n!} + \cdots$$

第5章 数组与字符串

数组是指具有内在联系且类型相同的一组数据集合。数组用一个统一的数组名来标识这一组数据,用序号来指示每个数据在数组中的相对位置。数组中的数据就称为数据元素,表明数据元素在数组中相对位置的序号就称为元素的下标。例如要存放 100 个学生的成绩数据,可以用 s 来代表这组数据,它就是数组名;然后就可以用 s_1、s_2、s_3 等"数组名 + 下标"的方式来分别代表每个学生的成绩。

试想,若分别定义 100 个独立的变量来说明这 100 个数据,那么仅定义变量的语句就很长,这将使程序变得冗长而不清晰。引入了数组就避免了在程序中定义大量的变量,使程序中变量的数量大大减少,而且数组还明确地反映了数据间的内在联系。熟练地使用数组,可以极大地提高编程和解题的效率,增强程序的可读性。

由于在计算机程序中无法使用下角方式的下标,因而 C++ 语言使用方括号来表示数组的下标,如用 s[1]、s[2]、s[3] 分别代表 s_1、s_2、s_3。

数组与字符串有着密切的联系。在 C++ 中没有字符串变量,但可以利用字符数组解决可变字符串的问题。

本章主要就数组、字符数组与字符串等有关概念及其应用进行介绍。

5.1 数组

5.1.1 数组的定义

定义数组的一般格式:

　　类型标识符 数组名[整常量表达式 1][整常量表达式 2]…[整常量表达式 n];

例如:

```
int a[10];          //定义一维整型数组,它有 10 个元素
int a[NUM +5];      //假设已定义符号常量 NUM 而且值为 3,则此数组有 8 个元素
float b[3][4];      //定义二维浮点型数组,它有 3 * 4 个元素
```

说明:

(1)"类型标识符"说明了数组的数据类型即数组中每个元素的数据类型。

(2)"数组名"后面的"[整常量表达式 1][整常量表达式 2]…"用于确定数组的维数和每一维的长度,从而确定了数组元素的个数,即数组的长度。若只有一个[整常量表达式],则表示它是一个一维数组;若有两个[整常量表达式],则表示它是一个二维数组;超过二维的数组称为多维数组。常用的是一维数组和二维数组。二维数组可以理解为由若干行和若干列组成的一个二维表,二维表的每一个单元对应一个元素。例如,上面定义的 b 数组,可以理解为由 3 行 4 列共 12 个元素组成的数据集合:

b[0][0]	b[0][1]	b[0][2]	b[0][3]
b[1][0]	b[1][1]	b[1][2]	b[1][3]
b[2][0]	b[2][1]	b[2][2]	b[2][3]

其中元素下标的序号从 0 开始,第一维的下标对应行号,第二维的下标对应列号。

　　(3) C++不允许对数组的大小作动态定义,即定义数组长度的必须是"整型常量"或"整型常量表达式",而不能是变量。

　　(4) 同一个数组的所有数组元素按下标递增的顺序在内存中占用一片连续的存储单元,数组名代表了这片连续存储单元的起始地址。对于二维数组,下标递增的顺序是按行优先的顺序,即首先确定第 0 行的各个元素,然后确定第 1 行的各个元素,依此类推。

　　(5) 数组不是一种新的数据类型,而是已有类型的同一类型数据的集合,是一种组合类型的数据,也称为构造类型或导出类型数据。

5.1.2　数组的初始化

　　数组的初始化是指在定义数组的同时对每个数组元素赋初值,它是借助于" = "和"{ }"实现的。

　　(1) 按维对全部数组元素赋初值。如:

```
int a[6] = {0,1,2,3,4,5};            //给 a 数组的 6 个元素分别赋初值为 0,1,2,3,4,5
int b[3][4] = {{1,2,3,4},{5,6,7,8},{9,10,11,12}};
```

　　这里对 b 数组初始化的方法比较直观:把第 1 个花括号内的数据赋给第 1 行的元素,第 2 个花括号内的数据赋给第 2 行的元素……,最后 b 数组初始化后的各个元素值为:

$$
\begin{array}{cccc}
1 & 2 & 3 & 4 \\
5 & 6 & 7 & 8 \\
9 & 10 & 11 & 12
\end{array}
$$

　　(2) 对二维及多维数组元素赋初值时,可以将所有数据写在一个花括号内,按数组元素排列的顺序对全部元素赋初值。如:

```
int b[3][4] = {1,2,3,4,5,6,7,8,9,10,11,12};
```

　　这里对 b 数组初始化的效果与前相同。显然,这种方法的直观性不好,在数据多的时候容易遗漏,也不易检查。

　　(3) 对各维数组的前面连续的若干个元素赋初值,其余的元素系统自动赋 0 值。如:

```
int a[3][4] = {{1},{0,6},{0,0,11}};
```

　　初始化后的数组元素如下:

$$
\begin{array}{cccc}
1 & 0 & 0 & 0 \\
0 & 6 & 0 & 0 \\
0 & 0 & 11 & 0
\end{array}
$$

　　显然,如果要将数组中全部元素初始化为 0,只需给最开始的元素赋初值为 0 即可。如:

```
int a[3][4] = {0};        //给数组中全部元素初始化为 0
```

　　但如果要对数组中全部元素初始化为同一个非 0 值,则此法行不通。比如,在定义数组 a[5] 的同时要给每个元素赋初值 1,可以写成:

```
int a[5] = {1,1,1,1,1};
```

而不能写成:

```
int a[5] = {1}; 或 int a[5] = {1*5};
```

后面的写法在语法上没有问题,但结果是不一样的。为什么? 请读者给出答案。

(4) 对一维数组全部元素赋初值时,可以不指定数组长度。如:

   int a[ ] = {1,2,3,4,5};　　　　//数组长度为5

(5) 对二维及多维数组元素赋初值时,其第一维的长度可以不指定,但其他各维的长度不能省。编译系统可根据初始化的要求,确定总长度,分配存储空间。如:

   int a[ ][3] = {1,2,3,4,5,6};　　　//等价于 int a[2][3] = {{1,2,3},{4,5,6}};
   int a[ ][3] = {{0,3},{5}};　　　　//等价于 int a[2][3] = {{0,3,0},{5,0,0}};

需要注意的是,以上通过"="和"{}"对数组进行初始化的方法,不能用于定义数组后的赋值操作中。定义数组后的赋值,须按下面介绍的数组引用的方法进行。

5.1.3　数组的引用

数组中的每一个元素,等同于一个简单变量。C++中只能逐个引用数组元素,而不能一次引用整个数组。引用数组元素的一般格式为:

   数组名[下标1][下标2]…[下标 n]

其中,下标可以是整型量的常量、变量或表达式,下标的序号从0开始。

例如,若有定义 int a[3][4] = {{1,2,3,4},{5,6,7,8},{9,10,11,12}},则 a[1][3]元素的值为8。

说明:

(1) 注意区别数组定义格式与数组元素的引用格式。

1) 定义数组长度时,必须用"整型常量表达式"来说明数组的维数和每一维的长度,而引用数组元素时,下标可以是整型量的常量、变量或表达式。

2) 元素下标的序号是从0开始的,因此下标引用的最大序号要比定义数组时的"整型常量表达式"的值小1。要防止越界引用下标值的问题,例如:

若有定义 int a[10],则数组中的10个元素是 a[0] ~ a[9],因而不能引用 a[10]。

在 C++语言中,如果越界引用了数组下标,编译器并不指出错误,程序仍然可以运行,但程序的运行结果将会难以预料,甚至会产生非常严重的后果。

3) 在定义数组时,允许:

   int a[3][4] = {0};　　　　//给数组中全部元素初始化为0
   int a[5] = {1 * 5};　　　　//给数组中最开始的元素初始化为5,其他元素初始化为0

但引用数组元素只能逐个进行,而不能一次引用整个数组。因此,在定义数组以后的操作中,不允许这样的操作:

   a[3][4] = {0};

或

   a[5] = {1 * 5};

(2) 循环语句与数组的关系非常密切,因为将数组元素的下标和循环语句的控制变量结合起来,就可以方便地访问数组中的所有元素。

【例 5-1】从键盘输入10 个整数给一个一维整型数组,然后找出它们中的最大数,并计算出全部数组元素的和。

程序：

```cpp
#include <iostream>
using namespace std;
int main()
{
    int i,max,sum = 0,a[10];
    for(i = 0;i <= 9;i ++)
        cin >> a[i];                    //从键盘输入 10 个数给数组的每个元素
    max = a[0];                         //先假定第一个元素值最大
    for(i = 1;i <= 9;i ++)
        if(a[i] > max) max = a[i];      //遍历每个元素,一旦找到更大的值,即放入 max 中
    for(i = 0;i <= 9;i ++)
        sum += a[i];                    //数组求和
    cout << "max = " << max << endl;
    cout << "sum = " << sum << endl;
    return 0;
}
```

程序的运行结果：

$$1 3 5 7 9 10 8 6 4 2 ↵$$
max = 10
sum = 55

说明：上述程序中,后面的两个 for 循环可以合并为一个。

【例 5-2】有一个 3×4 的矩阵,找出其中值最大的那个元素的值及其所在的行号和列号。

分析：与例 5-1 中一维数组求最大值的方法类似,区别在于需利用二重循环遍历所有元素。先假定第一个元素的值最大,并保存其下标(行号和列号);然后利用二重循环逐一与每个元素的值比较。一旦找到更大值的元素,即把该元素的值替换进最大值变量中,并同时替换相应的行号和列号。

程序：

```cpp
#include <iostream>
using namespace std;
int main()
{
    int i,j,row,column,max;
    int a[3][4] = {{5,12,23,56},{19,28,37,46},{-12,-34,6,8}};
    max = a[0][0],row = 0,column = 0;   //先假定第一个元素值最大,并记下其行列号
    for(i = 0;i <= 2;i ++)              //从第 0 行 ~ 第 2 行
        for(j = 0;j <= 3;j ++)          //从第 0 列 ~ 第 3 列
        if(a[i][j] > max)               //如果某元素值大于 max
        {
            max = a[i][j];              //max 将取该元素的值
            row = i;                    //记下该元素的行号 i
            column = j;                 //记下该元素的列号 j
```

```
        }
        cout << "max = " << max << " , row = " << row << " , column = " << column << endl;
        return 0;
    }
```

程序的运行结果:

$$max = 56, row = 0, column = 3$$

5.2 数组的排序与查找

5.2.1 数组的排序

排序是数组中最典型的应用之一。排序的算法有很多,这里仅介绍两种基本的算法——选择排序法和起泡排序法。

【例 5-3】用选择排序法对一维整型数组排序。

假设 a 数组有 5 个元素:3,6,1,9,4。下面以 a 数组为例来说明选择排序法。

选择排序法的基本思路是(以递增排序为例):

第一轮,从所有元素中选择最小值的元素放在 a[0]中;

第二轮,从 a[1]开始到最后的各元素中选择最小值的元素放在 a[1]中;

……

依此类推,每比较一轮,找出未经排序的数中最小的一个,放在本轮的最小下标的元素中。

从以上说明可看出,在每一轮的多次选择比较中,最后才会对其中两个元素进行一次数据交换操作。如下所示,其中有下划线的数表示本轮最后进行了交换的那两个元素。

```
a[0]   a[1]   a[2]   a[3]   a[4]
 3      6      1      9      4     未排序时的情况
 1      6      3      9      4     第一轮:找出 5 个数中最小数的元素,将该元素与 a[0]交换;
 1      3      6      9      4     第二轮:找出余下 4 个数中最小数的元素,将该元素与 a[1]交换;
 1      3      4      9      6     第三轮:找出余下 3 个数中最小数的元素,将该元素与 a[2]交换;
 1      3      4      6      9     第四轮:找出余下 2 个数中最小数的元素,将该元素与 a[3]交换。
```

显然,以上的排序操作需要两重循环结构来实现。程序代码如下:

```cpp
#include < iostream >
using namespace std;
int main( )
{
    const int N = 5;
    int a[N] = {3,6,1,9,4};
    int i,j,k,t;
    for(i = 0;i < N - 1;i ++ )                  //数组排序
    {
        k = i;          //k 记录每轮最小值元素的下标,先假定本轮最小下标元素的值最小
        for(j = i + 1;j < N;j ++ )
            if(a[j] < a[k]) k = j;
        if(k!= i)                                //内循环结束后才可能需要一次交换操作
            t = a[k],a[k] = a[i],a[i] = t; //逗号表达式语句
```

```
    }
    cout << "The sorted array: ";
    for( i = 0; i < 5; i ++ )                        //输出排序后的数组
        cout << a[ i ] << " ";
    cout << endl;
    return 0;
}
```

程序的运行结果：

The sorted array: 1 3 4 6 9

排序是一种常用的基本操作，所以应该将上面 main( ) 函数中的排序操作，写成一个独立的排序函数。选择排序法对一维整型数组排序的函数代码如下，其中函数形参分别为整型数组和代表数组元素个数的整型变量。

```
    void select_sort( int array[ ], int n)
    {
        int i, j, k, t;
        for( i = 0; i < n - 1; i ++ )
        {
            k = i;              //k 记录每轮最小值元素的下标,先假定本轮最小下标元素的值最小
            for( j = i + 1; j < n; j ++ )
                if( array[ j ] < array[ k ] ) k = j;
            if( k != i )      //内循环结束后才可能需要一次交换操作
                t = array[ k ], array[ k ] = array[ i ], array[ i ] = t;      //逗号表达式语句
        }
    }
```

【例 5-4】 用起泡排序法对一维整型数组排序。

起泡排序法是交换排序法中的一种，它的基本思路是（以递增排序为例）：

两两比较待排序的序列中的相邻两个数，如果不满足顺序要求，就交换这两个数，即较大的数"下沉"、较小的数"上浮"。这样，第一轮比较完毕后，最大的数被"沉底"。然后对剩下的待排序的数继续上述操作，直到全部数据有序为止。

如图 5-1 所示，图 5-1(a)描述了对 5 个数的第一轮排序过程，图 5-1(b)描述了第二轮的排序过程。其中，第二轮的第 2 次比较中，没有数据交换的操作。

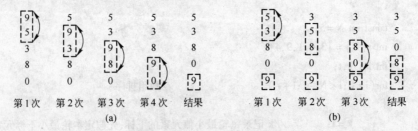

图 5-1　起泡法排序示意图
(a) 第一轮排序；(b) 第二轮排序

可以推知，如果有 n 个数，则要进行 $n-1$ 轮比较和交换。在第 1 轮中要进行 $n-1$ 次两两比较，在第 i 轮中要进行 $n-i$ 次两两比较。每一次比较都可能有数据交换的操作，这与选择排序法

是不同的。

　　根据以上思路可写出用起泡排序法对一维整型数组排序的函数。下面是起泡法排序函数及其测试程序的完整代码。

```cpp
#include <iostream>
#include <iomanip>
using namespace std;
//测试起泡排序法的主程序
int main()
{
        void bubble(int[],int);          //函数声明,参数类型分别为整型数组和整型变量
        const int N=10;
        int a[N];
        for(int i=0;i<N;i++)
            a[i]=rand()/100;             //给数组元素随机赋值
        cout<<"The original array:";
        for(i=0;i<N;i++)                 //输出原始数组
            cout<<setw(5)<<a[i];
        cout<<endl;
        bubble(a,N);                     //数组排序(函数调用,数组名作实参)
        cout<<"The sorted array:";
        for(i=0;i<N;i++)                 //输出排序后的数组
            cout<<setw(5)<<a[i];
        cout<<endl;
        return 0;
}


//起泡法排序函数,函数形参分别为整型数组和代表元素个数的整型变量
void bubble(int array[],int n)
{
        int i,j,t;
        for(i=1;i<n;i++)                         //共进行 n-1 轮比较
            for(j=0;j<n-i;j++)                    //在每轮中要进行(n-i)次两两比较
                if(array[j]>array[j+1])          //如果当前元素值大于下一个元素
                {
                        t=array[j];
                        array[j]=array[j+1];
                        array[j+1]=t;
                }                                //两个数交换,使大的数下沉、小的数上浮
}
```

程序的运行结果:
```
The original array:  0  184   63  265  191  157  114  293  269  244
The sorted array:    0   63  114  157  184  191  244  265  269  293
```
说明:以上介绍的起泡排序法可以进一步优化。在某一轮排序过程中,若没有发生数据交换

的操作,则说明数据已有序,不必再继续排序。为此可在程序中增加一个变量来观察是否有数据交换的操作,优化排序算法。具体代码,请读者自己完成。

5.2.2　数组名作函数参数

在例 5-3 和例 5-4 中建立了对一维整型数组进行处理的排序函数,其中函数参数使用了数组名。用数组名作函数参数与用变量作函数参数,其效果是不同的。

数组名代表了数组这片连续存储单元的起始地址。数组名作函数参数时,传递的是数组的起始地址,而不是把实参组全部元素的值传递给形参数组。在函数调用开始时形参数组并未真正建立,这时只是将实参组在内存中的起始地址传递给了形参。实参数组和形参数组其实是同一片存储单元,在函数调用过程中,对形参数组元素的操作其实就是对实参数组元素的操作。

用变量作函数参数则不同,作为实参和形参的两个变量在内存中占有不同的存储单元。在函数调用时,只能将实参变量的值传给形参变量。在函数调用过程中如果改变了形参的值,对实参没有影响,即实参的值不因形参值的改变而改变。而用数组名作函数参数时,改变形参数组元素的值将同时改变实参数组元素的值,因为它们本来就是同一个存储空间。

当一个函数要对数组进行处理时,定义函数要使用数组名作形式参数。但这只是用 array[ ] 这样的形式表示 array 是一个一维数组名,用以接收实参传来的地址,并不是说要在调用函数时建立形参数组的存储空间。因此 array[ ] 中方括号内的数值并无实际作用,编译系统对方括号内的内容不予处理。如下面几种函数首部的写法都合法,作用相同。

```
void select_sort( int array[10],int n)
void select_sort( int array[20],int n)
void select_sort( int array[ ],int n)
```

如果用二维数组名作函数参数,则在函数首部的形参数组声明中,必须指定第二维的大小,且须与实参的第二维的大小相同;第一维的大小可以指定,也可以不指定。如:

```
int max_value(int array [3][10])      //形参数组的两维大小都指定
int max_value(int array [ ][10])      //形参数组的第一维大小省略
```

二者都合法而且等价。

显然,若用二维数组名作函数参数,函数的通用性将受到限制。更好的解决方法将在第 6 章中介绍,在第 6 章中将对数组名作函数参数有更进一步的认识。

另外需要说明的是,数组元素等价于一个简单变量,把数组元素作为实参传递给形参时,其意义与一般变量等价。

5.2.3　数组的查找

在数组中查找需要的数据,是数组的一种基本应用。这里介绍两种基本的查找方法——顺序查找法和折半查找法(二分法)。

顺序查找法的思路很简单,按顺序逐个访问数组元素,并将其与要找的数据比较,直到找到或数组元素全部比较完为止。例 5-1 和例 5-2 采取的就是顺序查找法。

使用折半查找法的前提是数据已按一定规律(升序或降序)排列好。折半查找法的基本思路是,在已排好序的数据列中,先检索中间(mid)的一个数据,看它是否为所找数据,如果是,则查找结束;如果不是,则判断要找的数据是在中间(mid)数据的哪一边,下次就在这个范围内依同样的方法继续进行查找。依此类推,直到找到或折半查找比较完为止。

显然,折半查找法能极大地提高查找的效率。

【例 5-5】用折半查找法(二分法),在一维整型数组 v(长度为 n)中查找 x。

根据以上介绍的方法,可以写出下面的折半查找法函数的代码。结合前面介绍的排序函数,可以在任意的一维整型数组中快速查找相应的数据。

```
int binary(int v[ ], int n, int x)
{
    int low, high, mid, find = -1;      //find = -1 表示未找到
    low = 0; high = n - 1;
    while(low <= high)
    {
        mid = (low + high)/2;
        if(x < v[mid]) high = mid - 1;
        else if(x > v[mid]) low = mid + 1;
        else { find = mid; break; }
    }
    return find;
}
```

5.3 字符数组与字符串

5.3.1 字符数组与字符串

字符数组就是类型为 char 型的数组,它的每一个元素存放一个字符。字符数组具有一般数组的共性,遵守一般数组的定义和使用规则。

【例 5-6】定义一个字符数组,顺序存放 26 个大写英文字母并显示。有关程序段代码如下:

```
char str[26];
int i;
for(i = 0; i < 26; i ++) str[i] = 'A' + i;
for(i = 0; i < 26; i ++) cout << str[i];
```

字符数组具有一般数组的共性,同时又有自己特殊的性质,字符数组的特殊性就在于与字符串的关系。

字符串常量是由一对双引号作定界符的若干个有效字符组成的序列。在字符串的尾部有一个字符串结束符,即 ASCII 码为 0 的"空(Null)"字符:'\0'。(注意区分"空格"与"空字符('\0')","空格"的 ASCII 码为 32。)

比如,字符串"Hello!"在内存中是这样存放的:

H	e	l	l	o	!	\0

可以用一个一维字符数组存放一个字符串,用一个二维字符数组存放一组相关的字符串。相对于一般数组,字符数组的特殊性就在于对字符串的处理。主要体现在以下几个方面:

(1)在定义字符数组时,可以直观、方便地运用字符串常量对字符数组初始化。例如:

```
char c[10] = {"Hello!"};
```

```
char c[10] = "Hello!";
char c[10] = {'H','e','l','l','o','!',' ','\0'};        //一般数组的初始化方式
```

以上三种方式是等价的,但注意第三种方式中要显式地给出字符串结束标志'\0'。

说明:

1)字符数组本身,并不要求它的元素中是否有字符串结束符'\0',多少亦不限。但字符数组的主要意义就在于字符串的应用。作为字符串应用的字符数组,必然要有字符串结束符'\0',且只需要一个;结束符'\0'之后的元素,对字符串而言不再有效,失去意义。

2)在定义字符数组时,用字符串常量初始化字符数组的简便直观的方法,不能延用到定义后的赋值操作中。与一般数组的使用规则一样,不能在定义字符数组后一次引用整个数组,不能直接把字符串常量或存放字符串的数组直接赋值给字符数组。例如,若 s1 和 s2 是两个字符型数组,则:

```
s1 = s2;
s1 = "ABC";
s1 = {'A','B','C','\0'};
```

这些赋值语句都是错误的。

(2)"字符数组的长度"与"字符串的长度"不是一个概念。"字符串的长度"是以'\0'结束但不包括'\0'的有效字符串的长度。如:

```
char c[10] = {"Hello!"};
```

字符数组的长度为10,字符串的长度则为6。

在定义字符数组时应估计实际字符串的长度。如果一个字符数组在程序中先后要存放不同长度的字符串,则应使数组长度大于最长的字符串长度(包括串结束符)。

(3)字符数组与字符串的输入与输出。

1)与一般数组一样,可以通过循环逐一输入/输出字符。例如:

```
for (i=0;i<n;i++) cin >> s[i];        //n 应小于等于字符数组的长度
```

注意:这种方法不能自动建立一个字符串。

2)通过 cin 可以一次性输入一个字符串。

例如,若 s 是一个字符数组,则:

```
cin >> s;        //输入一串字符到字符数组中,系统自动在最后添加一个串结束符'\0'
```

注意:以上两种直接用 cin 输入字符到字符数组的方法,均不能将空格和 Tab 符输入到数组中。因为,用 cin 直接输入数据时,空格、Tab 或回车键用于不同输入项的分隔符;当输入过程中遇到这三种符号时,系统理解为某个输入项的结束,同时这三种符号也被系统吸收掉(扔掉)。

3)通过字符串输入函数 gets(s)可以输入一个包含空格和 Tab 符的字符串。

4)通过 cout 或 puts(s)函数可以输出一个字符串。输出时,若遇到串结束符'\0',则停止输出。

【例 5-7】编写程序:运用字符数组,将两个字符串连接起来,结果取代第一个字符串。

分析:如图 5-2 所示,先在第一个数组中定位到字符串结束符所在位置,然后将第二个数组中的有效字符逐个复制(赋值)连接到第一个数组已有字符的尾部。判断有效字符是否已经复制完成的标志是——是否已复制到字符串结束符。在有效字符复制连接完成后还要注意在第一个数组有效字符的尾部增加一个字符串结束符。

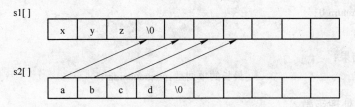

图 5-2 字符串连接示意图

通过以上分析,可以写出一个字符串连接的函数,代码如下:

```
void mystrcat( char s1[ ] ,const char s2[ ] )
{
        int i = 0,j = 0;
        while( s1[ i ] != '\0' )
            i ++ ;
        while( s2[ j ] != '\0' )
            s1[ i ++ ] = s2[ j ++ ] ;
        s1[ i ] = '\0' ;
}
```

【**例 5-8**】在给定的由英文单词组成的字符串中(单词之间由一个或多个空格分隔),找出其中最长的单词。

分析:自左至右顺序扫描字符串,逐个找出单词(单词开始位置和单词长度)。当该单词的长度比已找到的单词更长时,记录该单词的开始位置和长度。继续此过程直至字符串扫描结束,最后输出找到的单词。

程序代码如下:

```
#include < iostream >
using namespace std;
int main( )
{
        char s[ ] = " This is a C ++ programming test. ";
        int i = 0,len = 0,maxlen = 0,seat = 0;
        while( s[ i ] != '\0' )
        {
                while( s[ i ] != ' ' && s[ i ] != '\0' )      //区分单词并计算长度
                    len ++ ,i ++ ;
                if( len > maxlen )                            //记录最长单词的位置与长度
                    seat = i – len,maxlen = len;
                while( s[ i ] == ' ' ) i ++ ;                 //跳过单词之间的空格
                len = 0;                                      //为计算下一个单词长度赋初值0
        }
        cout << "最长的单词是:";
        for( i = 0;i < maxlen;i ++ )                          //输出找到的最长单词
            cout << s[ seat + i ];
        cout << endl;
```

```
        return 0;
    }
```

程序运行结果:

最长的单词是:programming

5.3.2　字符串处理函数

在例 5-7 中编写了一个字符串连接函数,目的是为了学习和理解字符数组与字符串。实际应用中,我们不需要编写这些常用的字符串处理函数,而可以直接使用系统提供的库函数。

C ++ 提供了许多功能完善、安全有效、使用方便的字符串处理函数。若要使用这些函数,需要用#include 命令把相应的头文件(iostream,cstring)包含到程序中。

下面列举出部分字符串处理函数及其功能,函数原型请参见"附录 C 常用库函数"。

gets(s)	从键盘输入字符串
puts(s)	从显示器输出字符串
strlen(s)	求有效字符串的长度
strcpy(s1,s2)	字符串复制
strcat(s1,s2)	字符串连接
strcmp(s1,s2)	字符串比较

上述中,字符串比较函数返回的结果可能为正整数、0 或负整数:

(1) 如果字符串 1 = 字符串 2,则函数值为 0。

(2) 如果字符串 1 > 字符串 2,则函数值为一正整数。

(3) 如果字符串 1 < 字符串 2,则函数值为一负整数。

字符串比较的规则与其他语言中的规则相同,即对两个字符串自左至右逐个字符相比(按 ASCII 码值大小比较),直到出现不同的字符或遇到串结束符'\0'为止。如果全部字符相同,则认为相等;如果出现不相同的字符,则以第一个不相同的字符的比较结果为准。

注意,不能像以下形式那样比较两个字符串:

```
    if(str1 > str2) cout << "yes";
```

因为字符数组名 str1 和 str2 代表数组地址,上面写法表示将两个数组地址进行比较,而不是对数组中的字符串进行比较。应该改成以下的比较形式:

```
    if(strcmp(str1,str2) >0) cout << "yes";
```

【例 5-9】 找出若干字符串中的最大者。

分析:可以用一个二维字符数组存放若干个字符串。这时,可以把二维数组理解为是一个以一维数组为元素的一维数组。比如下面程序代码中的 char str[4][80],可以把 str 看作是一个一维数组,它有 4 个元素 str[0] ~ str[3],而这 4 个元素实际上又是一个一维字符数组,并与 4 个字符串联系起来。这样就可以理解 cout << str[i] 和 strcpy(max_str,str[0])这些使用格式的含义了。

程序如下:

```
    #include <iostream>
    using namespace std;
    int main()
    {
```

```
        void max_string( char str[ ][ 80] ,int i) ;        //函数声明
        char str[ 4][ 80] = { "Basic" ," C ++ " ," Java" ," JSP" } ;
        for( int i = 0 ;i < 4 ;i ++ )
            cout << str[ i] << " " ;                       //输出全部 3 个字符串
        cout << endl;
        max_string( str,4) ;                               //函数调用,输出最大的字符串
        return 0 ;
}
//将若干字符串中最大者输出的函数
void max_string( char str[ ][ 80] ,int n)
{
        char max_str[ 80] ;                                //用于存放最大的字符串
        strcpy( max_str,str[ 0] ) ;                        //先假定二维数组第 0 行的字符串最大
        for( int i = 1 ;i < n ;i ++ )
            if( strcmp( str[ i] ,max_str) > 0)             //如果当前被比较的字符串更大
                strcpy( max_str,str[ i] ) ;                //将被比较的串放入 max_str 中
        cout << " The max_string is:" << max_str << endl;
}
```

程序运行结果:

Basic C ++ Java JSP

The max_string is:Java

5.3.3　string 字符串类

前面介绍的 C ++ 的字符串处理函数其实是为了兼容 C 而保留的。C ++ 提供了功能更强大、使用更方便、更加安全有效的 string 类来处理字符串。C ++ 本无字符串变量,string 也不是 C ++ 语言本身具有的基本类型,它是在 C ++ 标准库中声明的一个字符串类。要使用 string 类,需要用#include 命令把相应的头文件 string 包含到程序中(#include ＜ string ＞)。

我们可以像 char、int 类型一样,用 string 类来定义一个字符串对象,这相当于定义了一个字符串变量,从而可以非常方便地处理字符串。

(1) 字符串对象的定义与初始化。如:

```
string string1 ;           //相当于定义了一个名为 string1 的字符串变量
string string2 = "China" ;  //定义 string2 同时对其初始化
```

(2) 通过 cin 和 cout 实现字符串变量的输入和输出。如:

```
cin >> string1 ;            //从键盘输入一个字符串给字符串变量 string1
cout << string2 ;           //将字符串 string2 输出
```

(3) 通过简单的运算符实现对字符串变量的操作。

1) 用赋值运算符实现字符串的复制。如:

```
string1 = string2 ;
```

2) 用" + "运算符实现字符串的连接。如:

```
string string1 = "C ++ " ;             //定义 string1 并对其初始化
```

　　　　string string2 = "Language";　　　　　　//定义 string2 并对其初始化
　　　　string1 = string1 + string2;　　　　　　//连接 string1 和 string2

连接后 string1 为"C ++ Language"。

3）直接用关系运算符实现字符串的比较。

对于用 string 类定义的字符串,可以直接用 >、>=、<、<=、==、!= 等关系运算符来进行字符串的比较。

（4）可以对字符串变量中某一字符进行操作。如：

　　　　string word = "Then";　　　　　　//定义并初始化字符串变量 word
　　　　word[2] ='a';　　　　　　//修改序号为 2 的字符,修改后 word 的值为"Than"

（5）string 类还提供了许多功能强大的成员函数。如：

　　　　word. size();　　　　　　//返回 word 的字符串长度,等价于 strlen(s)函数。

【例 5-10】 将例 5-9 改用字符串对象(变量)的处理方式。

程序代码如下：

```
#include  < iostream >
#include  < string >
using namespace std;
int main( )
{
    void max_string(string str[ ],int i);        //函数声明
    string str[4] = {"Basic","C ++","Java","JSP"};
    for(int i = 0;i < 4;i ++)
        cout << str[i] << " ";                    //输出全部 4 个字符串
    cout << endl;
    max_string(str,4);                            //函数调用,输出最大的字符串
    return 0;
}
//将若干字符串中最大者输出的函数
void max_string(string str[ ],int n)
{
    string max_str;                               //用于存放最大的字符串
    max_str = str[0];                             //先假定第 0 个字符串最大
    for(int i = 1;i < n;i ++)
        if(str[i] > max_str)                      //如果当前被比较的字符串更大
            max_str = str[i];                     //将被比较的串放入 max_str 中
    cout << "The max_string is:" << max_str << endl;
}
```

习　题　5

● 思考题

5-1　什么是数组？怎样对数组进行初始化？

5-2 访问数组元素时,对于元素下标要注意哪些问题?

5-3 字符数组与字符串是什么关系? 字符数组有哪几种初始化方式?

5-4 字符串怎样比较大小?

5-5 用数组名作函数参数与用一般变量作函数参数有何不同?

5-6 二维数组名作函数参数时,需要注意什么问题?

5-7 请比较选择排序法与起泡排序法。

5-8 折半查找法是如何提高查找效率的? 它有什么特点和要求?

● 选择题

5-1 在 C ++ 语言中,定义数组长度时,其"元素个数"允许的表示方式是_____。

 A. 整型常量   B. 整型表达式

 C. 整型常量或整型表达式   D. 任何类型的表达式

5-2 如下数组定义语句正确的是_____。

 A. int a[3,4];   B. int m = 3,n = 4,int a[m][n];

 C. int a[3][4];   D. int a(3)(4);

5-3 若有说明 int a[10],则对 a 数组元素的正确引用是_____。

 A. a[10]   B. a[3.5]   C. a   D. a[10 - 10]

5-4 以下不能对二维数组 a 初始化的语句是_____。

 A. int a[2][3] = {1,2,3,4,5,6};   B. int a[2][] = {{1},{2}};

 C. int a[2][3] = {1};   D. int a[][3] = {3,4,5,6,7,8};

5-5 以下不正确的字符串赋初值的方式是_____。

 A. char str[] = {'s','t','r','i','n','g','\0'};   B. char str[7] = {'s','t','r','i','n','g'};

 C. char str1[10]; str1 = "string";   D. char str1[] = "string",str2[] = "12345678";

5-6 以下程序段的输出结果是_____。

    char sp[] = "\x69\082\n"; cout << strlen(sp);

 A. 3   B. 5   C. 1   D. 字符串中有非法字符,输出值不定

● 填空题

5-1 程序:

```
int main( )
{
    int a[4],x,i;
    for(i = 1;i <= 3;i ++ ) a[i] = 0;
    cin >> x;
    while(x! = -1) {a[x] + = 1; cin >> x; }
    for(i = 1;i <= 3;i ++ ) cout << "a[ " << i << " ] = " << a[i] << endl;
    return 0;
}
```

 若输入数据如下:

 3 1 2 3 2 2 2 1 1 3 3 3 3 3 1 1 2 2 3 2 1 2 3 2 -1 < Enter >

 输出结果是_____。

5-2 给 a 数组输入 10,8,6,4,2 共 5 个数,放在 a[1] 到 a[5] 中,请阅读程序,回答:

(1) 若给 x 输入 5,以下程序的输出结果是_____。

(2) 若给 x 输入 15,以下程序的输出结果是_____。

(3) 若给 x 输入 10,以下程序的输出结果是_____。

```cpp
int main( )
{
    int a[80],x,i,n;
    cout << "Enter n: "; cin >> n;
    for( i = 1;i <= n;i ++ ) cin >> a[i];
    cout << "Enter x: "; cin >> x;
    a[0] = x;i = n;
    while( x > a[i] ) {a[i + 1] = a[i]; i -- ;}
    a[i + 1] = x; n ++ ;
    for( i = 1;i <= n;i ++ ) cout << a[i] << " ";
    cout << endl;
    return 0;
}
```

5-3　以下程序给矩形方阵中所有边上的元素和两条对角线上的元素置 1,其他元素置 0,要求对每个元素只限置一次值,最后按矩阵的形式输出,请填空。

```cpp
#include < iostream >
#define MAX 10
using namespace std;
int main( )
{
    int a[MAX][MAX],i,j;
    j = MAX;
    for ( i = 0; i < MAX; i ++ )
        {a[_____][i] = 1; a[i][_____] = 1;}          //两个对角线上元素置1
    for ( i = 1; i < MAX - 1; i ++ ) a[0][_____] = 1;
    for ( i = 1;i < MAX - 1;i ++ ) a[i][_____] = 1;
    for ( i = MAX - 2; i > 0;_____) a[MAX - 1][_____] = 1;
    for ( i = MAX - 2; i > 0;_____) a[i][_____] = 1;
    for ( i = 1; i < _____; i ++ )
       for ( j = 1; j < _____; j ++ ) if (_____) a[i][j] = 0;
    for ( i = 0; i < MAX; i ++ )
    {
        for ( j = 0;j < MAX;j ++ ) cout << setw(2) << a[i][j];
        _____;
    }
    return 0;
}
```

5-4　下面函数完成的功能是_____。

```cpp
void str1( char s[] )
```

```
    {
        int i; i = strlen(s);
        while (s[i-1] == ' ' && i -->0);
        s[i] ='\0';
    }
```

5-5 以下程序的输出结果是_____。

```
#include <iostream>
using namespace std;
int main()
{
    char str[] = "SSSWILTECH1\1\11W\1WALLMP1";
    int k; char c;
    for(k =2; (c = str[k])!='\0'; k ++)
    {
        switch (c)
        {
            case 'A': putchar('a'); continue;
            case '1': break;
            case 1 : while((c = str[++k])!='\1'&&c!='\0');
            case 9 : putchar('#');
            case 'E':
            case 'L': continue;
            default : putchar(c); continue;
        }
        putchar('*');
    }
    cout << endl;
    return 0;
}
```

● 编程题

5-1 求一个二维整型数组的全部元素之和。

5-2 求一个矩形方阵中两条对角线上的元素之和。

5-3 将一个矩形方阵进行转置(行列置换)。

5-4 随机输入 10 个数并存放在一个数组中,然后再输入一个数,用折半查找法找出该数是数组中第几个元素的值。如果该数不在数组中,则输出"无此数"的信息。

5-5 将某一指定字符从一个已知的字符串中删除。

5-6 编写一个递归函数 convert( ),它的功能是将一个整数转换为字符串。

5-7 编写一个函数 reverse( ),它的功能是将一个字符串按逆序存放,如字符串为"abcd",其结果为"dcba"。

5-8 输入 n 个字符串,将它们按字母由小到大的顺序排列并输出。

5-9 由英文、数字、空格及其他西文字符组成若干行文字,分别统计出其中英文大写字母、小写字母、数字、空格及其他字符的个数。

第6章 指针与引用

指针是 C++ 语言中一种特殊的数据类型,它使 C++ 语言具备获得和操纵内存地址的能力,但该能力同时也是最具风险的。运用指针能充分发挥 C++ 语言的许多特点和灵活性,提高目标程序代码的效率,但同时指针也是 C++ 中最难以掌握的内容之一。由于指针在使用中容易出现问题,C++ 引入了引用的概念,以取代指针的某些应用,降低指针应用的风险,提高程序代码的可读性。

本章主要介绍指针与引用的概念;指针与数组、指针与函数的关系以及它们的应用。

6.1 指针概述

6.1.1 指针与地址

计算机内存由连续编码的存储单元组成。每一个存储单元占用一个字节的内存空间,并被唯一地规定了一个编码,这个唯一的编码就是地址(address),它好比是学生宿舍的房间号。在地址所标志的存储单元中存放着数据,相当于宿舍房间中住着学生。如果在程序中定义了一个变量,系统就会根据变量的类型为它分配一定长度的存储空间。例如,Visual C++ 6.0 系统为 int 型变量分配 4 个字节的内存单元,为 char 型变量分配 1 个字节的内存单元。

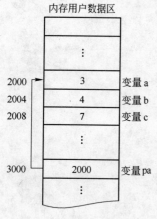

图 6-1 变量的存储分配

简单地说,指针(pointer)就是地址。但更确切地说,指针是某个数据在内存中占用的那段连续存储空间起始单元的地址(编码)。用于存储这种地址(编码)的变量就称为指针变量。

例如在程序中定义了 3 个 int 型变量 a、b、c,系统就为这 3 个变量分配内存单元。如图 6-1 所示,假设变量 a、b、c 占用的内存空间的第一个单元地址分别是 2000、2004、2008,这三个地址就可以成为变量 a、b、c 的指针。若有一个用于存储 int 型地址的指针变量 pa,同时把变量 a 的起始地址存入指针变量 pa 中,则以后就可以借助于 pa 的值(地址)找到变量 a。因此,若指针变量 pa 存储的是变量 a 的地址,我们就称之为 pa 指向变量 a。

虽然指针中始终存储着地址,但指针和地址是两个不同的概念。代表指针的地址不是一个孤立静止的地址编码,而是有类型属性且具有指向意义的地址。指针和指针变量的概念也有区别,指针是数据对象的地址,是不可变的;而指针变量中的内容,虽然还是地址,但这个地址是可以改变的。例如,上面所说的指针变量 pa,其中存放了变量 a 的地址,也可改为存放变量 b 的地址,即 pa 可指向变量 a,也可改为指向变量 b。在不至于产生混淆的情况下,通常将"指针变量"简称为"指针",将"地址"等同于"指针"。

6.1.2 指针变量的定义与指针运算符

6.1.2.1 指针变量的定义

指针变量的定义形式:

类型标识符 ＊指针变量名；

例如：

  int ＊pi;   //pi 是一个指向 int 型空间的指针变量

  char ＊pc;   //pc 是一个指向 char 型空间的指针变量

说明：

（1）定义指针变量时，在指针变量名前加"＊"表示该变量是一个指针变量，但"＊"不是指针变量名的组成部分。

（2）指针有两个要素，地址和所指向目标的数据类型。所以指针变量存储的不单纯是一个地址值，还包括地址的类型。指针变量定义中的"类型标识符"说明的就是该指针变量指向的目标对象的数据类型。因此，一个指针变量只能指向同一数据类型的数据对象。

（3）不同类型的指针变量，其本身在内存中占据的是一个同样大小的整型空间。因为指针变量存储的都是地址，只不过存储的是不同类型数据的地址。但是，存储地址的整型空间与存储整数的整型空间，它们的意义是不同的。比如，地址 2000 与整数 2000 是两个不同的概念，可以把一个地址 2000 赋值给一个指针变量，但不能把一个整数 2000 赋值给一个指针变量，除非把该整数强制转换为地址。

（4）指针变量定义以后要及时给它赋予一个确定的值，否则会因其误用而可能出现意想不到的、甚至危险的结果。C＋＋语言规定，可以给一个指针变量直接赋值为 0（即空操作符 NULL）。这时表示它是一个空指针，不指向任何数据对象。当定义一个指针变量后，还没有确定如何使用它时，应把它定义为一个空指针，以防止误用。

6.1.2.2 & 运算符与 ＊ 运算符

（1）& 运算符 & 运算符通常称为"地址运算符"，是一个单目运算符。它作用在一个变量上，并返回该变量的地址。例如：

  int a＝3, ＊pa; //pa 是一个 int 型指针变量

  pa＝&a;   //取出变量 a 的地址并赋给指针变量 pa，即使 pa 指向变量 a

假定变量 a 的地址是 2000，指针变量 pa 本身的地址是 3000，则地址为 3000 的内存单元中存放的是变量 a 的地址 2000，如图 6-1 所示。

（2）＊运算符 ＊运算符通常称为"指针运算符"，又称为"间接引用运算符"或"取值运算符"。它也是一个单目运算符，作用在一个指针变量上，并返回这个指针所指向的数据对象的值。

其实，＊运算符的多个称谓，正好反映了指针的作用方式和特征。为了更好地把握指针和 ＊ 运算符，我们应该把指针和 ＊ 运算符对指针变量的作用联系起来解读，即先指向再取值。指针说明的是"指向"，＊说明的是"取值"，即取出指针指向的变量的值。

例如，语句：

  cout ＜＜ ＊pa ＜＜ endl;

如果指针变量 pa 存放的是变量 a 的地址，或者说 pa 指向变量 a，如图 6-2 所示。这时我们可以这样解读 ＊pa 的作用，那就是取出 pa 指向的变量 a 的值，即 ＊pa 等价于 a。因此该语句的作用是打印输出 a 的值 3。

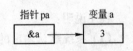

图 6-2 指针变量的指向

由此可以看出,访问内存单元有两种方式:

1)"直接访问"方式:通过变量名直接访问一个存储实体。例如:

```
int a = 3, b = 4, c;
c = a + b;
```

2)"间接访问"方式:把地址存放在一个指针变量中,先找出指针变量中的值(一个地址),再由此地址找到最终要访问的变量。例如:

```
int a = 3, b = 4, c;
int * pa;            //定义指针变量 pa
pa = &a;             //取出变量 a 的地址并赋给指针变量 pa,即使 pa 指向变量 a
c = * pa + b;        //通过指针变量 pa 间接访问变量 a
```

注意区别声明语句和执行语句中 * 的不同含义。在声明语句中, * 用以说明变量的类型为指针;在执行语句中, * 代表一个指向后的取值操作。

【例6-1】采用不同方式输出变量的值及变量的地址。

程序代码:

```
#include < iostream >
using namespace std;
int main( )
{
    int i = 10, * pi = 0;
    double f = 20.5, * pf = 0;
    pi = &i; pf = &f;                           //使指针变量 pi 和 pf 分别指向变量 i 和变量 f
    cout << "i = " <<i << " \t"  << "f = " <<f << endl;         //以直接访问方式输出变量的值
    cout << "* pi = " <<* pi << " \t" << "* pf = " <<* pf << endl; //以间接访问方式输出变量的值
    cout << "&i = " << &i << " \t" << "pi = " << pi << endl;     //输出变量 i 的地址
    cout << "&f = " << &f << " \t" << "pf = " << pf << endl;     //输出变量 f 的地址
    cout << " * &i = " << * &i << endl;          //输出变量的值
    cout << "& * pi = " << & * pi << endl;       //输出变量的地址
    return 0;
}
```

程序运行结果:

```
              i = 10   f = 20.5
              * pi = 10   * pf = 20.5
              &i = 0012FF7C   pi = 0012FF7C
              &f = 0012FF70   pf = 0012FF70
              * &i = 10
              & * pi = 0012FF7C
```

程序说明:

(1) 系统默认输出的是十六进制地址值。

(2) * 与 & 为相逆的运算, * &i 等价于 i,& * pi 等价于 pi。

(3) 读者调试运行该程序时,程序运行结果的地址值可能与以上的结果不一样。

【例6-2】交换两个指针的指向。

```
#include <iostream>
using namespace std;
int main()
{
    int x = 10, y = 20;
    int * p1 = &x, * p2 = &y, * p;    //定义指针变量p1,p2和p,并使p1,p2分别指向变量x和y
    cout << * p1 << " \t" << * p2 << endl;
    p = p1, p1 = p2, p2 = p;           //交换两个指针的指向
    cout << * p1 << " \t" << * p2 << endl;
    return 0;
}
```

程序运行结果:

           10   20
           20   10

说明:初始时,指针p1、p2分别指向x、y,执行 p = p1, p1 = p2, p2 = p; 之后,它们的指向被交换,p1、p2分别指向y、x,如图6-3所示。

图6-3　交换指针变量的指向

【例6-3】通过指针,交换两个指针所指向的变量的值。

程序代码:

```
#include <iostream>
using namespace std;
int main()
{
    int x = 10, y = 20, t;
    int * p1 = &x, * p2 = &y;
    cout << x << " \t" << y << endl;
    t = * p1, * p1 = * p2, * p2 = t;        //交换两个指针所指向变量的值
    cout << x << " \t" << y << endl;
    return 0;
}
```

程序运行结果:

           10   20
           20   10

说明:初始时,指针p1、p2分别指向x、y,执行 t = * p1, * p1 = * p2, * p2 = t; 之后,它们指向的内容被交换,p1、p2仍指向x、y,但x、y的值却发生了改变,如图6-4所示。

图 6-4　交换指针变量指向的变量的值

6.1.3　指针作函数参数

在 4.1.2 小节,我们知道,函数调用时,由实参传值给形参的过程是一个单向传递过程。一旦形参获得了值便与实参脱离了关系,此后无论形参发生了怎样的改变,都不会影响到实参。这是因为形参变量和实参变量属于局部变量,分属于各自的函数,只在各自函数的范围内有效。所以,函数调用时,可以通过多个参数由主调函数传递多个信息给被调函数,但被调函数通过return语句只能返回一个信息给主调函数。

由此可见,C++中函数调用时的参数传递是一种"单向值传递"。当用一般变量作函数参数时,函数调用把实参变量的值单向赋给形参,然后实参和形参之间就没有关系了,被调函数中对形参的处理都和实参无关。因此,想通过函数调用来改变实参变量的值是不可能的,比如下面的例子。

【例 6-4】用一般变量作函数参数的交换函数(不能实现目的)。

程序代码:

```cpp
#include  < iostream >
using namespace std;
void myswap( int x, int y)
{
        int t;
        t = x; x = y; y = t;              //内部实现了两个变量值的交换
}
int main( )
{
        int a = 3, b = 7;
        cout << "Before swap: " << a << "," << b << endl;
        myswap( a, b);              //没有实现 a,b 两个变量值的交换
        cout << "After swap: " << a << "," << b << endl;
        return 0;
}
```

程序运行结果:

Before swap: 3,7

After swap: 3,7

说明:实参变量和形参变量各自占有自己的内存空间。实参变量 a、b 的值传递给形参变量 x、y,在 myswap( )函数中交换了 x、y 的值,但它并没有影响 a、b 值,所以 a、b 值没有被交换。

如何使 myswap( )函数实现交换实参变量 a、b 值的目的呢？使用指针变量作函数参数可以达到目的。具体方法是,把函数的形参定义成指针类型,实参为变量的地址。在函数调用时,将实参地址传递给形参指针,这样形参和实参都指向内存中的同一块区域,被调函数中对形参的操作也就是对实参的操作了。

【例 6-5】 用指针作函数参数的交换函数。

程序代码：

```
#include <iostream>
using namespace std;
void myswap(int * xp,int * yp)            //指针作函数参数
{
    int t;
    t = * xp; * xp = * yp; * yp = t;      //交换两个指针所指向变量的值
}
int main()
{
    int a = 3, b = 7;
    cout << "Before swap：" << a << "," << b << endl;
    myswap(&a,&b);
    cout << "After swap：" << a << "," << b << endl;
    return 0;
}
```

程序运行结果：

Before swap：3,7

After swap：7,3

说明：函数 myswap() 的两个参数都是整型指针。这样在调用 myswap() 函数时，将两个变量的地址 &a 和 &b 作为实参，分别传递给形参 xp 和 yp，于是 xp 就指向 a，yp 就指向 b，如图 6-5(a) 所示。在 myswap() 函数中交换 xp 和 yp 所指向变量的值，即交换了 a 和 b 的值，如图 6-5(b) 和图 6-5(c) 所示。

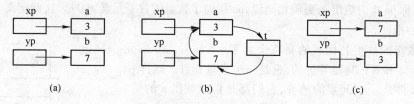

图 6-5　交换函数的调用过程

通常把例 6-4 那样将一般变量作函数参数的函数调用称为"传值调用"，把例 6-5 那样将指针作函数参数的函数调用称为"传地址调用"。其实这两种函数调用都还是"单向值传递"的调用，只不过传递的"值"的性质不同。指针变量的值是另一个变量的地址(值)，是为了指向另一个变量。这与一般变量的值为整数、实数、字符等是不同的。由于"值"的性质不同，调用的意义就不一样了。使用指针变量作函数参数，虽然实参还是单向传递"值"给形参，但形参接收的是一个与实参一样的地址值，即形参和实参是同一个指针，都指向内存中的同一块区域。这样，对形参的操作也就是对实参的操作。而且，传递"值"的过程是一个数据复制的过程。指针作函数参数时，复制的只是一个地址；一般变量作函数参数时，复制的是数据本身。若这个一般变量并不一般，而是一个结构复杂的变量，则复制数据的时间和空间的消耗必然大大超过复制地址的消耗。

通过以上分析我们可以看出，在函数调用中，运用指针避免了不必要的数据复制操作，使目

标程序的执行效率更高。而且,如果使用多个指针变量作函数参数,那么被调函数就可以通过多个形参指针对主调函数中的多个变量直接进行操作,就像例6-5那样。换句话说,通过被调函数改变主调函数中多个变量的值,相当于在函数之间通过参数实现了双向信息的传递与交换,超越了函数只能返回一个函数值的局限,可以进行多个信息的返回。这也就是指针作函数参数的两个重要特点,一是传递效率高,只传递地址,不复制指针所指向的数据;二是可以在被调函数中改变主调函数的多个数据(指针参数所指向的数据)。

这样,本节开头的那段话,就可以扩展为:函数调用时,可以通过多个参数由主调函数传递多个信息给被调函数,但被调函数通过 return 语句只能返回一个信息给主调函数。如果需要通过被调函数影响主调函数中的多个量(相当于返回多个信息给主调函数),可以使用指针作为函数参数。

在5.2.2 小节数组名作函数参数的应用中,因为数组名就是地址,所以用数组名作函数参数,也就是用指针作函数参数。通过后续内容的学习,我们将进一步认识指针与数组的关系。

6.2　指针与一维数组

指针与数组的关系非常密切。我们知道,数组中的各元素在内存中是按下标顺序连续存放的。若将数组的起始地址赋给指针变量,通过移动指针,可使指针变量指向数组中的每一个元素,进而引用数组中的任何元素。因此,凡是能用数组下标变量完成的操作都可以由指向数组的指针变量来完成。

6.2.1　指向一维数组元素的指针

若有:

　　　　int a[10], * pa = a;

或

　　　　int a[10], * pa = &a[0];

此时,称 pa 指向数组 a,更确切地说,pa 指向了数组的首个元素 a[0]。这就定义了指向一维数组元素的指针。

一维数组的数组名代表的是首个元素(下标号为 0 的元素)的地址,a 和 &a[0]是等价的,它是一个常量指针。这样 pa + i 和 a + i 都是 a[i]元素的地址,它们都是指向数组 a 的第 i 个元素,如图6-6所示。

这样,获取数组中某个元素的地址可以有三种方法,例如,要获取数组 a 中 a[i]元素的地址,以下方法是等价的。

(1) & 运算:

　　　　&a[i]

(2) 指针运算(两种,假定指针变量 pa 已指向 a[0]):

　　　　a + i;

　　　　pa + i;　　//或 pa ++ 连续运算 i 次

显然,访问一个数组元素相应的也有以下几种方法:

(1). 下标表示法:

　　　　a[i]　　//或 pa[i]

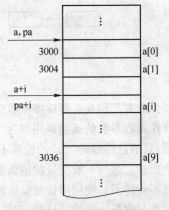

图 6-6　指针与一维数组

（2）指针表示法：

  *(a+i)；

  *(pa+i)； //或 pa++连续运算 i 次再 *pa

说明：

（1）数组名代表的是数组的起始地址，是一个常量指针，而不是指针变量，它在程序中是不能改变的。如对数组 a，不能有 a++的运算。

（2）关于指针运算的基本单位。

指针变量存储的是地址，但指针加 1 不等同于地址值增加 1 个字节，除非指针类型是 char 型。对于指针变量来说，其运算的基本单位是其指向的数据类型的空间大小。这样若指针变量的值增加（或减小）n，也就使指针指向到当前数据后面（或前面）的第 n 个数据。

例如：

```
int a[3], *pa = &a[0];     //pa 指向 a[0]元素
pa++;                      //pa 增 1 后，pa 指向 a[1]元素，实际地址增量是 4 个字节（VC6.0 中）
double d[3], *pd = &d[0];  //pd 指向 d[0]元素
pd++;                      //pd 增 1 后，pd 指向 d[1]元素，实际地址增量是 8 个字节（VC6.0 中）
pd = &d[2];                //使 pd 指向 d[2]元素
pd--;                      //pd 减 1 后，pd 又指向 d[1]元素，实际地址量减少了 8 个字节（VC6.0 中）
```

也就是说，指针可以进行加减运算，完成指针移动。指针移动以其指向的数据对象所占用的空间为移动单位。所以我们不需要知道指针指向的数据对象所占用空间的大小，就可以通过改变指针变量的值，直观方便地访问到相应的其他数据对象。

对于指向同一数组的两个指针变量 p1 和 p2，它们还可以进行比较运算和相减运算。p1 和 p2 两个指针进行比较运算，表明了两个元素的相对位置——是否在同一个位置，或谁在前谁在后。p1 和 p2 两个指针进行相减运算，它们的差值表示两个指针之间的元素个数。p1 + p2 则没有实际意义。

（3）访问一个数组元素的几种方法中，a[i] 和 *(a+i) 的执行效率是一样的，每次都要根据数组名重新计算地址；而用指针变量直接指向数组元素，则不必每次重新计算地址，其最终生成的目标代码质量高（执行速度快、占用内存少）。但用"数组名 + 下标"的方法比较直观，程序更加清晰。

（4）无论是使用指针变量直接指向的方法还是"数组名 + 下标"的方法来访问数组元素，都要注意不要超出数组范围，否则结果无法预料，而编译系统并不提示出错。

【例 6-6】指针方式访问数组元素。

程序代码：

```
#include <iostream>
using namespace std;
int main()
{
    int a[10] = {10,11,12,13,14,15,16,17,18,19};
    int *pa = a;                    //或 int *pa = &a[0]; 使 pa 指向数组 a
    double d[10] = {100.0,100.1,100.2,100.3,100.4,100.5,100.6,100.7,100.8,100.9};
    double *pd = d;                 //或 double *pd = &d[0]; 使 pd 指向数组 d
```

```
for( int i = 0 ; i < 10 ; i ++ )
   cout << * ( pa ++ ) << " " ;         // * ( pa ++ )可换成 * ( pa + i)或 * ( a + i)或 a[i]
cout << endl ;
for( i = 0 ; i < 10 ; i ++ )
   cout << * ( pd ++ ) << " " ;         // * ( pd ++ )可换成 * ( pd + i)或 * ( d + i)或 d[i]
cout << endl ;
return 0 ;
}
```

程序运行结果：

10 11 12 13 14 15 16 17 18 19

100 100. 1 100. 2 100. 3 100. 4 100. 5 100. 6 100. 7 100. 8 100. 9

注意：当"＊"运算符和"++/--"运算符同时作用于指针变量时,要注意区分它们的不同书写格式及其意义。

假设指针 pa 指向数组 a 的首元素(即 pa = a 或 pa = &a[0]),则 pa 可以进行如下运算：

(1) * pa ++ ;由于 * 和 ++ 优先级相同,但结合方向为自右至左,因此等价于 * (pa ++)。该运算是先取出 pa 指向的元素的值(即 a[0]),再使 pa 增1(即 pa ++ ,使 pa 指向 a[1])。

(2) * (++ pa);与 * (pa ++)不同,它是先使 pa 增1(即 pa ++ ,使 pa 指向 a[1]),再进行 * pa 的操作,取出 pa 当前指向的元素的值(即 a[1])。

(3) (* pa) ++ ;表示 pa 所指向的元素值加1,即 a[0] = a[0] + 1,而不是指针值加1。

同理,指针 pa 还可以进行 pa -- , * pa -- , * (-- pa)和(* pa) -- 等运算。

6.2.2　数组名和指针作函数参数

在5.2.2 小节介绍过用数组名作函数参数,在6.1.3 小节介绍过用指针作函数参数。实际上,C ++ 在编译时是将形参数组名作为指针变量来处理的,因而它们的实质是一样的。例如：

```
double fun( int array[ ] )
double fun( int * array )
```

以上两种形参的写法是等价的。而且,因为形参数组名是作为指针变量处理的,array[ ]的方括号内可以有也可以没有数值,方括号内的内容没有实际意义,编译系统对它不予处理。

这样,与数组名有关的函数调用中,实参和形参有四种不同的组合方式,见表6-1。虽然数组名和指针作函数参数的形式不同,但实质相同,都是地址的传递。

表6-1　指针与数组名作函数参数的不同形式

实　参	数组名	数组名	指针变量	指针变量
形　参	数组名	指针变量	数组名	指针变量

【例 6-7】逆置数组,即将数组元素反序存放。

分析：数组的逆置只需将第一个元素与最后一个元素交换,第二个元素与倒数第二个元素交换,其余依此类推。交换的次数为数组元素个数的一半。下面用 invert 函数实现数组的逆置,用 print 函数实现数组的输出。

程序代码：

```
#include < iostream >
```

```
#include < iomanip >
using namespace std;
//实现数组逆置的函数
void invert( int x[ ] , int n)                  //形参 x 是数组名
{
      int * p1, * p2,t;
      p1 = x;                                   //p1 指向数组头( x[0]元素)
      p2 = x + n - 1;                           //p2 指向数组尾( x[n-1]元素)
      for( ;p1 < p2;p1 ++ ,p2 -- )
           t = * p1, * p1 = * p2, * p2 = t;     //逗号表达式语句
}
//实现数组输出的函数
void print( int * p, int n)                     //形参 p 是指针变量
{
      for( int i = 0;i < n;i ++ ,p ++ )
           cout << setw(5) << * p;
      cout << endl;
}

int main( )
{
      const int N = 10;
      int a[N] , * pa = a;
      for( int i = 0;i < N;i ++ )
           a[i] = rand( )%100;                  //随机产生 100 以内的整数
      cout << " 逆置前数组:";
      print( a,N) ;                             //or: print( pa,N) ;
      invert( a,N) ;                            //调用数组逆置函数 [or: invert( pa,N) ;]
      cout << " 逆置后数组:";
      print( a,N) ;                             //or: print( pa,N) ;
      return 0;
}
```

程序运行结果：
```
逆置前数组: 41  67  34   0  69  24  78  58  62  64
逆置后数组: 64  62  58  78  24  69   0  34  67  41
```

6.3 指针与二维数组

指针变量可以指向一维数组中的元素,也可以指向二维数组或多维数组中的元素。但在概念和使用上,二维数组或多维数组的指针比一维数组的指针要复杂。

6.3.1 二维数组的地址

二维数组可以理解为一个广义的一维数组,即一个以一维数组为元素的一维数组。
例如定义一个二维数组：

int a[3][4] = {1,2,3,4,5,6,7,8,9,10,11,12};

则数组 a 对应的元素为:

a[0][0]　a[0][1]　a[0][2]　a[0][3]　……　第 0 行(组成数组 a[0])

a[1][0]　a[1][1]　a[1][2]　a[1][3]　……　第 1 行(组成数组 a[1])

a[2][0]　a[2][1]　a[2][2]　a[2][3]　……　第 2 行(组成数组 a[2])

第 0 行的 4 个元素 a[0][0]、a[0][1]、a[0][2]、a[0][3]组成了数组 a[0],相应地,第 1 行的 4 个元素组成了数组 a[1],第 2 行的 4 个元素组成了数组 a[2]。这样,对于二维数组 a 来说,可以把它看成是由下列"元素"组成的一个广义的一维数组:a[0],a[1],…,a[i],…;而 a[i]还是一个数组,是一个一维数组,代表着一行数组元素,如图 6-7 所示。

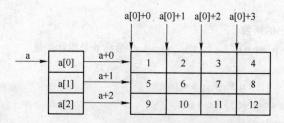

图 6-7　二维数组中元素地址示意图

我们知道,数组名是一个指针常量,它指向数组的起始元素。如果把二维数组 a 看成是一个广义的一维数组,那么它的每一个"元素"就代表着一行。这样,a 或者 a+0 指向的就是第 0 行,a+1 指向第 1 行,…,a+i 指向第 i 行,…。可以形象地说,二维数组名 a 是一个指向行的行指针,它以"行"为基本单位移动指针。

a+i 作为行指针指向第 i 行,指向的是一个一维数组 a[i]。而作为一维数组名的 a[i],同样地,它还是一个指针常量,指向 a[i]数组的起始元素 a[i][0]。对 a[i]的增减 1 运算将使该指针移动 1 个元素的位置。例如,a[0]或者 a[0]+0 指向元素 a[0][0],a[0]+1 指向元素 a[0][1],a[0]+2 指向元素 a[0][2],…。也可以形象地说,a[i]是一个列指针,它按列的方向以元素为基本单位移动指针。需要说明的是,列指针指向的是一个元素而不是一列元素。

由一维数组元素的指针表示法可知 *(a+i)与 a[i]等价。我们可以把它扩展到二维数组,在二维数组中,同样地有 *(a+i)与 a[i]等价,但这里的 a[i]不是普通的数据元素,而是一个列指针。也就是说,a+i 是一个行指针,对行指针施加 * 运算—— *(a+i),得到的是一个列指针 a[i]。列指针是指向元素的,a[i]指向第 i 行第 0 列元素。若给 a[i]增加一个量 j,即 a[i]+j 或 *(a+i)+j,则使列指针横向移动了 j 个元素,指向第 i 行第 j 列元素。再对列指针施加 * 运算,就等价于二维数组元素本身了。即 *(*(a+i))、*(a[i])与 a[i][0]等价,*(*(a+i)+j)、*(a[i]+j)与 a[i][j] 等价。

由以上可知,对于二维数组 a[M][N]中的任意一个元素 a[i][j],其地址可以有多种表示方法。例如:(1) &a[i][j];(2) a[i]+j;(3) *(a+i)+j;(4) a[0]+i*N+j;(5) &a[0][0]+i*N+j。

相应地,对于二维数组 a[M][N]中的任意一个元素 a[i][j],除了 a[i][j]的表示方式外,还可以表示成其他多种形式。例如:(1) *(a[i]+j);(2) *(*(a+i)+j);(3) *(a[0]+i*N+j);(4) *(&a[0][0]+i*N+j);(5) (*(a+i))[j]。

几点说明:

(1) 对于二维数组 a[M][N],虽然 a 和 a[0]的地址值相同,但指针类型不同。a 是指向行

（数组）的,a[0]是指向列（元素）的,a[0]是又一个一维数组名。

（2）对行指针施加 * 运算,行指针就转换为指向列的指针;反之,对列指针施加 & 运算,列指针就转换为指向行的指针。

例如,对于二维数组 a[M][N]:a+i 为行指针, * (a+i)则转换为列指针,等价于 a[i],指向 i 行 0 列,即指向 a[i][0]元素;a[i]为列指针,&a[i]则转换为行指针,等价于 a+i,指向第 i 行。

（3） * (a+i)和 a[i]是等价的,但它们在各维数组中的含义不同。对于一维数组 a[N], * (a+i)和 a[i]是一个元素;而对于二维数组 a[M][N], * (a+i)和 a[i]则仍然是一个地址, * (* (a+i)+j) 才是元素 a[i][j]。另外注意比较, * (* (a+i+j)) 也是元素,但它是 a[i+j][0] 元素。

【例6-8】 通过数组元素的地址来引用二维数组元素。

程序代码:

```cpp
#include < iostream >
#include < iomanip >
using namespace std;
int main( )
{
    int i,j;
    int a[3][4] = {1,2,3,4,5,6,7,8,9,10,11,12};
    cout << "输出二维数组 a:" << endl;
    for(i=0;i<3;i++)
    {
        for(j=0;j<4;j++)
            cout << setw(8) << * ( * (a+i) +j);     //输出数组元素
        cout << endl;
    }
    return 0;
}
```

程序运行结果:

```
输出二维数组 a:
    1       2       3       4
    5       6       7       8
    9      10      11      12
```

6.3.2 二维数组的指针

同样地,我们可以用指针变量来访问二维数组元素。由于二维数组的指针有行指针和列指针两种,相应的指向二维数组的指针变量也有两种,分别为行指针变量和列指针变量,以下简称为行指针和列指针。

（1）二维数组的列指针 列指针是指向具体元素的指针,又称一级指针,其定义和一般变量指针的定义是一样的。

例如,在例6-8 程序代码中增加一行列指针定义语句:

```cpp
int * pa = a[0];     //或 int * pa = &a[0][0];
```

那么,就可以将其中的输出数组元素的语句改为下面的指针变量的访问方式:

1) 指针加偏移量的方式:

cout << setw(8) << * (pa + i * 4 + j);

2) 直接移动指针:

cout << setw(8) << * pa ++;

思考一下,若定义 int * pa = a,会出现什么情况? 为什么?

(2) 二维数组的行指针　二维数组的行指针是指向有确定长度的一维数组的指针。在定义时,必须明确指出这个指针指向的一维数组有多少个元素。

行指针定义的一般形式如下:

类型标识符 (* 指针变量名) [常量表达式]

其中,"常量表达式"即表示该指针指向的一维数组的长度。

由于行指针指向的还是一个地址,只有对行指针施加 * 运算,行指针才转换为指向具体元素的列指针,所以又把行指针称为二级指针。但行指针又是一个特殊的二级指针,如果按一般二级指针的方式定义指针变量(参见 6.5.2 小节),如 int * * pa;那么这里的 pa 是不能指向二维数组的。

【例 6-9】通过行指针来引用二维数组元素。

程序代码:

```
#include  < iostream >
using namespace std;
int main( )
{
        int i,j;
        int a[3][4] = {1,2,3,4,5,6,7,8,9,10,11,12};
        int ( * pa)[4];             //定义一个指向一维数组(有 4 个整型元素)的指针变量
        pa = a;                    //使 pa 指向二维数组 a
        cout << "行标号:";
        cin >> i;
        cout << "列标号:";
        cin >> j;
        cout << "a[" << i << "][" << j << "] = " << * ( * (pa + i) + j) << endl;
        return 0;
}
```

程序运行结果:

行标号: 1 ↵
列标号: 2 ↵
a[1][2] = 7

6.3.3　二维数组指针作函数参数

二维数组的指针有列指针和行指针两种形式,利用函数对二维数组进行处理时,需要注意函数的实参和形参的指针类型必须匹配。

【例6-10】 把例6-8中输出二维数组全部元素的功能写成一个输出函数。

方法一：使用二维数组的行指针作函数参数。

程序代码：

```
#include  <iostream>
#include <iomanip>
using namespace std;
int main()
{
        void output(int m,int(*p)[4]);          //函数声明
        int a[3][4] = {1,2,3,4,5,6,7,8,9,10,11,12};
        cout << "输出二维数组 a:" << endl;
        output(3,a);                            //函数调用
        return 0;
}
void output(int m,int(*p)[4])                   //m 代表二维数组的行数
{
        int i,j;
        for(i=0;i<m;i++)
        {
                for(j=0;j<4;j++)
                        cout << setw(8) << *(*(p+i)+j);
                cout << endl;
        }
}
```

数组作为函数参数时，为了通用性，形参数组的大小不应固定。这对于一维数组不成问题，但由于二维数组的行指针是指向有确定长度的一维数组的指针，因而使用二维数组的行指针作函数参数时，函数的通用性将受到限制。若使用一般的二级指针变量作函数参数，它又不能指向二维数组。

这时，可以借助一维数组来实现二维数组处理函数的通用性。方法如下：

形参使用一维数组名或指针变量，实参来自二维数组，使用二维数组列指针。例如，m*n 的二维数组 a，其第 i 行第 j 列元素 a[i][j] 可以对应于一维数组元素 b[i*n+j]。如果 a 和 b 的地址值相同，a、b 数组就完全等价了。这样，通过公式 i*n+j 就将被调函数中的一维数组元素与主调函数中的二维数组元素建立起了一一对应的关系。

通过以上方法，我们可以写出一个通用性更强的二维数组元素的输出函数。

方法二：借助于一维数组来处理二维数组的函数。

程序代码：

```
#include  <iostream>
#include <iomanip>
using namespace std;
int main()
{
        void output(int arr[],int m,int n);          //函数声明
```

```
        int a[4][5] = {1,2,3,4,5,6,7,8,9,10,
                       11,12,13,14,15,16,17,18,19,20};
        cout << "输出二维数组 a:" << endl;
        output(a[0],4,5);                      //实参为二维数组的列指针
        return 0;
}
void output(int arr[ ],int m,int n)            //形参使用一维数组或指针变量(int * arr)
{
        int i,j;
        for(i = 0;i < m;i ++ )
        {
                for(j = 0;j < n;j ++ )
                cout << setw(8) << arr[i * n + j];   //或 cout << setw(8) << * (arr + i * n + j);
                cout << endl;
        }
}
```

注意:函数调用语句"output(a[0],4,5);"中的 a[0]不能用 a,否则指针(地址)类型不匹配。

【例 6-11】一个班有 a 个学生,各学 b 门课。分别计算每个学生和每门课的平均成绩。

用二维数组 score[A][B]来存放 a 个学生的 b 门课成绩。其中,A 和 B 比 a 和 b 都大 1。这样,用数组的第 0 行存放每门课的平均成绩,用数组的第 0 列存放每个学生的平均成绩。再写两个计算函数,用函数 stu_average( )计算每个学生的平均成绩,用函数 courseAverage( )计算每门课的平均成绩。

程序代码:

```
#include < iostream >
#define A 3 + 1       //3 个学生,用数组的第 0 行存放每门课的平均分数
#define B 5 + 1       //5 门课成绩,用数组的第 0 列存放每个学生的平均分数
using namespace std;
int main( )
{
        float score[A][B] = { {0},{0,100,60,70,81,52},{0,62,71,83,92,98},{0,90,70,50,60,40} };
        void stu_average(int a,int b,float * p);           //函数声明
        void courseAverage(int a,int b,float ( * p)[B]);   //函数声明
        stu_average(A - 1,B - 1,score[1]);                 //函数调用,计算每个学生的平均成绩
        courseAverage(A - 1,B - 1,score);                  //函数调用,计算每门课的平均成绩
        cout << "Average of students is:\n";
        for(int i = 1;i < A;i ++ )
            cout << " Student " << i << " : " << score[i][0] << endl;
        cout << endl;
        cout << "Average of courses is:\n";
        for(i = 1;i < B;i ++ )
            cout << " Course " << i << " : " << score[0][i] << endl;
        return 0;
```

```
    }
    void stu_average( int a, int b, float * p)
    {
        int i, j;
        float total, * q;                              //q 用于指向当前行第 0 列元素
        for( i = 1; i <= a; i ++ )                     //从第 1 行开始计算
        {
            total = 0;
            q = p ++ ;                                 //将当前行第 0 列地址赋给 q, 然后 p 跳过第 0 列
            for( j = 1; j <= b; j ++ , p ++ )
                total = total +  * p;                  //计算同一行中各列成绩的总和
            * q = total/b;                             //第 0 列的各行元素存放各个学生的平均分数
        }
    }
    void courseAverage( int a, int b, float ( * p)[B])
    {
        int i, j;
        float total;
        for( j = 1; j <= b; j ++ )
        {
            total = 0;
            for( i = 1; i <= a; i ++ )
                total += * ( * (p + i) + j);           //计算同一列中各行成绩的总和
            * ( * p + j) = total/a;                    //第 0 行的各列元素存放各门课的平均分数
        }
    }
```

程序运行结果:

Average of students is:

Student 1 : 72.6

Student 2 : 81.2

Student 3 : 62

Average of courses is:

Course 1 : 84

Course 2 : 67

Course 3 : 67.6667

Course 4 : 77.6667

Course 5 : 63.3333

说明:

(1) 在函数 stu_average( ) 中, 形参 p 被声明为一个指向 float 型变量的指针。从二维数组的第 1 行开始, 用 p 先后指向二维数组的各个元素。p 每加 1 就指向下一个元素。相应的实参用 score[1], 它是一个列指针, 指向 score[1][0] 元素。形参 a 和 b 代表学生数和课程数, 计算出的每个学生的平均成绩存放在指针 q 所指向的数组元素中, 即每行中的第 0 列元素。

（2）在函数 courseAverage( )中,形参 p 被声明为一个指向由 B 个 float 型元素组成的一维数组的指针。函数调用时,将实参 score 的值(行指针)传递给 p,p 指向二维数组 score 的首行,p + i 指向二维数组 score 的第 i 行, * (p + i) + j 是 score[i][j]的地址, * (* (p + i) + j)就是 score[i][j]元素, * (* p + j) 就是 score[0][j]元素。

以上两个函数直接对实参数组进行操作,均无需返回值。

6.4　指针与字符串

假如有如下定义:

    char s[80], * p;

这里 s 和 p 都是指向一个字符型内存单元的指针,只不过数组名 s 是一个常量指针,而 p 是一个变量指针。字符数组的主要作用是用于处理字符串,字符指针的主要作用也是用于处理字符串。这样,在 C + + 中,字符串就有了三种实现方法,字符数组、字符串类和字符指针。

用字符指针和字符数组处理字符串的方法基本相同,但字符指针的处理效率更高。例如,用字符数组表示一个字符串时,无论字符串有效长度是多少,字符数组的空间大小是不变的;而字符指针指向的是某个字符单元,它所处理的字符串只占用包括结束符的字符串本身。

因为同样的道理,可以把一个字符串赋给一个字符指针变量,但不能赋给一个字符数组。例如:

    char s[80] = "I am a student. ";   //定义的同时初始化数组,合法
    char * p = "I am a student. ";   //定义的同时使 p 指向字符串的起始单元,合法

若定义以后再赋值:

    char s[80], * p;
    s[80] = "I am a student. ";   //不合法,数组不能整体引用
    p = "I am a student. ";   //合法,其含义是使 p 指向字符串的起始单元
    s = "I am a student. ";   //不合法,s 是常量指针,不能被重新赋值

【例 6-12】自编写字符串复制函数。
程序代码:

```
#include < iostream >
using namespace std;
void strCopy( char * dest,char * source)
{
    for( ; * source! = 0; source + + ,dest + + )
        * dest = * source;
    * dest = '\0';           //添加字符串结束符,也可写为 * dest = 0;
}
int main( )
{
    char s[20], * p = "I am a student. ";
    strCopy( s,p);
    cout << s << endl;
    return 0;
}
```

程序运行结果：

I am a student.

6.5 指针数组与指向指针的指针

6.5.1 指针数组

用于存放指针类型数据的数组称为指针数组。

一维指针数组的定义形式为：

类型标识符 *数组名[常量表达式]

例如：

int *p[4];   //定义指向 int 整型的指针数组

因为下标运算符[]的优先级高于*,所以 p 先和[]结合成为数组 p[4],这个数组有 4 个元素,每个元素都是指向整型的指针(int *)。

又如：

char *str[5];   //定义指向 char 字符型的指针数组

字符指针数组常常用于多个字符串的应用,它比二维字符数组更有效,比如例 6-13。

注意区别 int *p[4]和 int (*p)[4],前者是指数组名为 p 的数组中有 4 个元素,其每个元素是指向 int 整型的指针;后者是指 p 是一个指向一维整型数组的指针,该一维数组有 4 个整型元素。

【例 6-13】字符串排序。

程序代码：

```cpp
#include <iostream>
using namespace std;
void sort(char *name[],int n) //对 n 个字符串采用选择法排序
{
    char *temp;
    int i,j,k;
    for(i=0;i<n-1;i++)
    {
        k=i;
        for(j=i+1;j<n;j++)
            if(strcmp(name[k],name[j])>0) k=j;      //两个字符串相比较
        if(k!=i)
            temp=name[i],name[i]=name[k],name[k]=temp;  //交换指针元素
    }
}
void print(char *name[],int n)                          //输出 n 个字符串
{
    for(int i=0;i<n;i++)
        cout<<name[i]<<endl;
}
```

```
int main( )
{
    char * name[ ] = { "English" ,"Mathematics" ,"Computer" ,"Physics" } ;
    sort( name,4 ) ;
    print( name,4 ) ;
    return 0 ;
}
```

程序运行结果：

Computer

English

Mathematics

Physics

说明：

（1）指针数组 char * name[ ]与二维字符数组 char name[ ][20]不同,它并未定义行的长度,各行之间也并不一定是连续存放。它是在内存中分别存储了长度不等的字符串,然后用指针数组中的指针元素分别指向它们,如图 6-8 所示。

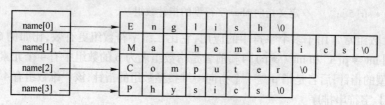

图 6-8　指针数组 name 指向各字符串

（2）sort( )函数是用选择法对多个字符串进行排序。name[k]和 name[j]是第 k 个和第 j 个字符串的首地址。strcmp(name[k],name[j])函数是将两个字符串相比较,如果 name[k]所指的字符串大于 name[j]所指的字符串,则函数返回一个正数值。if 语句的作用是将两个字符串中"小"的字符串的序号保留在变量 k 中。当执行完内循环 for 语句后,从第 i 个串到第 n 个串的各串中,第 k 个串最小。若 k!=i 就表示最小的串不是第 i 个串,这时就将 name[k]与 name[i]互换。执行完 sort( )函数后,各字符串的存放位置并没有改变,变化的是指针数组 name 中各元素的指向,如图 6-9 所示。

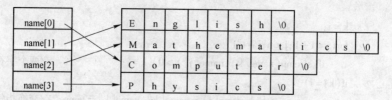

图 6-9　排序后指针数组 name 的指向

6.5.2　指向指针的指针

用于存放地址的指针变量,其本身也同样有一个地址,而该地址又可以赋给另一个指针变量。这后一个指针变量就称为指向指针的指针(变量)。

指向指针的指针的定义形式为：

　　类型标识符 ＊＊指针名

例如：

```
int a = 10, * p1, ** p2;
p1 = &a;
p2 = &p1;
```

那么通过 p2 去访问变量 a，要经过两级"间接访问"方式才能实现。即 * * p2→ * (* p2)
→ * (p1)→a，** p2 等价于 a，如图 6-10 所示。

其实指针数组的数组名就是一个指向指针的指
针。从图 6-8 可以看出，name 是一个指针数组，它的
每一个元素是一个指针，分别指向不同的字符串。
而数组名 name 是该指针数组首元素的地址，name +

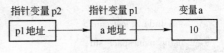

图 6-10　指向指针的指针

i 是 name[i] 的地址。由于 name[i] 的值是地址（即指针），因此 name + i 就是指向指针的指针。

可将例 6-13 中的 print( ) 函数改写为：

```
void print( char ** p, int n)
{
    for( int i = 0; i < n; i ++ )
    {
        cout << ** ( p + i) <<'\t';     //输出字符串的首字母
        cout << * ( p + i) << endl;     //输出字符串
    }
}
```

print( ) 函数中的形参 char ** p 与主调函数中的实参 * name[ ] 之间的关系如图 6-11 所示，
即将指针数组 name 的首地址传递给指向指针的指针变量 p(p = name)。p + i 表示指向指针数组
name 的第 i 个元素 name[i]，* (p + i) 代表数组元素 name[i]，它指向第 i 个字符串。

print( ) 函数改写后的程序运行结果：

C　　　　Computer
E　　　　English
M　　　　Mathematics
P　　　　Physics

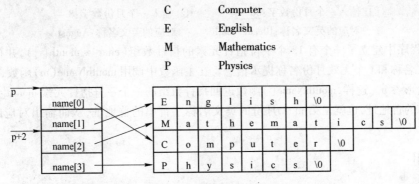

图 6-11　指向指针的指针 p 与指针数组 name

6.6　函数的返回值为指针

与函数有关的指针应用，最主要的是指针作函数参数。这方面内容已在本章前面各节中作
了详细的介绍。本节再介绍一个与函数有关的指针应用——建立返回值为指针的函数。

返回值为指针的函数，其一般形式是：

类型标识符　* 函数名（参数列表）

例如：

    int ＊ pf(int x,int y) ;

其中,pf 为函数名,它有两个整型参数,函数返回值类型为 int ＊,即函数的返回值是一个指向整型的指针。

【例6-14】将月份数字转换为相应的英文名称。

程序代码：

```
#include  < iostream >
using namespace std;
char ＊ monthName( int n) //返回值为指向字符类型的指针
{
        char ＊ month[13] = {"Illegal month","January","February","March",
                        "April","May","June","July","August",
                        "September","October","November","December"};
        return( n >= 1&&n <= 12)? month[ n]:month[0];
}
int main( )
{
        int m;
        cout << "输入一个月份数字:";
        cin >> m;
        cout << "对应的英文名称:" << monthName(m) << endl;        //函数调用
        return 0;
}
```

程序的两次运行结果：

　　　　① 输入一个月份数字:80 ↵　　　② 输入一个月份数字:8 ↵
　　　　　对应的英文名称:Illegal month　　　 对应的英文名称:August

说明:程序中建立了一个有 13 个字符指针元素的指针数组(char ＊ month[ ]),并存储了 12 个月份英文名称和 1 个无效月份名称提示信息。在主函数中调用 monthName(m) 函数,将实参 m 的值传递给形参 n。这样, monthName( )函数返回指针数组的一个字符指针元素 month[m], 即第 m 个字符串的首地址,也就是第 m 个月份的英文名称字符串的首地址,从而输出对应的月份英文名称。

6.7　引用

6.7.1　引用的概念

引用是给某个变量取的一个别名。建立引用的格式如下：

    类型标识符 & 引用名 = 变量名

例如：

    int a;
    int &aRef = a;

其中,aRef 是一个引用名,即 aRef 是变量 a 的别名。& 是引用说明符,它用在引用名之前,说明 aRef 是一个引用名。

引用不是变量,不占用内存空间。声明一个引用时,必须同时使之初始化,即声明它是哪一个变量的别名。一旦建立了一个引用,该引用就被绑定在给它初始化的那个变量上,并且它不能再作为其他变量的引用(别名)。

【例 6-15】引用和变量的关系。

程序代码:

```
#include < iostream >
using namespace std;
int main( )
{
        int a = 10,b = 20;
        int &aRef = a;           //给变量 a 建立一个引用(别名)
        cout << " a = " << a << " \t" << "aRef = " << aRef << endl;
        cout << " &a = " << &a << " \t" << "&aRef = " << &aRef << endl;
        aRef = b;               //把 b 的值赋给引用(即把 b 的值赋给变量 a)
        cout << " a = " << a << " \t" << "aRef = " << aRef << endl;
        cout << " &a = " << &a << " \t" << "&b = " << &b << " \t" << "&aRef = " << &aRef << endl;
        return 0;
}
```

程序运行结果:

```
          a = 10    aRef = 10
          &a = 0012FF7C    &aRef = 0012FF7C
          a = 20    aRef = 20
          &a = 0012FF7C    &b = 0012FF78    &aRef = 0012FF7C
```

说明:引用 aRef 是变量 a 的引用(别名)。一个引用不能再作为其他变量的引用,对引用重新赋值相当于对被引用目标的重新赋值。所以程序中给引用 aRef 重新赋值语句 aRef = b; 等价于语句 a = b;。

6.7.2　引用与指针的区别

(1) 指针是变量,引用不是变量。

引用不是变量,它本身没有地址值,它的地址值是它被绑定的变量的地址值。一旦引用被绑定,它不能再改变,即不能更新引用。而指针是变量,它有自己的地址值,它的存储单元中存放的还是一个地址值。而且该地址值是可以改变的,即改变指针的指向。

(2) 指针可以引用,引用可以传递,但不能定义引用的引用。例如:

```
int * p,a;
int * &pRef = p;          // pRef 是一个指针的引用
int & * p;                //错误,引用说明符 & 后必须紧跟的是引用名
int &aRef = a;            //aRef 是 a 的别名
int &bRef = aRef;         //引用传递:bRef 是 aRef 的别名,同样也是 a 的别名
int &bRef = &aRef;        //错误,不能定义引用的引用
```

（3）指针可作为数组元素，引用不能作为数组元素。

若指针作为数组元素，该数组称为指针数组。例如：

　　　　int ＊pa[10];

pa 是一个指针数组，该数组有 10 个元素，每个元素是一个指向 int 型变量的指针。而

　　　　int a[10];
　　　　int & aRef [10] = a;　　　//错误

因为数组名不是一个变量，而是一个地址常量值。引用只能是变量或对象的引用，不能是其他别的引用。

（4）可以有空指针，但不可以有空引用。

　　　　int ＊p = NULL;　　　　　　//p 是一个空指针
　　　　int & pRef = NULL;　　　　　//错误，毫无意义

6.7.3　引用作函数参数

引用作参数的函数调用称为"引用调用"，即引用作函数形参，实参用变量名。形参是实参的别名，它们其实就是同一个变量。引用作函数参数是引用最主要的应用。

【例 6-16】用引用作函数参数的交换函数。

程序代码：

```
#include < iostream >
using namespace std;
void myswap( int &x, int &y)      //引用作函数参数
{
    int t;
    t = x; x = y; y = t;
}
int main( )
{
    int a = 3, b = 7;
    cout << " Before swap: " << a << " , " << b << endl;
    myswap( a,b);
    cout << " After swap: " << a << " , " << b << endl;
    return 0;
}
```

程序运行结果：

　　　　　　　　　　　Before swap：3,7
　　　　　　　　　　　After swap：7,3

在本例中，myswap( )函数的形参 x、y 分别是实参 a、b 的别名。在调用 myswap( )函数时，对 x、y 的交换操作，也就是对 a、b 的交换操作，这实现了函数调用交换变量值的目的。

将本例与例 6-4、例 6-5 比较可以发现，在本例的引用调用中，函数调用方式与值传递方式相同，具有值传递方式的简单和直观；而功能上又与指针（地址）传递方式相当，它拥有二者的优势特点。

回到 6.1.3 小节,我们知道,指针作函数参数的"传地址调用"具有两个重要特点:一是传递效率高,只传递地址,不复制地址(指针)所指向的数据,避免了不必要的数据复制操作,使目标程序的执行效率更高;二是可以在被调函数中改变主调函数的多个数据(地址参数所指向的数据),相当于返回多个信息给主调函数。而"引用调用"具有"传地址调用"相同的特点,更进一步地,引用作函数参数,使程序的可读性更好、安全性更高。这是因为:(1)引用调用时的实参使用的是变量名,与一般传值调用相同,具有良好的直观性;而传地址调用时,实参是地址值,会使用户感到一些费解。(2)引用只是一个变量的别名,它没有指针变量的可变性和相应的指向所带来的风险。

由此可见,引用的概念虽然简单、朴素,但能够代替指针的某些应用,同时降低指针应用的风险,提高程序代码的可读性。而且引用还为不必要的数据对象的复制提供有效机制。在面向对象的程序中,引用的应用大有取代指针应用的趋势。但引用毕竟有其局限性,因为引用只能为变量或对象建立,而没有指针那样的广泛性和灵活性。

【例6-17】写一个函数:找出二维数组中的最大元素,并用以处理例5-2的问题。

分析:为了函数的通用性,函数的形参使用一维数组名,然后借助于一维数组来处理二维数组。二维数组与一维数组元素下标的对应关系是:$a[i][j] \leftrightarrow b[i*n+j]$,n 为二维数组的列数(参见例6-10)。

函数处理的对象是一个二维数组,因而函数的形参要有数组名、数组的行列数等三个信息参数。函数处理的结果是返回最大元素,最大元素应该包括值和行列位置等三个信息,而这不是 return 语句所能够返回的。为此可以使用指针或引用作函数参数来处理。这时,该函数的参数应该设置 5 个或 6 个。如果用 return 语句返回最大值,则应设置 5 个参数;如果不用 return 语句返回最大值,则应设置 6 个参数。

程序代码:

```cpp
#include < iostream >
#include < iomanip >
using namespace std;
int main( )
{
    int element_max( int arr[ ], int m, int n, int &r, int &c);        //函数声明
    int a[3][4] = {{5,12,23,56},{19,28,37,46},{ -12, -34,6,8}};
    int max, row = 0, column = 0;                               //可以不赋初值
    for( int i = 0; i < 3; i ++ )
    {
        for( int j = 0; j < 4; j ++ )
            cout << setw(5) << a[i][j];
        cout << endl;
    }
    max = element_max( a[0], 3, 4, row, column);
            //函数调用返回最大元素的值,并通过引用参数获取对应的行列坐标
    cout << " max value is " << max << endl;
    cout << " row is " << row << endl;
    cout << " column is " << column << endl;
    return 0;
}
```

```
int element_max( int arr[ ],int m,int n,int &r,int &c)              //r 代表行,c 代表列
{
        int i,j,max;
        max = arr[0],r = 0,c = 0;
        for( i = 0;i < m;i ++ )
          for( j = 0;j < n;j ++ )
            if( arr[ i * n + j ] > max)
              max = arr[ i * n + j ],r = i,c = j;
        return max;
}
```

程序运行结果:

$$
\begin{array}{cccc}
5 & 12 & 23 & 56 \\
19 & 28 & 37 & 46 \\
-12 & -34 & 6 & 8
\end{array}
$$

　　　　　　　　max value is 56

　　　　　　　　row is 0

　　　　　　　　column is 3

习 题 6

● 思考题

6-1　比较地址、指针和指针变量。

6-2　指针与数组、指针与字符串的关系如何?

6-3　什么是引用? 指针与引用有何区别?

6-4　指针和引用作函数参数具有哪些特点?

6-5　指针、引用作为函数的返回值与普通类型作为函数的返回值,三者有何区别?

● 选择题

6-1　执行完下列 3 条语句后,c 指向_____。

```
int a,b, * c = &a; int * p = c; p = &b;
```

A. p　　　　　　　　B. c　　　　　　　　C. b　　　　　　　　D. a

6-2　下列程序是要对两个整型变量的值进行交换。以下正确的说法是_____。

```
int myswap( int p,int q) { int t; t = p; p = q; q = t;}
int main( )
{
        int a = 10,b = 20;
        myswap(&a,&b);
        return 0;
}
```

A. 该程序完全正确

B. 该程序有错,只要将语句 myswap(&a,&b); 中的参数改为 a,b 即可

C. 该程序有错,只要将 myswap( )函数中的形参 p 和 q 以及 t 均定义为指针(执行语句不变)即可

D. 以上说法都不正确

6-3 若已定义 char s[10];,则在下面表达式中不表示 s[1]的地址的是＿＿＿＿。

    A. s+1   B. s++   C. &s[0]+1   D. &s[1]

6-4 若有定义 int a[4][6];,则能正确表示 a 数组中任一元素 a[i][j]地址的表达式是＿＿＿＿。

    A. &a[0][0]+6*i+j   B. &a[0][0]+4*j+i   C. &a[0][0]+4*i+j   D. &a[0][0]+6*j+i

6-5 若有以下定义和赋值语句:int s[2][3]={0},(*p)[3];p=s;,则对 s 数组的第 i 行第 j 列元素的不正确的引用为＿＿＿＿。

    A. *(*(p+i)+j)   B. *(p[i]+j)   C. *(p+i)+j   D. (*(p+i))[j]

6-6 定义 int a[4][5];,下列表示的数组元素中＿＿＿＿是错误的。

    A. *(a+1)   B. (*(a+1))[2]   C. **(a+2)   D. *(*(a+1)+2)

6-7 定义 int a[3][4],(*p)[4];,下列赋值表达式中＿＿＿＿是正确的。

    A. p=*a   B. p=a[1]   C. p=*a+2   D. p=a+2

6-8 定义 int b[3][4],*q[3];,下列赋值表达式中＿＿＿＿是正确的。

    A. q=b   B. q=*b   C. *q=b+1   D. *q=&b[1][2]

6-9 下面程序段中,for 循环的执行次数是＿＿＿＿。

    char *s="\ta\018bc"; for(; *s!='\0'; s++) cout<<"*";

    A. 9   B. 5   C. 6   D. 7

6-10 以下字符串赋初值的方式不正确的是＿＿＿＿。

    A. char *str="string";   B. char *str; str="string";

    C. char str[]={'s','t','r','i','n','g'};   D. char str[7]={'s','t','r','i','n','g'};

6-11 下列对变量的引用中,错误的是＿＿＿＿。

    A. int a; int & p=a;   B. char a; char & p=a;

    C. int a; int & p; p=a;   D. float a; float & p=a;

6-12 下面对引用的描述中＿＿＿＿是错误的。

    A. 引用是某个变量或对象的别名

    B. 建立引用时,要对它初始化

    C. 指针和引用在创建时都必须进行初始化

    D. 引用不是变量,它本身没有地址值

6-13 关于引用作为函数形参的描述中＿＿＿＿是错误的。

    A. 引用作为形参时,实参与一般传值调用时使用实参变量一样

    B. 引用作为形参时,参数传递时不复制副本

    C. 引用作为形参时,可以在被调用函数中改变主调函数的实参值

    D. 引用作为形参时,该函数不得再使用返回语句

● 填空题

6-1 若有以下定义和语句:int a[4]={0,1,2,3}, *p; p=&a[1];,则++(*p)的值是＿＿＿＿。

6-2 若有以下定义和语句:int a[4]={0,1,2,3}, *p; p=&a[2];,则*--p的值是＿＿＿＿。

6-3 若有定义:int a[2][3]={2,4,6,8,10,12};,则*(&a[0][0]+2*2+1)的值是＿＿＿＿,*(a[1]+2)的值是＿＿＿＿。

6-4 若有以下定义和语句:int s[2][3]={0},(*p)[3];p=s;,则 p+1 表示＿＿＿＿。

6-5 下面程序段完成的功能是＿＿＿＿。

    char a[]="12345", *p;

    int s=0;

```
for( p = a; * p! = '\0'; p ++ ) s = 10 * s + * p - '0';
cout << s << endl;
```

6-6　以下程序段的功能是_____。

```
char * str[ ] = { "ENGLISH" ,"MATH" ,"MUSIC" ,"PHYSICS" ,"CHEMISTRY" } ;
char * * q; int num;
q = str;
for( num = 0; num < 5; num ++ ) cout << * ( q ++ ) << endl;
```

6-7　设 a 数组中的数据已按由小到大的顺序存放,以下程序可把 a 数组中相同的数据删得只剩一个。请填空。

```
int delmore( int a[ ] , int m)            //m 为有序数组 a 的长度
{
    int i,j,n;
    n = i = m - 1;
    while( i > 0)
    {
        if( * ( a + i) == * ( a + i - 1))
        {
            for( j = _____; j <= n; j ++ )
                * ( a + j - 1) = * ( _____);
            n -- ;
        }
        i -- ;
    }
    return n + 1;             //返回无重复数据的新的有序数组 a 的长度
}
```

6-8　以下程序的功能是找出二维数组 a 中每行的最大值,并按一一对应的顺序放入一维数组 s 中,即第 0 行中的最大值,放入 s[0]中;第 1 行中的最大值,放入 s[1]中;…。请填空。

```
#define M 6
void max_e( int a[ M][ M] ,int s[ M] )        //M 为二维数组 a 的行数
{
    int i,j;
    for( i = 0; i < M; i ++ )
    {
        * ( s + i) = * ( _____ ) ;
        for( j = 1; j < M; j ++ )
        if( * ( s + i) _____ * ( * ( a + i) + j))
            * ( s + i) = * ( _____ );
    }
}
```

6-9　运行以下程序,从键盘依次输入 book < Enter > 和 book. < Enter > 后,该程序段的运行结果是_____。

```
char a1[80],a2[80], * s1 = a1, * s2 = a2;
cin >> a1 >> s2;
if( ! strcmp(s1,s2)) cout << " * ";
else   cout << "#";
cout << strlen(strcat(s1,s2));
```

6-10 下面程序的功能是将两个字符串连接起来。请填空。

```
char * conj(char * p1,char * p2)
{
    char * p = p1;
    while( * p1)_____;
    while ( * p2) { * p1 = _____; p1 ++ ; p2 ++ ;}
    * p1 = '\0';
    _____;
}
```

6-11 下列程序的输出结果是_____。

```
#include  < iostream >
using namespace std;
int main( )
{
    int n;
    int fun( char * s1,char * s2);
    char * p1, * p2;
    p1 = "abcxyz";
    p2 = "abcwdj";
    n = fun(p1,p2);
    cout << n << endl;
    return 0;
}
int fun( char * s1,char * s2)
{
    while( * s1&& * s2&& * s2 ++ == * s1 ++ );
    return * ( -- s1) - * ( -- s2);
}
```

● 编程题

注:以下题目要求用指针或引用的方法处理。

6-1 将一个矩形方阵进行转置(行列置换)。

6-2 求一个矩阵所有靠外侧的元素值之和。

6-3 用优化的起泡排序法对二维整型数组排序。

6-4 将某一指定字符从一个已知的字符串中删除。

6-5 将一个字符串按逆序存放,如字符串为"abcd",其结果为"dcba"。

6-6 在主函数中输入一个字符串 str1,调用函数 strPartCopy 将 str1 中的下标为奇数的字符取出并构成一个

新的字符串放入字符串 str2 中,在主函数中输出结果字符串 str2。要求 strPartCopy 用两种方法实现:

(1) void strPartCopy(char * ,char *)

(2) char * strPartCopy(char *)

6-7 在主函数中用随机函数产生一个 4×5 的二维数组,调用函数求出该二维数组的鞍点,并通过行列下标变量指针返回鞍点的行列下标值。所谓鞍点是指二维数组中的某个元素,该元素在它所在的行中最大,在它所在的列中最小。要求被调函数参数有 3 个,分别是二维数组名、鞍点的行下标变量的指针、鞍点的列下标变量的指针。

6-8 将第 7 题被调函数参数改为二维数组名、鞍点的行下标变量的引用、鞍点的列下标变量的引用后,再完成相同的功能。

6-9 编写一个函数 palin 用来检查一个字符串是否是正向拼写与反向拼写都一样的"回文"(palindromia),如"MADAM"就是一个回文。若放宽要求,即忽略大小写字母的区别、忽略空格及标点符号等,则像"Madam,I'm Adam"之类的短语也可视为回文。编程要求:(1)在主函数中输入字符串;(2)将字符串首指针作为函数参数传递到函数 palin 中。当字符串是回文时,要求函数 palin 返回"真"值。

(提示:在函数 palin( )中,定义两个指针变量,分别指向字符串首部及尾部,判断它们指向的字符相等后,头指针 head 向后移动一个字符位置,尾指针 tail 向前移动一个字符位置,遇空格或标点符号等则跳过。直到能判断出结果。)

第7章 构造数据类型

C++除了提供基本数据类型外,还允许用户根据实际需要将已有的数据类型有机组合成新的数据类型,我们称这种组合的数据类型为构造数据类型或自定义数据类型。各种程序设计语言一般都提供了用户自己构造数据类型的机制,该机制为程序员描述应用领域中复杂的数据对象提供了有力的技术保障。第5章介绍的数组就是一种构造类型。在本章中将介绍另外三种构造类型,结构、共用和枚举,并就如何通过结构类型与动态内存分配机制来构造链表、如何给一个已有类型取一个别名等有关内容进行介绍和说明。

7.1 结构类型

我们先看一个例子,表7-1是一个应用问题中要求组织和处理的学生基本情况表。在这里,每一行数据对象是一个学生的基本信息的集合,包含学生的学号、姓名、性别和入学总分等属性,它们从不同的角度刻画了一个学生的状态或者特征。一般来说,它们的数据类型不会完全相同,因此不能简单地用二维数组来组织和描述,因为数组是相同类型数据的集合。

表7-1 学生基本情况表

学 号	姓 名	性 别	出 生 日 期	入 学 总 分
10906101	蔡文辉	男	1991 − 5 − 29	567
10906102	陈群弟	女	1991 − 3 − 10	584
10906103	陈小曼	女	1991 − 8 − 20	570
10906104	邓昌华	男	1990 − 12 − 1	591
10906105	方伟文	男	1991 − 9 − 23	568

如果要用数组来组织和描述上述数据对象,可以做如下考虑(先忽略"出生日期"项):

```
#define MAX 1024          //假设学生总数不超过1024
int number[MAX];          //用于存储学号
char name[MAX][10];       //用于存储姓名
char sex[MAX];            //用于存储性别,其中m代表男,f代表女
int score[MAX];           //用于存储入学总分
```

于是,第i个学生的学号、姓名、性别和入学总分分别是number[i]、name[i]、sex[i]和score[i]。

虽然这种组织方式是可行的,但是它违背了数据内聚性原则。也就是说,描述同一对象的不同特征的量之间缺乏凝聚性,在描述上它们是相互独立的,没有利用某种机制使得它们成为一个整体而存在。这就给程序的可靠性造成了极大的隐患。

在C++语言中,解决这个问题有两种途径。一种是构造一个结构类型,这是本节要介绍的;另一种是类(class)机制,我们将在后续章节中讨论。

7.1.1 结构类型的声明与结构变量的定义

结构类型声明的语法是:

```
struct 结构类型名
{
    数据类型名 1 成员名表 1;
    数据类型名 2 成员名表 2;
    ……
    数据类型名 n 成员名表 n;
};
```

例如,对于表 7-1 来说,我们可以用一个结构类型来描述(先忽略"出生日期"项):

```
struct student_type
{
    int number;              //学号
    char * name;             //姓名
    char sex;                //性别:m 代表男,f 代表女
    int score;               //入学总分
};
```

这样,我们就声明了一个名为 student_type 的结构数据类型,然后就可以像基本数据类型定义变量一样,定义这种结构类型的变量。例如:

```
int i;                       //定义一个 int 型的变量 i
student_type stu;            //定义一个 student_type 类型(结构类型)的变量 stu
```

利用 student_type 这个结构数据类型,表 7-1 就可以用下面的方法加以定义:

```
student_type stu_table[MAX];
```

这里,stu_table 是一个结构类型的数组。数组中的每个元素是同一个结构类型的数据,而每个结构类型的元素则是不同类型数据作为成员组成的一个集合体,包括了 number、name、sex 和 score 等数据成员。这样,该数组的一个元素就是一个具有内聚性的独立的结构类型数据,它描述了某个学生的基本数据信息。通过定义这样一个结构类型的数组,就可以有效地组织和描述表 7-1 中的数据。

从上述例子我们可以看到,定义结构变量的一般形式是:

结构类型名 结构变量名表;

C++ 还保留了 C 语言定义结构变量的形式:

struct 结构类型名 结构变量名表;

说明:

(1) 一个结构类型是由若干个数据成员组成的,每个成员都有自己的类型和名字。相应地,定义一个结构变量,系统将分配一块连续的内存空间,各个成员在这块空间中依次顺序存储。一个结构变量占用内存空间的字节数是它的所有成员各自所需的内存字节数的总和。

(2) 注意结构与数组的区别:1)结构类型声明中的各个成员,其数据类型可以不同,也就是说结构变量包含的每个成员的数据类型可以不一致;但数组的每个元素的数据类型则是相同的。2)结构变量名代表的就是一个变量,数组名则是一个地址。

(3) 结构类型声明中,注意花括号外面的分号不能少,因为它是一个类型声明语句。

（4）可以在声明结构类型的同时定义结构变量。例如：

```
struct date_type
{
    unsigned short year;
    unsigned short month;
    unsigned short day;
} d1,d2, * pd;
```

这里声明了一个用来描述日期类型的名为 date_type 的结构类型，同时定义了两个 date_type 结构变量 d1、d2，以及一个指向 date_type 结构类型变量的指针变量 pd。

（5）结构类型中的一个成员又可以是一个结构类型变量或其他构造类型变量。

例如，我们可以使用 date_type 结构类型变量，把表 7-1 中"出生日期"数据项包含在 student_type 结构类型声明中：

```
struct student_type
{
    int number;              //学号
    char * name;             //姓名
    char sex;                //性别:m 代表男,f 代表女
    date_type birthday;      //出生日期
    int score;               //入学总分
};
```

（6）可以声明无名结构类型并直接定义结构变量。

例如，可以将上面 date_type 结构类型的声明，去掉 date_type 变成无名结构类型声明，并把该结构类型声明直接合并到 student_type 结构类型声明中：

```
struct student_type
{
    int number;              //学号
    char * name;             //姓名
    char sex;                //性别:m 代表男,f 代表女
    struct
    {
        unsigned short year;
        unsigned short month;
        unsigned short day;
    } birthday;              //出生日期
    int score;               //入学总分
};
```

7.1.2　结构变量的初始化

与初始化数组的方式一样，可以通过一对花括号{ }在定义结构变量的同时对结构变量进行初始化。例如：

　　　　　　date_type d = {2009,11,18};

　　或：

　　　　　　struct date_type d = {2009,11,18};　　　// C++ 保留的 C 语言的语法格式

这里定义了一个表示日期的结构变量 d,并且给结构变量 d 的各个成员指定了初始值。

　　又如：

　　　　　　student_type stu = {10905108,"Zhang",'m',1991,5,29,600};

以上用 student_type 结构类型定义了一个结构变量 stu,并且给 stu 的各个成员指定了初始值。

　　　　　　student_type stu_table[ ] = {

　　　　　　　　　　　　　　　　　{10906101,"蔡文辉",'m',1991,5,29,567},

　　　　　　　　　　　　　　　　　{10906102,"陈群弟",'f',1991,3,10,584},

　　　　　　　　　　　　　　　　　{10906103,"陈小曼",'f',1991,8,20,570},

　　　　　　　　　　　　　　　　　{10906104,"邓昌华",'m',1990,12,1,591},

　　　　　　　　　　　　　　　　　{10906105,"方伟文",'m',1991,9,23,568}

　　　　　　　　　　　　　　};

以上定义了一个包含有 5 个学生基本信息的结构数组 stu_table,而且每个数组元素的类型都是结构类型 struct student_type,同时给每个数组元素的各个成员都赋予了初始值。

7.1.3　结构变量的引用

　　对结构变量的引用是通过对该变量的各个成员的引用实现的。下面结合前面已经声明和定义的 student_type 结构类型变量 stu,具体介绍结构变量的引用。

　　(1) 可以通过成员运算符"."对结构变量的各个成员进行引用,其一般形式为：

　　　　　　结构变量名 . 成员变量名

　　例如：

　　　　　　stu. score = 580;　　　//把 580 赋给 stu 的 score 成员

　　(2) 若定义了指向结构变量的指针,还可以用更直观的指向运算符" -> "访问结构变量的各个成员。例如,若 p 为指向结构变量的指针,那么访问 p 所指向的结构变量的成员,以下三种形式等价：

　　　　　　结构变量名 . 成员名

　　　　　　(* p). 成员名　　　//其中的括号不能少

　　　　　　p -> 成员名

　　例如：

　　　　　　student_type * p = &stu;　　　//定义结构类型指针变量 p,并使其指向 stu

　　　　　　stu. score = 580;　　　　　　//把 580 赋给 stu 的 score 成员

　　　　　　(* p). score = 580;　　　　　//与上一语句等价

　　　　　　p -> score = 580;　　　　　　//与上一语句等价

　　(3) 若结构变量的某个成员又是一个结构变量,则引用时需要多个成员运算符"."一级一级地找到最低一级的成员。例如：

　　　　　　stu. birthday. year = 1992;

以上语句,是把 1992 赋给 stu 的 birthday 的 year 成员,即把 stu 变量中出生日期的年份值改为 1992。

（4）可将一个结构变量作为一个整体,赋值给另一个具有相同类型的结构变量。

例如:

```
student_type stu = {10905108,"Zhang",'m',1991,5,29,600};
student_type stu1;
stu1 = stu;        //将 stu 整体赋值给 stu1
```

【例7-1】建立一个结构类型来处理表 7-1 的数据。

程序代码:

```cpp
#include <iostream>
using namespace std;
struct date_type
{
    unsigned short year;
    unsigned short month;
    unsigned short day;
};
struct student_type
{
    int number;              //学号
    char * name;             //姓名
    char sex;                //性别:m 代表男,f 代表女
    date_type birthday;      //出生日期
    int score;               //入学总分
};
int main()
{
    student_type stu = {10905108,"Zhang",'m',1991,5,29,600};
    student_type stu1 = stu;
    stu1. number = 10905108;
    stu1. name = "Wang";
    stu1. sex ='f';
    cout << stu. number <<' '<< stu. name <<' '<< stu. sex <<' '
        << stu. birthday. year <<'/'<< stu. birthday. month << '/'
        << stu. birthday. day <<' '<< stu. score << endl;
    cout << stu1. number <<' '<< stu1. name <<' '<< stu1. sex <<' '
        << stu1. birthday. year <<'/'<< stu1. birthday. month << '/'
        << stu1. birthday. day <<' '<< stu1. score << endl;
    cout << endl;
    student_type stu_table[ ] = {
                        {10906101,"蔡文辉",'m',1991,5,29,567},
                        {10906102,"陈群弟",'f',1991,3,10,584},
```

```
                              {10906103,"陈小曼",'f',1991,8,20,570},
                              {10906104,"邓昌华",'m',1990,12,1,591},
                              {10906105,"方伟文",'m',1991,9,23,568}
                                          };
        for(int i = 0;i < 5;i ++ )
            cout << stu_table[i]. number <<' '<< stu_table[i]. name <<' '
                << stu_table[i]. sex <<' '<< stu_table[i]. birthday. year <<'/'
                << stu_table[i]. birthday. month <<'/' << stu_table[i]. birthday. day
                <<' '<< stu_table[i]. score << endl;
        return 0;
    }
```

程序运行结果：

```
                10905108 Zhang m 1991/5/29 600
                10905108 Wang f 1991/5/29 600

                10906101 蔡文辉 m 1991/5/29 567
                10906102 陈群弟 f 1991/3/10 584
                10906103 陈小曼 f 1991/8/20 570
                10906104 邓昌华 m 1990/12/1 591
                10906105 方伟文 m 1991/9/23 568
```

7.2　共用类型

　　在实际应用领域中,有时会出现这样的数据对象,它的取值是非此即彼的。例如,表 7-2 中包含了教师和学生的数据信息。从中可以看出,表格最右边一列的数据,对于学生和教师而言就是非此即彼的性质不同的数据。这些数据的类型可以是彼此不同的,所需的存储空间大小也不一样,但是需要将它们存储在起始地址相同的一块存储空间中。C ++ 语言通过保留字 union 为程序员提供了描述这种数据对象的机制,这就是共用类型。

表 7-2　学校人员情况表

number	name	sex	job	grade（年级） position（职务）	
1023	Zhang	m	s（学生）	3	
2018	Wang	f	t（教师）	prof	

　　所谓共用类型是指将不同的数据项存放于同一段内存单元的一种构造数据类型。共用类型声明的语法格式是：

　　union 共用类型名
　　{
　　　　数据类型名 1 成员名表 1;
　　　　数据类型名 2 成员名表 2;
　　　　......
　　　　数据类型名 n 成员名表 n;
　　};

例如,对于表 7-2 最右边一列的数据,我们可以用一个共用类型来描述:

```
union
{
        int grade;              //年级
        char * position;        //职务
};
```

共用变量的定义和引用方式与结构变量类似,但要注意二者的概念是不同的。具体来说:

(1) 在共用类型变量中,各个成员所占用的内存空间都是从同一地址开始的,共用变量所占的内存长度等于其成员中最长的成员的长度;而结构变量所占的内存长度等于各个成员的长度之和。

(2) 一个共用变量在任一时刻只有一个成员处于活动状态。因此,在任一时刻,只能以其中的一个成员的身份来存放或引用数据。

(3) 不能对共用变量进行初始化。

【例 7-2】建立一个包含共用类型的结构类型来处理表 7-2 的数据。

程序代码:

```
#include < iostream >
#include < iomanip >
using namespace std;
struct Person                   //声明结构类型
{
        int number;             //编号
        char * name;            //姓名
        char sex;               //性别:m 代表男,f 代表女
        char job;               //职业
        union
        {
                int grade;              //年级
                char * position;        //职务
        } category;             //共用变量
};
int main( )
{
        Person person[2] = { {1023,"Zhang",'m','s'}, {2018,"Wang",'f','t'} };
        person[0]. category. grade = 3;         //以 grade 成员引用 category 共用变量
        person[1]. category. position = "pro" ; //以 position 成员引用 category 共用变量
        cout << " No.  Name sex job grade/position" << endl;
        for( int i = 0;i < 2;i ++ )
        {
                if( person[i]. job == 's')
                        cout << person[i]. number << setw(6) << person[i]. name
                                << setw(4) << person[i]. sex << setw(4) << person[i]. job
                                << setw(8) << person[i]. category. grade << endl;
```

```
                    else
                        cout << person[i]. number << setw(6) << person[i]. name
                            << setw(4) << person[i]. sex << setw(4) << person[i]. job
                            << setw(8) << person[i]. category. position << endl;
                }
                return 0;
            }
```

程序运行结果：

```
No.     Name    sex    job    grade/position
1023    Zhang   m      s      3
2018    Wang    f      t      pro
```

7.3　枚举类型

现实中常常遇到这样一些情形：一场比赛的结果只有胜、负、平局、比赛取消 4 种情况；一个袋子里只有红、黄、蓝、白、黑 5 种颜色的球；一个星期只有星期一、星期二、…、星期日 7 天。上述这些数据只有有限的几种可能值，虽然可以用 int、char 等类型来表示它们，但是对数据的合法性检查却是一件很麻烦的事情。例如，如果用变量 today 来表示今天是星期几的数据，可以把 today 定义为 int 型变量。today 的取值是 0~6，但数据类型 int 所规定的取值范围远远超过了这 7 个数。对 today 而言，在 0~6 以外的数都是不合法数据。那么如何从数据结构本身来保障 today 数据的合法性呢？C++语言提供的枚举类型的定义机制正是解决这类问题的一种有效选择。

所谓"枚举"是指将需要的变量值一一列举出来，组成一个常量集合，并且给集合中的每个常量取一个易于识别的名字。枚举类型变量的值只能取自这个常量集合。这样利用枚举类型，就解决了某类数据有限取值的合法性问题，而且还有利于提高程序的可读性。

枚举类型声明的语法是：

```
        enum 枚举类型名
        {
            枚举常量 1,枚举常量 2,…,枚举常量 n
        };
```

例如，为了描述一周之内的某一天，我们可以声明一个枚举类型 weekday：

```
        enum weekday { sun,mon,tue,wed,thu,fri,sat };
```

其中，weekday 是一个枚举类型的类型名，花括号中 sun，mon，…，sat 等称为枚举元素或枚举常量，表示这个类型的变量的值只能是这 7 个值之一。枚举元素属于用户在声明枚举类型时定义的常量标识符。

在声明了枚举类型之后，就可以用它来定义变量了。如

```
        weekday workday,week_end,today,tomorrow;
```

这样，workday、week_end、today 和 tomorrow 就被定义为 weekday 枚举型的 4 个变量。

说明：

（1）枚举元素是属于用户自己定义的常量标识符，故又称为枚举常量。作为常量，枚举元素是有确定值的，系统按定义时的顺序对它们赋值为 0,1,2,3,……。例如上面声明的 weekday 枚

举类型中,sun 的值为 0,mon 的值为 1,……,sat 的值为 6。也可以在声明枚举类型时另行指定枚举元素的值,例如:

> enum weekday {sun = 7,mon = 1,tue,wed,thu,fri,sat};

这时,sun 的值被指定为 7,mon 的值被指定为 1,后面元素则依次自动加 1,……,sat 的值为 6。

由此可见,每个枚举常量的取值规律是:第一个枚举常量的值默认是 0;如果指定了某个枚举常量的值是 i,则它后面的那个枚举常量的值就是 i + 1,依此类推,它是一组整数序号。

(2) 枚举元素是一个常量,不是变量,因此不能对它们赋值。例如:

> sun = 0; mon = 1;   //错误,不能对枚举常量赋值

(3) 枚举型变量的值只能是某个枚举元素,虽然它本质上是一个整数值,但不能把一个整数直接赋给一个枚举变量,而只能把一个枚举常量(枚举元素)赋给一个枚举变量。这正好体现了枚举类型的意义,即只能在规定的有限数据项中取值,而且有利于提高程序的可读性。

例如:

> weekday today,tomorrow;   //定义两个枚举型变量
> today = 5;   //不合法
> today = fri;   //合法,today 的值等于 5
> cout << today;   //输出整数 5

(4) 枚举值可以进行关系运算。例如:

> if(today == fri) tomorrow = sat;

或:

> if(today ==5) tomorrow = sat;   //与上一语句等价

(5) 枚举元素的具体含义是由用户决定的,例如可以代表一个星期的某一天,也可以代表若干颜色小球中某种颜色的小球。虽然枚举元素实际上是一组数字,但是使用具有明确语义的标识符的程序,比使用毫无意义的数字的程序要清楚明白得多,而且有利于日后的修改和维护。

【例 7-3】口袋中有红、黄、蓝、白、黑 5 种颜色的球各一个。若每次从口袋中任意取出 3 个球,则得到 3 种不同颜色的球的可能取法有哪些?

分析:球的颜色只有 5 种,每一个球的颜色只能是这 5 种之一,为此可以声明一个只有 5 个常量的名为 color 的枚举类型。设某一次取出的球的颜色为 i、j 和 k,显然,i、j 和 k 只能是以上 5 种颜色之一,且三者互不相同。这时可以使用穷举法,找出取 3 种不同颜色的球的所有可能的取法。

程序代码:

```
#include  < iostream >
#include  < iomanip >
using namespace std;
int main( )
{
        enum color{red,yellow,blue,white,black};        //声明枚举类型 color
        color ball;                                      //定义 color 类型的变量 ball
        int i,j,k,n =0,loop;                             //n 用于累计不同颜色球的组合数
```

```
        for(i = red;i <= black;i ++ )
            for(j = red;j <= black;j ++ )
                if( i! = j)                            //若前两个球的颜色不同
                {
                        for(k = red;k <= black;k ++ )
                        if( (k! = i) && (k! = j))
                        {
                                n = n + 1;
                                cout << setw(3) << n;            //输出当前不同颜色球的组合数
                                for( loop = 1;loop <= 3;loop ++ )//先后对 3 个颜色的球作(输出)处理
                                {
                                        switch( loop)
                                        {
                                                case 1：ball = color( i);break;
                                                            //color(i)是强制类型转换,使 ball 的值为 i
                                                case 2：ball = color( j);break;         //使 ball 的值为 j
                                                case 3：ball = color( k);break;         //使 ball 的值为 k
                                                default:break;
                                        }
                                        switch( ball)                        //判断 ball 的值,输出相应的"颜色"
                                        {
                                                case red：        cout << setw(8) << "red"; break;
                                                case yellow：     cout << setw(8) << "yellow"; break;
                                                case blue：       cout << setw(8) << "blue"; break;
                                                case white：      cout << setw(8) << "white"; break;
                                                case black：      cout << setw(8) << "black"; break;
                                                default ：        break;
                                        }
                                }
                                cout << endl;
                        }
                }
        return 0;
    }
```

程序运行结果:

```
        1    red    yellow      blue
        2    red    yellow      white
        3    red    yellow      black
        ……………………………………
        59   black    white    yellow
        60   black    white    blue
```

回顾我们在 7.1 节声明的结构类型 student_type,其中成员 sex 是能够存储代表性别的一个 char 字符变量,而实际情况是 sex 用 0 和 1 两个状态就可以完整地描述。因此,可以利用枚举类

型机制,给出 student_type 的另一种描述:

```
struct student_type
{
        int number;           //学号
        char * name;          //姓名
        enum {f,m} sex;       //性别:f(整数0)代表女,m(整数1)代表男
        date_type birthday;   //出生日期
        int score;            //入学总分
};
```

　　其中,我们用无名枚举类型 enum {f,m} 定义了成员 sex。这样 sex 只能取 0、1 两个整数值之一,避免了 sex 取值的随意性。

7.4　动态内存分配

　　在 4.5.2 小节中,我们已经对内存的动态存储分配有了一定的认识。我们知道,一个非 static 修饰的局部变量所需要的内存空间,是在程序运行期间由系统动态地分配和释放的,并且这些操作由系统自动完成。

　　在第 5 章中,我们又知道,C++ 不允许对数组的大小作动态定义。如果试图这样做:

```
int n;
cin >> n;
int arr[n];
```

这是不可以的。因为 C++ 编译时必须确定数组空间的大小,但 C++ 又不允许在程序运行期间按这种方式临时向系统申请分配数组空间的大小。在很多情况下,在程序运行之前,我们并不能确切地知道数组中会有多少个元素。如果数组声明得很大,有时可能只使用了很少的元素,这样就造成了很大的浪费;如果数组声明得比较小,又可能影响对大量数据的处理。

　　在 C++ 中,动态内存分配技术可以保证程序在运行过程中按照实际需要申请适量的内存。其中一个供用户主动申请内存的重要方法是,通过使用指针和 new 与 delete 运算符,在程序运行期间主动向系统申请分配适量的存储空间,并在使用结束后主动要求释放所获取的空间。这样,类似于以上动态大小的数组空间问题就可以有效地得到解决。

　　下面介绍 new 与 delete 运算符的具体用法。

7.4.1　new 运算符

new 运算符用于动态申请内存空间,它的常用格式有四种:

格式一:

　　　　指针变量 = new 类型名;

意义:申请一个"类型名"指明的类型变量的空间,返回该空间的起始地址,并赋给指针变量。例如:

```
int * p;
p = new int;      //申请一个 int 型存储空间,并使 p 指向该空间
```

格式二:

指针变量 = new 类型名(初值);

意义:申请一个"类型名"指明的类型变量的空间,以"初值"初始化该空间,返回该空间的起始地址,并赋给指针变量。例如:

```
int  * p,i;
p = new int(8);        //该空间的初值为 8
i = * p;               //i 的值亦为 8
```

格式三:

指针变量 = new 类型名[表达式];

意义:申请由"类型名"所指明的类型、由"表达式"所表示的个数的变量的空间,返回该空间的起始地址,并赋给指针变量。它相当于分配了一个一维数组空间。例如:

```
int  * p,n = 10;
p = new int[n];        //申请了 n 个 int 型存储空间,相当于 n 个元素的一维数组
```

这样,可以按 p[i] 或 * (p + i) 的方式访问这组 int 型存储空间。

格式四:

指针变量 = new 类型名[表达式 1][表达式 2];

意义:申请由"类型名"所指明的类型、由"表达式 1 * 表达式 2"所表示的个数的变量的空间,返回该空间的起始地址(行指针),并赋给指针变量。它相当于分配了一个二维数组空间。例如:

```
int ( * p)[4];
p = new int[3][4];        //申请了二维数组空间,返回行指针
```

这样,可以按 p[i][j] 或 * (* (p + i) + j) 的方式访问这组 int 型存储空间。

7.4.2 delete 运算符

delete 运算符用于释放由 new 申请的内存空间,它的常用格式有两种:

格式一:

delete 指针变量;

意义:释放一个基本类型变量的空间。

格式二:

delete [N] 指针变量;

意义:释放一个指针指向的数组空间,该数组有 N 个元素。其中的 N 可以省略。

使用动态内存分配时要注意以下几点:

(1) 用于 new 申请的空间是一个有限的内存空间,因此使用 new 运算符动态申请内存空间,并不是每次都能成功。若申请分配成功,则所分配的存储块的首地址存入指针变量,否则置指针变量为空指针,即置为 0(NULL)值。

(2) 要确认 new 申请的空间分配成功后才能使用该内存空间。

(3) 申请的内存空间分配成功后不宜变动指针变量的值,否则在释放这片存储空间时会引起系统内存管理混乱。

（4）用 new 申请分配成功的内存空间不会自动释放，而必须通过 delete 释放，同时要注意与 new 申请的格式相匹配。

【例7-4】 使用动态数组空间。

程序代码：

```
#include < iostream >
using namespace std;
int main( )
{
    int n, * p;
    cout << "Input n（size of array）: ";
    cin >> n;
    p = new int[ n ];               //申请数组空间
    if( p ==0)                      //如果 p 为空指针
    {
        cout << "动态分配失败，系统退出" << endl;
        exit(3);                    //系统退出，返回错误代码3
    }
    cout << "Input element of array: ";
    for( int i =0; i < n; i ++ )     //使用数组空间
        cin >> p[ i ];              //或 cin >> * ( p + i );
    for( i =0; i < n; i ++ )
        cout << p[ i ] <<' ';       //或 cout << * ( p + i );
    cout << endl;
    delete[ ] p;                    //释放数组空间
    return 0;
}
```

7.5　链表

7.5.1　链表的概念

链表是一种常见的重要的数据结构，它是一种动态的组织和存储数据的方法。在这里，我们把链表作为结构类型与动态内存分配的一个综合应用实例来介绍。

图7-1表示了一种最简单的单向链表的结构。其中，链表有一个"头指针"变量，图中以 head 表示，它指向链表的起始位置。该位置被称为链表的"首结点"或"头结点"，它存放一个指向下一个结点的指针（地址）。除了头结点外，链表中的每一个结点由两个部分组成，一是数据域，它存储了结点本身的信息，是用户需要用到的实际数据，如图7-1中的 A、B、C、D 块；二是指针域，它是一个指向后继结点的指针（地址）。链表的最后一个结点被称为"尾结点"，它的指针域被置为"NULL（空）"，是链表结束的标志。

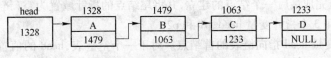

图7-1　单向链表结构示意图

可以看出,链表中各个结点在内存中的存储单元可以是不连续的。通过每个结点中的指针域,可以把存储位置不连续的一组数据组成一个有机的整体,并可以动态地组织和管理这组数据。

显然,用结构类型的变量作链表中的结点非常合适,因为一个结构变量可以包含各种类型的成员。而用作链表结点的结构变量,它必须有一个指针类型的成员,这个指针类型的成员用于指向后继结点——指向与自己类型相同的结构类型的数据。

例如,可以声明这样一个组织和管理学生成绩数据的结构类型:

```
struct Student
{
    int num;
    float score;
    Student * next;      //next 指向 Student 结构变量
};
```

其中,成员 num 和 score 是用户需要用到的数据,相当于图 7-1 结点中的 A、B、C、D 块;next 是指针类型的成员,它指向 Student 类型数据(即 next 所在的结构类型)。用这样的结构类型就可以建立组织和管理学生成绩数据的链表了。

7.5.2　链表的基本操作

链表的基本操作主要有如下几个方面:

(1)创建链表　从无到有地建立起一个链表,即往空链表中依次插入若干结点,输入各结点的数据,并建立起结点之间前后相互链接的关系。在链表中,某个结点的前一个结点称为该结点的前驱,它的后一个结点称为该结点的后继。

(2)检索操作　按给定的结点索引号或检索条件,查找某结点。

(3)插入操作　在结点 k_{i-1} 与 k_i 之间插入一个新的结点 k′,使链表的长度增 1,且 k_{i-1} 与 k_i 的逻辑关系发生如下变化:插入前,k_{i-1} 是 k_i 的前驱,k_i 是 k_{i-1} 的后继;插入后,新插入的结点 k′成为 k_{i-1} 的后继、k_i 的前驱。

(4)删除操作　删除结点 k_i,使链表的长度减 1,且 k_{i-1}、k_i 和 k_{i+1} 之间的逻辑关系发生如下变化:删除前,k_i 是 k_{i+1} 的前驱、k_{i-1} 的后继;删除后,k_{i-1} 成为 k_{i+1} 的前驱,k_{i+1} 成为 k_{i-1} 的后继。

链表这种数据结构的一个重要特点是,结合动态内存分配机制,一个链表的所有结点都可以在程序执行过程中临时开辟,并能动态地调整和删除(释放其占用的存储空间),即可以结合动态内存分配机制实现动态链表的相关操作。

下面给出了一个链表的创建与检索的示例。

【例 7-5】建立一个学生成绩数据的单向动态链表,并输出链表的数据信息。

分别编写一个创建单向动态链表的函数 create()和链表数据信息的输出函数 print()。

(1)建立 create()函数的基本思路如下:

首先向系统申请一个结点的空间,输入结点数据域的数据,然后不断地将新结点连接(插入)到链表尾,直至完成最后一个结点的建立,并将尾结点的指针域置为空(链尾标志)。要实现这些操作,需要运用 3 个指针变量 head、p1 和 p2。

1)用头指针变量 head 指向链表的首结点。对于一个空链表,head 的值置为“NULL(空)”。并用 head 作为函数的返回值。

2）用 p1 指向新开辟的结点,用 p2 指向尾结点。

3）通过"p2 -> next = p1"（next 为用于链接的链表结点的指针成员）,把 p1 所指向的结点连接到 p2 所指向的结点后面,即将新申请的结点,连接（插入）到链表尾,使之成为新的尾结点。

具体过程如图 7-2 所示,其中 n 代表链表结点的序号。

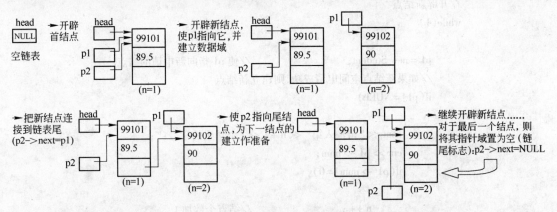

图 7-2　创建链表示意图

create( )函数代码如下：

```cpp
Student * create(void)
{
        Student * head = NULL;              //空链表,head 值置为"NULL(空)"
        Student * p1, * p2;                 //用 p1 指向新开辟的结点,用 p2 指向尾结点
        int n = 0;                          //链表中的结点个数(初值为 0)
        p1 = p2 = new Student;              //申请首结点空间,并使 p1、p2 指向它

        //如果首结点空间申请成功,则建立首结点
        if( p1 ! = NULL)
        {
                n ++ ;                      //结点个数加 1
                cout << " \n 请输入链表数据(输入 0 学号则表示结束数据输入)——\n";
                cout << "请输入第 1 个学生的学号:";
                cin >> p1 -> num;
                if( p1 -> num! = 0)
                {
                        cout << "请输入第 1 个学生的分数:";
                        cin >> p1 -> score;
                        head = p1 ;         //使 head 指向链表的首结点
                }
                else
                {
                        delete p1 ;         //释放所申请的结点空间
                        return head ;       //空链表,退出
                }
```

```
        }
        else
            return head;                              //空链表,退出

        //开辟新结点
        while(1)
        {
            p1 = new Student;              //使 p1 指向新申请的结点
            //如果新结点空间申请成功,则建立新结点
            if(p1 != NULL)
            {
                cout << "请输入第" << n + 1 << "个学生的学号:";
                cin >> p1 -> num;
                if(p1 -> num != 0)
                {
                    n ++ ;                  //结点个数加 1
                    cout << "请输入第" << n << "个学生的分数:";
                    cin >> p1 -> score;
                    p2 -> next = p1 ;       //把新结点连接到链表尾
                    p2 = p1 ;               //使 p2 指向尾结点
                }
                else
                {
                    delete p1 ;             //释放所申请的结点空间
                    p2 -> next = NULL;      //置链尾标志
                    return head;
                }
            }
        }
    }
```

（2）建立输出链表函数 print( ) 的基本思路如下：

通过链表的头指针 head，首先找到链表的第 1 个结点，输出结点的数据信息；然后顺着结点的指针域向后查找下一个结点，输出该结点的数据信息；依此类推，输出链表的全部数据信息，直到链表尾。

print( ) 函数代码如下：

```
    void print(Student * head)
    {
        Student *  p = head;
        cout << " \n 输出链表数据: \n";
        if(head != NULL)
            do{
                cout << p -> num << " " << p -> score << endl;
                p = p -> next;
```

```
              } while( p! = NULL);
         else
              cout << "此链表为空! \n";
    }
```

下面给出 main( )函数代码,其中调用 create( )函数建立链表,调用 print( )函数输出链表的数据信息。

```
    int main( )
    {
         Student * create(void);                    //函数声明
         void print(Student *);                     //函数声明
         Student * head = NULL;
         int k = 0;
         while(1)
         {
              cout << endl;
              cout << " 1——创建链表" << endl;
              cout << " 2——输出链表" << endl;
              cout << " 0——退出" << endl;
              cout << "请选择:";
              cin >> k;
              switch(k)
              {
                   case 0:   exit(0);
                   case 1:   head = create( );        //创建链表
                             continue;
                   case 2:   print(head);             //输出链表
                             continue;
              }
         }
         return 0;
    }
```

7.6 类型别名

在 C ++ 语言中,我们可以用保留字 typedef 为一个已有的类型起一个新的名字,这个新的类型名就是原来那个类型的别名。这样,在编程操作中就可以根据实际应用的需要,给已有的类型另起一个有具体意义的别名,这有利于提高程序的可读性。给一个比较长的类型名另起一个短的别名,还可以使程序简洁。

用 typedef 声明类型别名的语法形式是:

    typedef 已有的类型名 类型别名

需要强调的是,typedef 并不是建立新的类型,它只是为原有的类型起一个新的名字。

例如:

```
typedef unsigned long ULONG;        //给 unsigned long 起一个新类型名 ULONG
ULONG ul;                           //等价于 unsigned long ul;
typedef float real;                 //给 float 起一个新类型名 real
real x;                             //等价于 float x;
typedef int NUM[100];               //声明 NUM 为整型数组类型,包含 100 个元素
NUM a,b;                            //定义 a 和 b 为包含 100 个整型元素的数组
typedef char * STRING;              //声明 STRING 为字符指针类型
STRING p,s[10];                     //p 为字符指针变量,s 为指针数组(有 10 个元素)
```

又如,在 7.1.1 小节我们声明了一个描述日期数据的结构类型 date_type,这时也可以给它另起一个别名 typedef date_type DATE;

当然,我们还可以在声明该结构类型的同时给它起一个别名:

```
typedef struct       //注意在 struct 之前用了关键字 typedef,表示是声明新的名称
{
    unsigned short year;
    unsigned short month;
    unsigned short day;
} DATE;              //注意 DATE 是一个结构类型的名称,而不是结构变量名
```

所声明的新类型名 DATE 代表了一个结构类型。这样就可以用 DATE 定义变量:

```
DATE birthday;
DATE * p;
```

习惯上常把用 typedef 声明的类型名用大写字母表示,以便与系统提供的标准类型标识符相区别。

习　题　7

● 选择题

7-1　当定义一个结构/共用变量时,系统分配给它的内存是＿＿＿＿＿。
　　A. 各成员所需内存量的总和　　　　B. 成员中占内存最大者所需的容量
　　C. 第一个成员所需的内存量　　　　D. 最后一个成员所需的内存量

7-2　结构/共用类型变量在程序执行期间＿＿＿＿＿。
　　A. 所有成员都驻留在内存中　　　　B. 只有一个成员驻留在内存中
　　C. 部分成员驻留在内存中　　　　　D. 没有成员驻留在内存中

7-3　定义 s 为结构变量的语句是＿＿＿＿＿。
　　A. typedef strcut {int k; float y}s;　　B. struct {int k; float y}s;
　　C. struct s {int k; float y};　　　　　D. struct k {int s; float y};

7-4　对于声明和定义:

```
struct data
{
    int n; char a[12];
} x = {5,"for"}, * p = &x;
```

下面的语句中不能正确输出字符'f'的是＿＿＿＿＿。

A. cout << p -> a[0];　　　　　　B. cout << * (* p). a;

C. cout << * p -> a;　　　　　　　D. cout << x. a;

7-5 下面程序的输出结果是_____。

```
union U
{    char c[2]; short i; };
int main( )
{
    union U x;
    x. c[0] = 10; x. c[1] = 1; cout << x. i;
    return 0;
}
```

A. 266　　　　B. 11　　　　C. 265　　　　D. 101

7-6 对于声明和定义：

```
typedef union {char c[2]; long a[4];} U;
struct A
{
    U n; float x[2]; double y;
} a;
```

语句 cout << sizeof(a); 的输出结果是_____。

A. 24　　　　B. 32　　　　C. 16　　　　D. 34

7-7 对于声明和定义：

```
union data
{ int i; char c; float f; } d;
```

下面的说法不正确的是_____。

A. 语句序列 d. i = 1; d. c ='a'; d. f = 1. 5; cout << d. i; 的输出结果是 1

B. 变量 d,d. i,d. c,d. f 的地址是同一地址

C. 变量 d 可以作为函数参数

D. d = {1,'a',1. 5} 的赋值方式是错误的

● 填空题

7-1 下面程序的执行结果是_____。

```
struct student
{
    char name[20]; char sex; int age;
} s[3] = { "li",'m',18,"zhang",'m',19,"wang",'f',20};
int main( )
{
    struct student * p; p = s;
    cout << ( p + 1) -> name << ( p + 1) -> sex << ( p + 1) -> age;
    return 0;
}
```

7-2　下面程序的执行结果是_____。

```
struct s
{
    int a,b,c;
} x[ ] = {1,2,3,4,5,6};
int main( )
{   cout << x[0]. a + x[1]. b; return 0; }
```

7-3　以下程序段用以读入两个学生的情况存入结构数组,每个学生的情况包括姓名、学号、性别。若是男同学,则还登记视力正常与否(正常用 Y、不正常用 N);对女生则还登记身高和体重。请在横线上填入正确的内容。

```
struct{
            char name[10]; int number; char sex;
            _____{
                        char eye;
                        struct{int length; int weight;} f;
                    } body;
    } stu[2];
    int i;
    for(i = 0;i < 2;i ++ )
    {
        cin >> stu[i]. name >> stu[i]. number >> stu[i]. sex;
        if( stu[i]. sex =='m') cin >> _____;
        else if( stu[i]. sex =='f') cin >> _____;
            else cout << "input error\n";
    }
```

● 编程题

7-1　假设一个学生的信息包括学号、姓名、5 门课程的成绩以及总成绩。试分别写出输入学生信息的函数、计算每个学生总成绩的函数、对所有学生按照总成绩进行排序的函数以及输出所有学生信息的函数。

7-2　若已知今天是星期几,输出 100 天后是星期几。用枚举类型实现。

7-3　分别写出求链表长度的函数、在链表中插入结点的函数、删除链表结点的函数以及链表逆转的函数。

第 8 章　类 与 对 象

到目前为止,我们介绍了 C++ 的基本数据类型和特殊的指针与引用类型以及数组、结构、共用和枚举等构造类型。并同步介绍了如何合理组织和使用这些类型的数据来设计一个解决实际问题的算法,如何运用顺序、选择和循环三种基本结构以结构化方法实现算法,即写出程序。以上反映了组成程序的两个基本要素:算法和数据结构。

从 1.3.2 小节,我们知道,面向对象程序的程序结构可以表示为:

$$对象 = 算法 + 数据结构$$
$$程序 = 对象 + 消息$$

这里程序是由一个个封装的对象组成的,而对象是由紧密联系的算法和数据结构组成的,对象封装了数据和对数据的操作。面向对象程序这种"对象 + 消息"的结构,以及面向对象方法所具有的抽象、封装、继承和多态这四个基本特性,与人类业已形成的对客观世界的认识方法高度吻合,使计算机世界与现实世界更加接近。

由此可见,算法和数据结构是面向对象程序的重要基础。在此基础上,要进一步学习与对象有关的知识。

在 1.3 节我们已经介绍了面向对象程序中的类、对象、属性、行为、消息等概念,以及抽象、封装、继承和多态等基本特性。从本章开始,将具体介绍 C++ 语言实现面向对象程序的基本方法。

8.1　类的声明与对象的定义

8.1.1　类的声明

类是具有相同属性和行为的一类对象的封装体。我们可以从两个不同的侧重点来描述类:

(1) 从侧重于类的属性和行为来描述类。

声明格式:

```
class 类名
{
    数据成员声明部分 //反映同类对象的静态属性
    成员函数声明部分 //反映同类对象的动态行为
}; //注意分号不能少
```

(2) 从侧重于类的封装特性来描述类。

声明格式:

```
class 类名
{
    public:
        成员表
    private:
        成员表
```

```
   protected：
       成员表
   }；//注意分号不能少
```

在类的声明格式中，class 是声明类的关键字，其后是类的名字。类名后面紧跟的花括号表示类的声明范围——类体。类体部分是由 public、private 和 protected 这三个访问控制符引出的类的成员。最后的分号表示类声明语句的结束。

类的成员包括数据和函数，分别用以说明该类对象的静态属性和动态行为。它们被声明在类中，并被设置了相应的访问属性。它们被分别称为数据成员和成员函数，以区别于类外定义的普通变量和函数。

实际上，类的这两种声明格式是一致的。第一种格式强调的是对象的静态属性和动态行为，而每个数据成员和成员函数都还需要用相应的访问控制符来说明它的访问属性，以表明其封装的特性——是否能在类外访问；第二种格式强调的是封装性，也就是要说明成员在类外的可访问性，而每个访问控制符引出的成员表又是由数据成员和成员函数所组成的。

例如，下面声明了一个 Person 类，在类中声明了 4 个私有数据成员和 2 个公有成员函数。

```
   class Person                    //声明一个类，类名为 Person
   {
       private：                    //说明以下成员为私有(数据)成员，private 处于类体的开头可省略
           int number;             //编号
           char name[20];          //姓名
           char sex;               //性别
           int age;                //年龄
       public：                     //说明以下成员为公有成员(函数)
           void setInfo(int number,char name[ ],char sex,int age); //设置人员信息
           void show();            //输出显示人员信息
   }；
```

又如，下面声明了一个 Date 类，在类中声明了 5 个私有成员和 5 个公有成员函数。其中的 5 个私有成员包括 4 个数据成员和 1 个成员函数。4 个私有的数据成员是 year、month、day 和 str-Log，分别表示某一天的年、月、日和日志信息；1 个私有的成员函数是 check()，用来判断日期数据是否合法。Date 类中的 5 个公有成员函数的作用分别是，setDate() 用来设置日期数据，isLeap() 用来判断该日期所在年份是否是闰年，display() 负责输出显示当前日期，setLog() 和 getLog() 分别用来设置和获取日志信息。

```
   class Date                      //声明一个类，类名为 Date
   {
       private：                    //说明以下成员为私有成员
           int year,month,day;     //日期类的年月日数据成员
           char strLog[80];        //用于记录日志的数据成员
           bool check();           //判断日期是否合法
       public：                     //说明以下成员(函数)为公有成员(函数)
           void setDate(int year,int month,int day);     //设置日期
           bool isLeap();          //判断闰年(成员函数)
           void display();         //输出显示当前日期
```

```
        void setLog( char strLog[ ]);        //设置日志信息
        char  * getLog( );                    //获取日志信息
    };
```

关于类的进一步说明：

（1）类声明中的"成员表"由该类的数据成员和成员函数的声明（定义）组成。

（2）类声明中，public 引出公有成员，允许在该类以外对其访问；private 引出私有成员，只允许该类中的成员函数访问；protected 引出保护成员，只允许该类及其派生类的成员函数对其访问。

为了实现既要隐藏数据又要为外界使用数据提供接口的封装目的，通常是将类中的数据成员声明为私有的，而将部分成员函数声明为公有的。protected 的意义则体现在类的继承与派生关系中，我们将在第 9 章中再对其进行讨论。

（3）public、private 和 protected 关键字可以按任意顺序出现任意次。但为了程序结构的清晰，应该把所有的私有成员和公有成员归类放在一起。若是在类体的开头声明私有成员，则还可以省略关键字 private。

（4）类中的任何数据成员都不得用 extern、auto、register 进行修饰。

（5）不能在类的声明中给数据成员赋初值（初始化）。例如：

```
    class base
    {
        int a = 1;            //错误,a 是数据成员
        public:
            int m_fun
        {
            int x = 1;        //正确,x 是函数中定义的一个局部变量
        }
    };
```

数据成员的初始化要由构造函数实现（见 8.2 节）。

（6）在类声明中，注意花括号外面的分号不能少，因为它是一个类类型的声明语句。

（7）成员函数可以重载。例如，在 Person 类中，如果要实现信息输出格式的多种化，可以再声明一个带参数的 show( ) 函数 void show(int n)；。

（8）仅从 C++ 数据类型的角度看，类是 C++ 的一种构造数据类型，但他与其他构造类型在程序思想上却有非常大的差异。其他各类数据类型反映的是程序的数据结构，类反映的则是面向对象的程序架构。

（9）函数和类都是构建 C++ 面向对象程序的主要部件（或称为模块、封装体），但它们属于两个不同层次的封装体：函数是一个过程处理代码的功能模块封装体；而类是具有相同属性和行为的一类对象的封装体，是组成面向对象程序的基本模块。

8.1.2 成员函数的定义

前面声明的 Person 类和 Date 类，在其类体中只声明了成员函数，还没有具体实现（定义）成员函数。成员函数的定义可以直接在类体中完成，也可以在类体的外面实现。

功能简单的成员函数可以直接定义在类体中，这时它自动成为内联函数（有关内联函数的具体内容请参见 4.4.3 小节）。其定义的方法与一般函数相同，只是作为成员函数，在函数体中的具体语句主要是针对类的数据成员所进行的操作。

例如,在 Person 类的声明中,可以直接在类体中定义各个成员函数。代码如下:

```
class Person
{
    private：
        int number;
        char name[20];
        char sex;
        int age;
    public：
        void setInfo(int bh,char xm[ ],char xb,int nl)      //形参名使用汉语拼音
        {
            number = bh;
            strcpy(name,xm);
            sex = xb;
            age = nl;
        }
        void show( )                                          //输出显示人员信息
        {
            cout << number << " " << name << " " << sex << " " << age << endl;
        }
        void show(int n) ;                   //声明一个重载成员函数,以后再定义
};
```

说明:

(1) 在类体中直接定义的成员函数,在表示类体结束的右花括号"}"的外面再无须一个分号了,因为它是函数定义而不是函数声明语句。

(2) 无论数据成员在类中声明的位置如何,它的作用域总是起始于类体的左花括号,终止于类体的右花括号。也就是说,无论数据成员声明在成员函数之前还是之后,在该类的所有成员函数的定义中都可以直接引用各个数据成员。这与一般变量的作用域是有区别的,一般变量必须显式地先定义(或声明),然后才能使用它。

(3) 以上定义的 setInfo( )函数中的 4 个形参,其作用是接收传递编号、姓名、性别和年龄等数据给相应的几个数据成员。为了避免与数据成员名字冲突,这 4 个形参改用了不同的名字。其实,形参名也可以使用与数据成员相同的名字。但这时形参名优先于数据成员名,在函数体内再也不能直接访问同名的数据成员了,若要访问则需要用到 this 指针(参见 8.3 节)。

(4) 在类体中还有一个重载的成员函数 show(int n),它只是声明了还没有定义。这是允许的,编译能够通过。但如果有对它的调用,则必须要先定义好。

成员函数的定义更多的是在类体的外面实现的,即在类声明的类体中只给出成员函数的原型,成员函数的具体定义(实现)则在类声明的外部完成。若要在类声明的外面定义成员函数,必须使用作用域运算符"::"来说明该函数所属的类。

在类体外定义成员函数的一般格式是:

　　　函数类型 类名 ::成员函数名(形参表)
　　　　{

```
        函数体
    }
```

例如,前面声明的 Date 类中,只声明了成员函数而还没有具体实现(定义)成员函数。下面我们在类体的外面完成各个成员函数的定义。代码如下:

```
bool Date::isLeap()              //判断闰年
{   return (year%4 ==0&&year%100! =0||year%400 ==0); }


void Date::setDate(int nYear,int nMonth,int nDay) //设置日期
{   year = nYear,month = nMonth,day = nDay; }


void Date::display()             //输出显示当前日期
{
    cout << year << "年"<< month << "月"<< day <<"日";
    if(isLeap()) cout <<" "<<"闰年";
    cout << endl;
}


void Date::setLog(char str[ ])    //设置日志信息
{    strcpy(strLog,str); }

char * Date::getLog()             //获取日志信息
{    return strLog; }
```

说明:

(1) 首先,类一般声明在所有函数之外,这样它的作用域就是全局性的,可以作为全局性应用的一个数据类型。习惯上,将具有全局作用域的类声明在一个头文件中,将成员函数的定义放在另一源程序文件中,通过文件包含预编译命令将它们组成一个有机的整体。这样有利于程序的编译、连接和调试,以及源程序代码的保密。不仅如此,更重要的是,将成员函数在类体中声明、在类体外实现,可以减少类体的长度,使类体清晰,便于阅读,有助于把类的设计和类的实现细节分隔开。例如,如果把上面 Date 类各个成员函数的定义直接放在类体中,类体中的代码将显得冗长,不利于对类功能的整体理解和把握,从而降低了程序的可读性。

其实,类的声明反映的就是类的设计,它可以包含目前还不需要或来不及实现的成员函数的声明。成员函数的具体定义可以留待以后再完成,就像前面的 Person 类,其中的重载成员函数 show(int n)只声明了还没有定义。成员函数的定义反映的是类的具体实现,所以,我们把对类的成员函数的定义也称为类的实现。

在 C++ 编译系统提供的类库中,其实就包括两个组成部分:1)类声明头文件;2)已经编译过的成员函数的定义,它是二进制目标文件。用户在使用类库中的类时,只需将有关头文件包含到自己的程序中,并且在编译后连接成员函数定义的目标代码即可。

有关类的声明与类的实现分开后形成的多文件结构,其详细内容请参见8.1.4 小节。

(2) 需要强调的是,除了类体中定义的成员函数被默认为内联函数这个性质外,在类外定义成员函数并没有改变该函数的其他任何性质。它还是该类的成员函数,仍然可以直接访问该类的所有数据成员,只不过在函数体内并没有直接看到数据成员。在类外定义的成员函数,正因为

要说明它是属于类的成员函数而不是独立于类的一般函数,所以必须使用作用域运算符":: "来说明该函数所属的类。除此之外,它与在类体中定义的成员函数没有区别。

(3) 把 Date 类在类外定义的 setDate( )函数、setLog( )函数,与类体中相应的函数声明语句比较,可以发现它们函数首部中的形参名并不一致。其实这并不矛盾,在 4.2 节中我们已经知道,函数声明中形参使用什么名字是无所谓的,重要的是参数类型。我们正好可以利用这个"无所谓"的特点,在类体的函数声明中,使用与数据成员相同的形参名来表明成员函数要处理的数据对象,使程序更具有可读性。但在定义成员函数时,还是要注意避免形参名与数据成员名的冲突。

8.1.3　对象的定义与引用

8.1.3.1　对象定义

类是对具有共同属性和行为的同类对象的统一描述体,对象是类的一个具体实例。从具体语法上来说,类就是一种用户自定义的新的数据类型,它是生成具体对象的一种"模板"。在声明了一个类以后,我们就可以像基本数据类型定义变量一样,通过类定义一个对象。

定义对象最基本的形式是:

　　　　类名 对象名列;

例如:

　　　　int i, j;　　　　　　　　　　　//定义两个 int 型的变量 i 和 j
　　　　Person person1, person2;　　//定义两个 Person 类的对象,对象名分别为 person1 和 person2
　　　　Date today, tomorrow;　　　　//定义两个 Date 类的对象,对象名分别为 today 和 tomorrow

与一般变量定义后都拥有自己独立的内存空间一样,通过某个类定义若干个对象,每个对象也都分别拥有各自独立的数据空间。也就是说,不同对象的数据成员都分别拥有各自独立的数据成员空间,各有其值,互不干扰。

在声明类的同时也可以直接定义对象,即在声明类的右花括号"}"之后直接写出对象名。由于类一般都声明在所有函数之外,它是作为全局性应用的一个数据类型,所以在声明类的同时直接定义的对象就是一个全局对象。与全局变量的概念一样,全局对象全局有效。但这也使程序的构建有了制约和限制,容易引起一些问题,所以应该有限制地定义全局对象。

8.1.3.2　对象引用

对象的引用指的是对对象成员(包括数据成员和成员函数)的引用。这时必须注意三种访问控制方式对成员的访问限制:public 修饰的成员,对其访问不受限制;private 修饰的成员在类外不能被访问;protected 修饰的成员,只能在该类及其派生类中对其进行访问。

在明确了对类的成员可访问性的前提下,可以用下面三种方式引用对象:

(1) 通过对象名和成员运算符"."访问对象中的成员。例如:

　　　　Date today;　　　　　　　　　//定义 Date 类的对象 today
　　　　today. setDate(2009, 9, 10);　//调用成员函数

(2) 通过指向对象的指针访问对象的成员。例如:

　　　　Date today , *p;　　　　　　　// p 为指向 Date 类对象的指针
　　　　p = &today;　　　　　　　　　 //使 p 指向 today 对象
　　　　p -> setDate(2009, 9, 10);　 //通过指针 p 和指向运算符" -> "调用成员函数

(* p). setDate(2009, 9, 10);   //对 p 进行 * 运算后得到对象,再由对象调用成员函数

上面使用 * 运算得到对象,再访问对象成员的方式,要注意 * 运算外面的括号不能少。而通过指针与指向运算符"→"直接访问对象成员的方式,则更加直观有效。

(3) 通过对象的引用(别名)访问对象中的成员。例如:

Date today;
Date &ref = today;   //声明一个 Date 类的引用 ref,并用 today 使之初始化
ref. setDate(2009, 9, 10);   //ref 是 today 的别名,等价于 today. setDate(2009, 9, 10);

8.1.3.3 对象赋值

同类对象之间可以通过赋值运算符进行赋值。当一个对象赋值给另一个对象时,系统一般是把源对象所有数据成员的值逐个复制给目标对象。

例如:

Person person1, person2;
person1. setInfo(1001, "Chen" ,'m',18);
person2 = person1;

这样,person2 中的每个数据成员都拥有与 person1 对应数据成员完全相同的值。

【例 8-1】定义和引用 Person 类的对象。下面只给出 main( )函数的代码,运行调试程序时,须把前面介绍的 Person 类的声明以及成员函数的定义等全部代码包含在程序中。

程序代码:

```
#include < iostream >
using namespace std;
int main( )
{
    Person person1, person2; //定义 Person 类的对象
    person1. setInfo(1001, "Chen" ,'m',18);
    person2 = person1;
    person1. show( );
    person2. show( );
    return 0;
}
```

程序运行结果:

1001 Chen m 18
1001 Chen m 18

通过以上的介绍,似乎对象就是一个新的构造类型——类类型的一个变量。这种认识有它正确的一面。但对象毕竟不是一个普通的变量,对象定义还有其他的方法,对象引用还有更深层次的意义。有关内容将随后逐步展开介绍。

8.1.4 关于 C ++ 程序的多文件结构

将类的声明和类的实现分别存放在不同的文件中,再加上使用类的程序文件,这就形成了一个应用程序的多文件结构。也就是说,一个应用程序可以划分为多个源程序文件。最基本的可以划分为 3 个文件:类声明文件(. h 文件)、类实现文件(. cpp 文件)、类的使用文件(main( )所在

的.cpp 文件)。

那么,对于多文件结构,最后又是如何形成一个可执行文件的呢? 下面结合例 8-2 的多文件结构来说明这个形成过程。

在例 8-2 中,Date 类的声明写在 Ex0802.h 头文件中,Date 类的实现写在 Ex0802.cpp 文件中,定义和引用 Date 类对象的程序写在 Ex0802_m.cpp 文件中。这三个源程序文件相互关系和编译、连接的过程如图 8-1 表示。

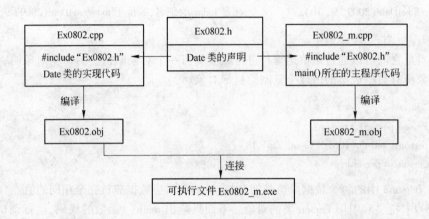

图 8-1   C ++ 程序的多文件结构

从图 8-1 中可以看到,首先是在两个.cpp 源程序文件中都增加了一个#include"Ex0802.h"的文件包含预编译命令,将 Date 类的类声明文件包含进来。然后将这两个.cpp 文件单独进行编译并生成相应的二进制目标文件.obj。最后把目标文件连接起来生成可执行文件。

编译是以文件为单位进行的。采用这种多文件的组织结构,可以对不同的源程序文件单独进行编写和编译,最后再连接。在程序的调试、修改时,只需要对修改过的文件重新编译,再进行连接即可,不用考虑其余的文件。而且连接的文件只需要编译后的二进制目标文件,这对于源程序代码文件的原始作者来说,他可以只提供目标文件给用户,从而起到源代码保密的作用。

这种多文件结构的具体组织管理方式,在不同的开发环境中会有所不同。在 Visual C ++ 开发系统中,我们使用工程来进行多文件管理,可以在一个工程中将相关的文件添加进来,并进行编译和连接。具体方法请参见"实验一 初识 C ++ 程序开发环境"和"附录 A Visual C ++ 6.0 开发环境及程序调试"。

【例 8-2】采用多文件结构建立 Date 类,并定义和引用 Date 类的对象。

三个源程序文件的程序代码如下:

```
/ * * * Ex0802.h 类声明文件 * * * /
class Date                                     //声明一个类,类名为 Date
{
    private:                                   //说明以下数据成员为私有成员
        int year,month,day;                    //日期类的年月日数据成员
        char strLog[80];                       //用于记录日志的数据成员
    public:                                    //说明以下成员函数为公有成员
        void setDate(int year,int month,int day);   //设置日期
        bool isLeap();                         //判断闰年
```

```
            void display( );                        //输出显示当前日期
            void setLog( char strLog[ ] );          //设置日志信息
            char ∗ getLog( );                       //获取日志信息
};


/∗ ∗ ∗ Ex0802. cpp 类实现文件 ∗ ∗ ∗/
#include "Ex0802. h"                                //包含类声明文件
#include <iostream>
using namespace std;
//Date 类的实现(定义 Date 类的各个成员函数)
bool Date::isLeap( )                                //判断闰年
{    return ( year%4 ==0&&year%100! =0 | | year%400 ==0); }
void Date::setDate( int nYear, int nMonth, int nDay)  //设置日期
{    year = nYear, month = nMonth, day = nDay; }
void Date::display( )                               //输出显示当前日期
{
        cout <<year <<"年"<<month <<"月"<<day <<"日";
        if( isLeap( )) cout <<" "<<"闰年";
        cout <<endl;
}
void Date::setLog( char str[ ])                     //设置日志信息
{    strcpy( strLog, str) ; }
char ∗ Date::getLog( )                              //获取日志信息
{    return strLog; }


/∗ ∗ ∗ Ex0802_m. cpp 定义和引用 Date 类对象的程序文件 ∗ ∗ ∗/
#include "Ex0802. h"                                //包含类声明文件
#include <iostream>
using namespace std;
int main( )
{
        int year, month, day;
        cout <<"Please input year, month, day: ";
        cin >>year >>month >>day;
        Date today;                                //定义 Date 类的对象
        today. setDate( year, month, day) ;
        cout <<"今天是:";
        today. display( ) ;
        today. setLog("今天为 2008 北京奥运会开幕日") ;
        cout <<"今日要点:";
        cout <<today. getLog( ) <<endl;
        return 0;
}
```

程序运行结果：

> Please input year, month, day:<u>2008 8 8</u> ↵
> 今天是:2008 年 8 月 8 日 闰年
> 今日要点:今天为 2008 北京奥运会开幕日

8.2　构造函数与析构函数

定义对象时应该能够方便及时地给对象的各个数据成员赋初值。但在例 8-1 和例 8-2 中，可以发现，我们都是在定义一个对象以后，再调用相应的公有(public)属性的设置函数给对象的各个数据成员赋值的。在本节内容学习之前，只好这样处理。这是因为，为了对象(类)的信息隐藏和封装的需要，类中的数据成员一般被声明为私有的(private)，因而在类外不能直接访问它们，只能通过 public 属性的设置函数间接访问它们，从而给它们赋值。

那么，如何既满足对象(类)的封装性，又方便给对象的各个数据成员赋初值呢？本节要介绍的构造函数，其意义就在于此。

8.2.1　构造函数与析构函数

构造函数和析构函数是类的两个特殊的成员函数。

构造函数是在创建或复制一个对象时被系统自动调用的成员函数。它的功能是实现对象的初始化操作，即给对象的每个数据成员赋初值。析构函数与构造函数相反，析构函数是在对象撤消时被系统自动调用的成员函数。其功能是，当一个对象的生存期即将结束时，系统在释放对象空间前，自动调用析构函数完成撤消对象前的清理工作，然后再释放对象空间。

构造函数和析构函数的函数名必须与其所属类的类名相同，只是析构函数名的前边被冠以了波浪号"～"。

构造函数的一般定义格式为：

> 类名::与类名相同的构造函数名(形参表){…}

析构函数的一般定义格式为：

> 类名::～与类名相同的析构函数名( ){…}

例如，给例 8-1 中的 Person 类增加一个构造函数和一个析构函数。代码如下：

```
Person( int bh,char xm[ ],char xb,int nl) //有参构造函数(函数名与类名相同)
{
    number = bh;
    strcpy( name,xm);
    sex = xb;
    age = nl;
}

～Person( )//析构函数(函数名与类名相同)
{
    cout << number << "对象(Person 类)已撤消"<< endl;
}
```

构造函数和析构函数一般都声明为 public,因为对象一般都在它所属类的外部建立，而在定义对象和撤消对象时构造函数和析构函数要被自动地调用。

每一个类都有一个(或多个)构造函数和唯一的一个析构函数,而不论用户是否显式地声明(定义)了这两个函数。如果没有显式地定义构造函数和析构函数,系统将自动建立一个缺省的无参构造函数和一个析构函数。如果显式地定义了构造函数,则系统不再自动建立无参构造函数。这时用户应该显式地定义一个无参构造函数,哪怕函数体中什么也不做。其意义在今后的学习和应用中会逐渐体会。

构造函数和析构函数没有函数返回类型,这是与其他函数不同的。构造函数允许重载;构造函数可以带参数也可以不带参数(即无参构造函数);带参数的构造函数可以设置默认值,但不要定义有全部默认值的构造函数,以免与无参构造函数发生冲突(有关有默认参数值函数的具体内容请参见4.4.2小节)。这些概念与一般函数是一致的。析构函数则不带有任何参数,不能重载。如果没有特殊需要,一般不用显式地定义析构函数。

另外需要注意的是,构造函数不能像其他成员函数那样可以通过对象名的方式被显式地调用,但可以直接以函数语句的方式调用。析构函数则允许通过对象名的方式调用。

下面给例8-2中的Date类增加两个重载的构造函数。代码如下:

```
//无参构造函数(可赋予一个特殊的日子)
Date::Date()
{    year = 2000, month = 1, day = 1;  }              //代表新世纪的第一天

//有默认参数值的构造函数(可用于某年的元旦、某年某月的第一天或者任何一天)
Date::Date(int nYear, int nMonth = 1, int nDay = 1)
{    year = nYear, month = nMonth, day = nDay;  }
```

以上有默认参数值的构造函数,相当于下面的3个重载构造函数:

```
Date::Date(int nYear)                               //用于某年的元旦
{    year = nYear, month = 1, day = 1;  }

Date::Date(int nYear, int nMonth)                   //用于某年某月的第一天
{    year = nYear, month = nMonth, day = 1;  }

Date::Date(int nYear, int nMonth, int nDay)         //用于任何一天
{    year = nYear, month = nMonth, day = nDay;  }
```

8.2.2 对象定义的几种形式

定义对象时的初始化工作是由构造函数完成的,而构造函数是可以重载的。这样对象的定义形式就不限于8.1.3小节所介绍的最基本的形式了。

定义对象有如下几种常用的形式:

(1)调用无参构造函数的对象定义。

定义形式为:

类名　对象名;

例如:

　　　　Date d0;　　//定义一个 Date 类的对象 d0,系统自动调用无参构造函数对 d0 初始化

　　注意:这里不能写成类名 对象名();,因为这种写法不是定义对象而是另外的含义。它的含义是定义一个新的函数,函数的返回值是其中的类名所说明的类类型。

　　(2)调用有参构造函数的对象定义。

　　定义形式为:

　　　　类名 对象名(实参表);

　　例如:

　　　　Date d3(2009,9,9);　　//定义一个 Date 类的对象 d3,通过有参构造函数对 d3 初始化

　　(3)调用复制构造函数由已有的同类对象(初始化)建立新对象。

　　定义形式为:

　　　　类名　对象名(旧对象名);

　　或:

　　　　类名　对象名 = 旧对象名;

　　例如:

　　　　Date d3(2009,9,9);
　　　　Date d4 = d3;　//或:Date d4(d3);

　　上面的两行语句也可以用下面的语句代替:

　　　　Date d3(2009,9,9),d4;
　　　　d4 = d3;　//同类对象之间的赋值操作

　　说明:

　　(1)在定义对象时,系统按照定义对象时的具体形式,自动调用相应形式的构造函数来初始化对象。构造函数调用时的形参与实参的关系,与一般函数调用一样,即形参接收实参,并在函数体中通过相应语句实现数据成员的初始化。

　　(2)由已有的同类对象建立新对象时,用" = "进行初始化以及用" = "实现的同类对象之间的赋值运算,它们与变量初始化语句以及变量之间的赋值运算,在形式上是一样的,但本质上是调用了复制构造函数。

　　当声明一个新的类时,如果用户自己未定义复制构造函数,系统会自动提供一个默认的复制构造函数。复制构造函数只有一个参数,这个参数就是本类的对象,而且采用对象的引用形式,一般还加上 const 修饰以保护被复制对象不会被改变。复制构造函数的作用就是将实参对象的每个数据成员的值一一赋给新的对象中对应的数据成员。

　　用户一般不需要显式定义复制构造函数。但当类中有指针类型数据成员时,则需要显式定义一个复制构造函数。因为默认的复制构造函数对于指针类型数据成员,同样只是简单地复制地址值。这样复制后的两个对象,虽然分别拥有各自独立的数据空间,但其中的指针类型数据成员拥有同一个地址,从而指向的是同一个数据空间,它们并没有真正各自独立。这时,如果其中一个对象改变了其指针成员所指向空间的内容,则必然反映到另一个对象身上而引起错误。更为严重的是,当其中一个对象的生存期结束而释放了指针指向的空间后,将引起另一个对象空间分配的混乱。所以,当一个类中有指针类型数据成员时,需要显式定义一个复制构造函数以解决

上述问题。

一般,将没有显式定义复制构造函数的对象复制称为浅拷贝,通过显式定义的复制构造函数进行的对象复制称为深拷贝。

(3) 数组元素也可以是一个对象,以对象为元素组成的数组就称为对象数组。那么如何定义与初始化一个对象数组呢? 方法是定义对象数组时,在用于数组初始化的花括号中,分别写出对各个数组元素初始化的构造函数并指定实参。例如:

```
Person person[3] = {        Person(2001,"Li",'m',18),
                            Person(2002,"Liu",'f',19),
                            Person(2003,"Zhang",'f',19)};
```

如果构造函数只有一个参数,则可以简化为在数组初始化的花括号中,依序直接给出每个对象元素的实参值即可。

【例 8-3】 有构造函数和析构函数的 Person 类对象的定义与引用。

为了对类的声明与对象的定义有一个全面的认识和理解,下面给出完整的程序代码:

```cpp
#include <iostream>
using namespace std;
class Person
{
    private:
        int number;
        char name[20];
        char sex;
        int age;
    public:
        Person(int bh,char xm[],char xb,int nl) //构造函数(函数名与类名相同)
        {
            number = bh;
            strcpy(name,xm);
            sex = xb;
            age = nl;
        }
        ~Person()//析构函数(函数名与类名相同)
        {
            cout << number << "对象(Person 类)已撤消"<< endl;
        }
        void setInfo(int bh,char xm[],char xb,int nl)
        {
            number = bh;
            strcpy(name,xm);
            sex = xb;
            age = nl;
        }
        void show()
```

```
                      {
                           cout << number << " " << name << " " << sex << " " << age << endl;
                      }
                      void show( int n) ;
            } ;
        int main( )
        {
            Person person1( 1001 ," Chen" ,'m' ,18) ;
            Person person2( 1002 ," Wang" ,'f' ,19) ;
            Person person[ 3 ] = {    Person( 2001 ," Li" ,'m' ,18) ,
                                      Person( 2002 ," Liu" ,'f' ,19) ,
                                      Person( 2003 ," Zhang" ,'f' ,19) } ;
            person1. show( ) ;
            person2. show( ) ;
            for( int i = 0 ;i < 3 ;i + + )
                 person[ i]. show( ) ;
            return 0 ;
        }
```

程序运行结果:

```
                    1001 Chen m 18
                    1002 Wang f 19
                    2001 Li m 18
                    2002 Liu f 19
                    2003 Zhang f 19
                    2003 对象( Person 类) 已撤消
                    2002 对象( Person 类) 已撤消
                    2001 对象( Person 类) 已撤消
                    1002 对象( Person 类) 已撤消
                    1001 对象( Person 类) 已撤消
```

说明:

(1)析构函数是在对象生存期即将结束时被自动调用的函数。为了跟踪对象撤消的顺序,程序中显式地建立了一个析构函数。在 main( )函数中,依次定义了 Person 类的 person1、person2两个对象和有 3 个元素的对象数组 person[3],它们的生存期都是到 main( )函数函数体的右花括号"}"为止。也就是说,它们的生存期持续到程序运行结束时为止。

从程序的运行结果可以看出,撤消对象的顺序与建立对象的顺序正好相反:最先建立的对象最后撤消,最后建立的对象最先撤消。

(2)如果在 main( )函数中有如下对象定义语句:

　　　Person person3 ;　　//调用无参构造函数定义对象

这时,程序将不能通过编译,编译器会给出错误信息,提示没有匹配的缺省构造函数。缺省构造函数指的就是系统自动建立的无参构造函数。从前面的介绍可知,因为程序中定义了有参构造函数,系统将不再自动建立无参构造函数,因此出错。要避免这类错误,只需在类中显式地定义一个无参构造函数即可。

【例8-4】有重载构造函数的 Date 类对象的定义与引用。

下面给出完整的程序代码：

```
#include  <iostream>
using namespace std;
class Date
{
    private:
        int year,month,day;
        char strLog[80];                         //用于记录日志的数据成员
    public:
        Date();                                  //无参构造函数(可赋予一个特殊的日子)
        Date(int year,int month = 1,int day = 1);  //有默认参数值的构造函数
        bool isLeap();
        void setDate(int year,int month,int day);
        void display();
        void setLog(char strLog[]);              //设置日志信息
        char * getLog();                         //获取日志信息
};

//在类外定义各个成员函数
Date::Date()                                     //重载构造函数1
{    year = 2000,month = 1,day = 1;  }

Date::Date(int nYear,int nMonth,int nDay)        //重载构造函数2
{    year = nYear,month = nMonth,day = nDay;  }

bool Date::isLeap()
{    return (year%4 ==0&&year%100! =0||year%400 ==0);  }

void Date::setDate(int nYear,int nMonth,int nDay)
{    year = nYear,month = nMonth,day = nDay;  }

void Date::display()
{
    cout << year <<"年"<< month <<"月"<< day <<"日";
    if(isLeap()) cout <<" "<<"闰年";
    cout << endl;
}

void Date::setLog(char str[])                    //设置日志信息
{    strcpy(strLog,str);    }
```

```
char * Date::getLog()                              //获取日志信息
{    return strLog;}

int main()
{
        Date d0;                                   //调用无参构造函数定义对象
        Date d1(2009);                             //调用有默认参数值的构造函数定义对象
        Date d2(2009,9);                           //同上
        Date d3(2009,9,9);                         //同上
        d0. display();
        d1. display();
        d2. display();
        d3. display();
        return 0;
}
```

程序运行结果：

2000 年 1 月 1 日 闰年
2009 年 1 月 1 日
2009 年 9 月 1 日
2009 年 9 月 9 日

　　说明：在 main()函数中，分别定义了 d0、d1、d2、d3 等 4 个 Date 类的对象。其中，d0 是调用无参构造函数定义的对象，其 year、month 和 day 等数据成员的值就是无参构造函数中所赋予的值，即 2000、1 和 1。d1、d2、d3 都是调用同一个构造函数所定义的对象，但因为这个构造函数是一个有两个默认参数值的构造函数，相当于 3 个重载构造函数，根据传递的实参个数不同，处理的方式就有差异。这样对象 d1、d2 和 d3 的 year、month 和 day 等数据成员就分别得到了相应的值。

8.2.3　用参数初始化表对数据成员初始化

　　在 8.2.1 小节中介绍了构造函数的一般定义格式，它是在构造函数的函数体内通过赋值语句对数据成员赋初值来实现对象的初始化的。C++还提供了另一种更简洁的初始化数据成员的方法——使用参数初始化表来实现对数据成员的初始化。

　　所谓参数初始化表，就是在原来函数首部的末尾增加一个冒号"："，然后列出数据成员初始化格式的实参表。具体定义格式如下：

　　(1) 对应有参构造函数：

　　　　类名::构造函数名(形参表)：数据成员 1(实参 1)，…，数据成员 n(实参 n){…}

　　(2) 对应无参构造函数：

　　　　类名::构造函数名()：数据成员 1(初值 1)，…，数据成员 n(初值 n){…}

　　例如，例 8-4 中定义的构造函数可以改写为：

　　Date::Date()：year(2000)，month(1)，day(1){}

Date∷Date(int nYear,int nMonth,int nDay)：year(nYear),month(nMonth),day(nDay)｛｝

这种定义构造函数的方法不是在函数体内通过对数据成员赋初值来实现对象的初始化,而是在函数首部先实现数据成员的初始化,进而再实现对象的初始化。函数首部属于声明的范畴,是在编译阶段完成的工作;而函数体是属于程序运行期间实施操作的范畴。因此,这种方法不仅格式简洁,更重要的是避免了在函数体内对数据成员进行赋值的操作。假如类中有 const 修饰的常变量数据成员,由于常变量的值只能引用不能改变,从而不能对其进行赋值操作,同样地也就不能在构造函数的函数体内对其进行赋值。因此只能通过构造函数的参数初始化表对 const 数据成员进行初始化,进而实现对象的初始化。

8.3 this 指针

在 8.1.2 小节中有这样一段说明:(成员函数的)形参名也可以使用与数据成员相同的名字。但这时形参名优先于数据成员名,在函数体内再也不能直接访问同名的数据成员了,若要访问则需要用到 this 指针。那么,什么是 this 指针?

在建立对象时,系统会为每一个对象分配独立的存储空间,也就是给每个对象中的数据成员都分配有自己独立的存储空间。如果对同一个类定义了 n 个对象,则有 n 组同样大小的空间以存放 n 个对象中的数据成员。但对于成员函数来说,一个函数的代码段在内存中只有一份。也就是说,同一个类中的不同对象在调用自己的成员函数时,其实调用的是同一段函数代码。那么,当一个对象调用自己的成员函数时,如何保证成员函数中对数据成员的处理是针对自己的数据成员而不是其他对象的数据成员呢?

例如,在例 8-1 和例 8-3 的 Person 类的示例中,在 main( )函数中有如下两条语句:

```
person1. show( );
person2. show( );
```

它们都调用了 show( )函数,并正确输出了两个对象各自的数据成员的信息。

我们再看看 show( )函数的程序代码:

```
void show( )
{
    cout << number <<" "<< name <<" "<< sex <<" "<< age << endl;
}
```

从 show( )函数的程序代码中,并没有看到各个数据成员是属于哪个对象的,也不可能明确是属于哪个对象的,否则就失去了函数的过程抽象的特性。那么,在两次对象的 show( )函数调用中,系统是如何让 show( )函数知道自己处理的究竟是 person1 对象的数据成员还是 person2 对象的数据成员呢? 根据对函数调用特性的认识,可以猜测系统隐含有一种机制,它在对象调用成员函数时,将对象的信息传递给了成员函数,从而成员函数知道自己处理的数据成员是属于哪个对象的。

其实,在每一个成员函数中都包含一个特殊的指针,这个指针的名字是固定的,称为 this,它是指向本类对象的指针。在调用成员函数时,系统隐式地将对象的起始地址传递给成员函数,使 this 指针得到当前对象的地址。于是在成员函数中对数据成员的引用,就按照 this 的指向找到对象的数据成员,实现对数据成员的操作。也就是说,成员函数中数据成员名的前面隐含有"this ->"的指向。

例如,show( )函数中的输出语句,实际上是这样的:

```
cout << this -> number << " " << this -> name << " " << this -> sex << " " << this -> age << endl;
```

当执行 person1. show( ) 的函数调用时,系统就把对象 person1 的地址赋给 this 指针,使 this 指针指向 person1 对象。也就是说,上述输出语句等价于:

```
cout << person1. number << " " << person1. name << " " << person1. sex << " " << person1. age <<
endl;
```

这样,show( ) 函数就正确地输出了 person1 对象的数据成员信息。当然,show( ) 函数中并不能直接写成上述有 person1 对象名的语句。因为在 show( ) 函数的定义中,它所处理的对象还只是一个抽象的概念,只有在它被某个对象调用的时候,它才知道所处理的对象是谁。

this 是指向当前对象的, * this 就是当前对象本身。因此 show( ) 函数中的输出语句还可以写成如下形式:

```
cout << ( * this). number << " " << ( * this). name << " " << ( * this). sex << " " << ( * this). age
<< endl;
```

(注意: * this 两边的括号不能少,否则表示的就是另外的意思了)

同样地,当执行 person2. show( ) 函数调用时,系统就把对象 person2 的地址赋给 this 指针,使 this 指针指向 person2 对象。这样,show( ) 函数就正确地输出了 person2 对象的数据成员信息。

可以看出,在成员函数中对数据成员的引用有三种方式。为了便于比较,下面以 show( ) 函数中的输出语句为例,将这三种引用方式集中写在一起:

```
cout << number << " " << name << " " << sex << " " << age << endl;   //隐含使用 this 指针
cout << this -> number << " " << this -> name << " " << this -> sex << " " << this -> age << endl;
cout << ( * this). number << " " << ( * this). name << " " << ( * this). sex << " " << ( * this). age
<< endl;
```

在实际编程中,一般不需要显式地写出 this 指针,this 指针是在成员函数的调用中被系统隐式地使用的。但在有些情况下还是需要显式地写出 this 指针。

现在我们先回到前面介绍的 Person 类中,看看 Person 类构造函数的定义:

```
Person(int bh, char xm[ ], char xb, int nl)
{
    number = bh;
    strcpy( name, xm);
    sex = xb;
    age = nl;
}
```

在定义一个函数时,函数的首部应该能够直观地反映出函数的意义。也就是说,函数名应该反映出函数的功能,形参名应该反映出函数要处理的对象。构造函数是用于对象的初始化的,但这里 Person 类的构造函数,其形参名并没有直观地反映出它们要初始化的数据成员是谁。如果形参名使用与数据成员一样的名字,则因为形参的作用域与数据成员的作用域在成员函数内是重叠的,这时形参名优先于数据成员名,在函数体内不能直接按名访问同名的数据成员。若要访问与形参同名的数据成员,必须使用 this 指针显式地指向该数据成员,避免名字冲突。例如,可以把 Person 类构造函数的定义改写如下:

```
Person(int number,char name[ ],char sex,int age)
{
    this -> number = number;
    strcpy(this -> name,name);
    this -> sex = sex;
    this -> age = age;
}
```

　　这样,既可以从函数首部直观地看到该函数形参的意义,又能够在函数定义体内实现相关的功能。

　　Person 类中的 setInfo( )函数也可以照此改写,在这里就不再给出代码了。

　　按照同样的思路,也可以改写 Date 类在类外定义的若干成员函数(包括构造函数),使这些函数的首部与类体中相应的函数声明语句保持一致,使它们的形参名直观地反映出它们的意义。

8.4　静态成员

　　所谓静态成员是指用 static 修饰的成员,即静态数据成员和静态成员函数。用 static 修饰的数据成员即为静态数据成员,用 static 修饰的成员函数即为静态成员函数。

8.4.1　静态数据成员

　　从前面我们已经知道,如果有 n 个同类的对象,那么每一个对象都分别拥有自己的数据成员,占有各自独立的数据成员空间,各有其值,互不干扰。但在实际中,往往有这样一类对象,它的某个属性值是该类的所有对象所共同拥有的。也就是说,该类的所有对象的某个数据成员总是拥有同一个值,它是属于这个类的所有对象的。比如,每个公司都有一个公司名称,该公司的每一个雇员都拥有公司名称这个属性值。当公司名称改变了,所有雇员信息中的公司名称属性值也须同步地调整。显然,这种特征的数据成员应该独立于具体的对象而存在,这样才能保证它的值是唯一的,并为该类的每个对象所共享。C ++ 实现这种机制的语言成分就是用 static 修饰的静态数据成员。

　　静态数据成员建立在类空间,它不依赖于对象的建立而存在,它被该类的所有对象共享。

　　在 4.5.2 小节我们曾介绍了静态(static)局部变量的概念,我们知道,如果在一个函数中定义了静态变量,在函数调用结束时该静态变量并不释放,它仍然存在并保留其值。现在讨论的静态数据成员与其类似,它不随对象的建立而分配内存空间,也不随对象的撤销而释放(一般数据成员在对象建立时分配空间,在对象撤销时释放空间)。静态数据成员在程序编译时就确定了空间的分配,在程序一开始它就被分配了相应的内存空间,直到程序结束时才释放空间。

　　静态数据成员是属于类的所有对象的,所以有关对象方式对数据成员的引用方法同样适用于静态数据成员。但静态数据成员是在程序开始执行时、在类的对象建立以前就存在的,因此静态数据成员又具有不同于非静态数据成员的特殊的意义和处理方法。具体体现在:

　　(1)静态数据成员的初始化只能在类体外进行。

　　由于在类的声明中(类体内)不能像一般变量那样直接对数据成员初始化,所以非静态数据成员的初始化是在定义对象时通过构造函数实现的。而静态数据成员不依赖于对象的建立而存在,所以 C ++ 的静态数据成员的初始化只能在类体外进行。其一般形式为:

　　　　类型标识符 类名∷静态数据成员名＝初值;　　//静态数据成员名前面不能再用 static 修饰

例如,在下面的例 8-5 中,有如下对静态数据成员初始化的语句:

```
char Employee∷companyName[20] = "IBM";
                    //对 Employee 类中的静态数据成员 companyName 初始化
int Employee∷count = 0;     //对 Employee 类中的静态数据成员 count 初始化
```

(2) 静态数据成员属于类的所有对象,类的成员函数可以在函数体中像一般数据成员一样对静态数据成员进行操作。构造函数也不例外,在构造函数的函数体中可以对静态数据成员重新赋值。但在构造函数的首部不能用参数初始化表对静态数据成员初始化。

(3) 静态数据成员,既可以使用成员运算符". "通过对象名引用,也可以使用域运算符"∷"通过类名来引用(此时不论对象是否存在)。

(4) 静态数据成员为在一个类范围的数据共享提供了技术支持,而不必使用全局变量。依赖于全局变量的类违反面向对象程序设计的封装性。静态数据成员的主要用途就是定义类的各个对象所公用的数据。

8.4.2　静态成员函数

一般成员函数通过对象来调用,从而实现对数据成员的操作。而静态数据成员是不依赖于对象的建立而存在的,所以也应该有不依赖于对象的建立就可以调用的成员函数,从而专门用于处理静态成员而不涉及非静态成员。这种不依赖于对象的建立就可以调用的成员函数就是用 static 修饰的静态成员函数。

静态成员函数不与特定的对象相联系,它没有非静态成员函数那样的 this 指针用来指向对象自身。这也就决定了静态成员函数不能像非静态成员函数那样可以以默认的 this 指针直接访问本类中的非静态数据成员,也不能调用非静态成员函数。当然静态成员函数还是可以通过对象名方式来访问非静态成员。但那要先有对象的定义,有了对象的非静态成员才可以访问。

静态成员函数可以定义在类体中,也可以在类体中声明在类体外定义。当在类体外定义静态成员函数时,不能再用 static 前缀来修饰。

与静态数据成员的引用方式一样,静态成员函数,既可以使用成员运算符". "通过对象名来调用,也可以使用域运算符"∷"通过类名来调用(此时不论对象是否存在)。

下面给出一个静态数据成员和静态成员函数应用的示例。

【例 8-5】静态成员应用示例。

程序代码:

```cpp
#include <iostream>
using namespace std;
class Employee
{
    private:
        int number;
        char name[10];
        char sex;
        int age;
        static char companyName[20];//公司名称
        static int count;//用于统计本类对象的个数
    public:
```

```
        Employee();//无参构造函数,用于统计本类对象的个数
        Employee(int number,char name[ ],char sex,int age);
        void show();
        static int getCount();//获取当前本类对象的个数
        static char * getCompanyName();//获取公司名称
};

//静态数据成员初始化(不能再用 static 修饰)
char Employee::companyName[20] = "IBM";
int Employee::count = 0;

//在类外定义成员函数,其中静态成员函数不能再用 static 修饰
Employee::Employee(){ count++;} //无参构造函数,用于统计本类对象的个数
Employee::Employee(int number,char name[ ],char sex,int age)
{
    Employee();//调用无参构造函数统计本类对象的个数
    this->number = number;
    strcpy(this->name,name);
    this->sex = sex;
    this->age = age;
}
void Employee::show(){ cout << number << " " << name << " " << sex << " " << age << endl;}
int Employee::getCount()              //获取当前本类对象的个数
{   return count;}
char * Employee::getCompanyName()    //获取公司名称
{   return companyName; }

int main()
{
    Employee emp1(1001,"Chen",'m',25);
    cout << "当前本类对象的个数: " << Employee::getCount() << endl;
                            //按类名调用 static 成员函数
    Employee emp2(1002,"Wang",'f',33);
    cout << "当前本类对象的个数: " << emp2.getCount() << endl;
                            //按对象名调用 static 成员函数
    emp1.show();
    cout << "His(her) company is " << emp1.getCompanyName() << endl;
    emp2.show();
    Employee emp[5];
    cout << "当前本类对象的个数: " << Employee::getCount() << endl;
    return 0;
}
```

程序运行结果:

当前本类对象的个数：1

当前本类对象的个数：2

1001 Chen m 25

His(her) company is IBM

1002 Wang f 33

当前本类对象的个数：7

说明：

（1）本例的 Employee 类中声明了两个静态数据成员：表示公司名称的 companyName 成员和用于统计本类对象个数的 count 成员。并相应地声明了两个静态成员函数：获取公司名称的 get-CompanyName()成员函数和获取当前本类对象个数信息的 getCount()成员函数。由于这两个函数只有对静态数据成员的操作，所以可以把它们声明为静态成员函数。又因为把它们声明为了静态成员函数，所以它们既可以按对象名方式调用，也可以按类名方式调用。

（2）在 Employee 类的每个构造函数中都执行了 count ++ 的操作，这样在每建立一个对象时，count 的值就自动加 1。而 count 是一个静态数据成员，它存在于整个程序运行期间，从而起到了统计该类对象个数的作用。

8.5　友元

封装性与信息隐藏是类的一个基本特性，即类的私有成员只能被它自己的成员函数访问，类外的函数不能访问类的私有成员。在类外只能通过公有函数才能访问类的私有成员。但有时候，也需要类外的普通函数或其他类成员函数直接访问本类的私有数据成员。

例如，对于一个代表"点"的 Point 类，如果需要一个函数来计算任意两点间的距离，这个函数该如何设计呢？如果把这个函数设计为类外的普通函数，则不能体现出这个函数与"点"的特殊关系，而且类外的函数也不能直接引用"点"的坐标（私有成员）。若为了该函数能够直接引用"点"的坐标，而把"点"坐标的私有属性改为公有属性，则违背了类的封装性和信息隐藏的原则。

那么，把该函数设计为 Point 类的成员函数又如何呢？仅从语法的角度来说这不难实现，但从类的设计理念来说则不合适。因为距离是点与点之间的一种关系，是对象之间的联系，不应该作为 Point 类的一个属性。当然，我们可以由 Point 类的两个对象组合成 Line（线段）类，这样计算两点间距离的函数自然是 Line（线段）类的一个基本属性。但是 Line 类的实质是对线段的抽象。如果面临的问题是有许多点，而且经常需要计算任意两点间的距离，这时若使用 Line 类来计算任意两点间的距离，每次都需要定义一个 Line 类的对象。这既麻烦，又影响程序的可读性。而从程序的执行效率来说，类的成员函数的调用也比普通函数调用要占用更多的系统资源，执行效率要低一些。

显然，把计算任意两点间距离的函数设计为普通函数更为合理而有效。但问题是普通函数如何能访问 Point 类的私有成员（"点"的坐标）？ C ++ 提供的友元（friend）机制可以较好地解决此类问题。

友元（friend）关系，通俗地说，就是一个类主动声明本类以外的某个函数是它的朋友（friend），进而给它们提供访问本类成员的特许。

友元包括友元函数和友元类两种：

（1）如果在本类中用 friend 对本类以外的某个函数进行了声明，则该函数就成为本类的友元函数。这样，它虽然不是本类的成员函数，但它可以访问本类的所有成员，无论是公有成员还是私有成员。声明为友元的函数可以是不属于任何类的普通函数，也可以是其他类的成员函数。

（2）如果在本类中（例如 A 类）用 friend 对另一个类（例如 B 类）进行了声明，则 B 类就是 A 类的友元类。这时，友元类 B 中的所有函数就都自动成为 A 类的友元函数。

【例 8-6】使用友元函数计算任意两点间的距离。

下面给出包括 Point 类及其友元函数的完整程序代码：

```
#include < iostream >
#include < cmath >
using namespace std;
class Point                //声明 Point 类
{
    public:
        Point(int x = 0, int y = 0) {this -> x = x; this -> y = y;}
        int getX() {return x;}
        int getY() {return y;}
        friend double distance(Point &a, Point &b);
    private:
        int x, y;
};
double distance(Point &a, Point &b)
{
    double xd = a. x - b. x;
    double yd = a. y - b. y;
    return sqrt(xd * xd + yd * yd);
}
int main()
{
    Point p1(2,3), p2(5,7);
    double d = distance(p1,p2);
    cout << "The distance is " << d << endl;
    return 0;
}
```

注意：如果读者使用的是较早发布的 VC ++6.0 编译系统，对于像例 8-6 这样包括友元函数的程序代码可能不能通过编译，这是因为该版本对标准 C ++规范的支持有漏洞。解决的办法有两个：（1）从微软网站上下载 MS Visual Studio 6.0 Service Pack 5，安装即可；（2）在程序中，使用早期的输入输出流头文件 iostream. h，并同时去掉使用标准名字空间的语句 using namespace std;。

有关友元的进一步说明：

（1）友元函数虽然可以访问声明它为友元的那个类的所有成员，但它毕竟不是该类的成员函数，不能像该类成员函数那样可以默认访问该类的成员。所以，友元函数的参数中须有该类的入口参数，友元函数通过该入口参数接收该类的对象信息，从而引用该类对象的成员。比如，例 8-6 中的 distance() 友元函数的参数即为 Point 类的对象引用 Point &a 和 Point &b。

（2）友元的关系是单向的而不是双向的。如果声明了 B 类是 A 类的友元，不等于 A 类是 B 类的友元。B 类的成员函数可以访问 A 类的所有成员，但 A 类的成员函数却不能访问 B 类的私有成员和保护成员。

（3）友元的关系不能传递。如果声明了 B 类是 A 类的友元，C 类是 B 类的友元，不等于 C 类也是 A 类的友元。

（4）友元机制在一定程度上既保障了类的封装性和信息隐蔽，又合理实现了数据共享、提高了程序的执行效率。但它毕竟对类的封装和信息隐蔽有一定的破坏性，所以应该有限制地合理使用友元，要在数据共享和封装之间找到一个恰当的平衡。

习　题　8

● 思考题

8-1　参考第 1、3 章的有关内容，回答问题：什么是结构化的程序？什么是结构化的算法？它们与面向对象程序是什么关系？

8-2　什么是类？什么是对象？它们的关系如何？

8-3　如何理解类（对象）的封装与信息隐蔽？

8-4　在类体外定义成员函数与在类体中定义成员函数有什么区别和意义？

8-5　什么是构造函数？什么是析构函数？它们有哪些特点？

8-6　什么是 this 指针？如何使用？

8-7　什么是静态成员？为什么要引入静态成员？静态数据成员与全局变量有何区别？

8-8　什么是友元？为什么要引入友元？

● 选择题

8-1　面向对象程序设计思想的主要特征中不包括_____。

　　A. 封装性　　　B. 多态性　　　C. 继承性　　　　D. 功能分解，逐步求精

8-2　下列关于类与对象的说法中，不正确的是_____。

　　A. 对象是类的一个实例　　　　　B. 任何一个对象只能属于一个具体的类

　　C. 一个类只能有一个对象　　　　D. 类与对象的关系和数据类型与变量的关系相似

8-3　下列有关类的说法中，不正确的是_____。

　　A. 类是一种用户自定义的数据类型

　　B. 只有类中的成员函数才能引用类中的私有数据

　　C. 在类中，如果不作特别声明，所有数据成员均为私有类型

　　D. 在类中，如果不作特别声明，所有成员函数均为私有类型

8-4　假设 Person 是一个类，p1 是该类的一个对象，p2 是指向 p1 的指针，getname 是该类的一个成员函数，则以下不正确的表达是_____。

　　A. Person. getname( )　　　　　　B. p1. getname( )

　　C. p1. Person∷getname( )　　　　 D. p2 -> getname( )

8-5　假定 Myclass 为一个类，执行 Myclass a[3]，* p[2]；语句时，系统自动调用了 Myclass 类的构造函数_____次。

　　A. 2　　　　　B. 3　　　　　C. 4　　　　　　D. 5

8-6　假定 MyClass 为一个类，那么下列的函数说明中，_____为该类的析构函数。

　　A. void ~MyClass( )；　　　　　　B. ~MyClass(int n)；

　　C. MyClass( )；　　　　　　　　　D. ~MyClass( )；

8-7　下列关于构造函数的描述中，错误的是_____。

　　A. 构造函数可以设置默认参数　　B. 构造函数在定义类对象时自动执行

　　C. 构造函数可以是内联函数　　　 D. 构造函数不可以重载

8-8　假定 MyClass 为一个类,则该类的拷贝构造函数的声明语句为_____。

　　A. MyClass&(MyClass x);　　　　B. MyClass(MyClass x);

　　C. MyClass(MyClass &x);　　　　D. MyClass(MyClass ＊x);

8-9　下列函数中_____不能重载。

　　A. 成员函数　　　B. 非成员函数　　C. 析构函数　　　D. 构造函数

8-10　下面对成员函数的描述中,错误的是_____。

　　A. 成员函数一定是内联函数

　　B. 成员函数可以重载

　　C. 成员函数可以设置参数的默认值

　　D. 成员函数可以是静态的

8-11　下面对静态数据成员的描述中,正确的是_____。

　　A. 静态数据成员可以在类体内进行初始化

　　B. 静态数据成员不可以被类的对象调用

　　C. 静态数据成员不能受 private 控制符的作用

　　D. 静态数据成员可以直接用类名调用

8-12　下面对静态数据成员的描述中,正确的是_____。

　　A. 静态数据成员是类的所有对象共享的数据

　　B. 静态数据成员必须是 public 属性的成员

　　C. 类的每个对象都有自己的静态数据成员

　　D. 类的不同对象有不同的静态数据成员值

8-13　一个类的友元函数可以通过成员操作符访问该类的_____。

　　A. 私有成员　　　B. 保护成员　　　C. 公有成员　　　D. 所有成员

8-14　对类成员访问权限的控制,是通过设置成员的访问控制属性实现的。下列不是访问控制属性的
　　　是_____。

　　A. 公有属性 public　　　　　　　B. 私有属性 private

　　C. 保护属性 protected　　　　　　D. 友元属性 friend

8-15　在下列各类函数中,_____不是类的成员函数。

　　A. 构造函数　　B. 析构函数　　C. 友元函数　　　D. 复制构造函数

● 填空题

8-1　一个类中最多有_____个析构函数。

8-2　假定 MyClass 为一个类,若有语句 MyClass f( );,该语句的作用是_____。

8-3　在类中声明静态成员时,需要加上关键字_____。

8-4　构造函数是否可以对静态数据成员进行初始化?_____。

8-5　在定义对象时,为每个对象拷贝一份内容的类成员是_____。

8-6　为了将成员函数和类对象的数据成员联系起来,系统提供了一个隐含的_____指针。

8-7　非成员函数应声明为类的_____才能访问这个类的私有成员。

8-8　指出以下程序的错误:

```
#include <iostream>
using namespace std;
class A
{
    int x , y ;
```

```
        public：
            A( )｛ x = y = 0；｝
            A( int i = 0，int j = 0)｛ x = i；y = j；｝
            void display( )｛ cout << x << " ，" << y << endl；｝
    ｝；
    int main( )
    ｛
        A a1，a2(6,8)；
        a1. display( )；a2. display( )；
        return 0；
    ｝
```

8-9　完善下列程序代码，以满足输出要求。

```
    class A
    ｛
        private：
            int number；
            _____ int count；
        public：
            A( int)；
            void print( )｛ cout << "number = " << number << endl；｝
    ｝；


        _____；


    A：：A(____)
    ｛
        number = i；
        count ++ ；
        cout << _____ << count << endl；
    ｝


    int main( )
    ｛
        A a(____)；
        a. print( )；
        A b(____)；
        b. print( )；
        return 0；
    ｝
```

程序输出结果如下：

类对象的序号是 1
number = 10
类对象的序号是 2
number = 30

● 编程题

8-1　设计一个 Circle(圆形)类,要求有圆心坐标和半径等属性,以及该类的构造函数、设置和获取圆心坐标和半径的成员函数、计算圆面积的成员函数。并写出测试程序。

8-2　设计一个用于学校人事管理的"人员"类,要求有编号、姓名、性别、出生日期、学校名称等属性,以及有关的成员函数。其中"出生日期"要求是一个"日期"类的内嵌子对象。并写出测试程序。

8-3　设计一个 Cylinder(圆柱体)类,用成员函数计算圆柱体的体积,再写一个友元函数用以计算一个空心圆柱体的体积。并写出测试程序。

第9章 继承与派生

9.1 继承与派生的概念

类是对具有共性的一类对象的抽象,对象是类的一个具体实例。对象与类的关系反映的是个体与同类群体之间的关系。进一步地说,在人们从现实世界的各种对象中抽取出它们共同性质形成某个类的概念的过程中,在不同的抽象层次上,会形成相互联系的不同层级的分类。比如图9-1所反映的交通工具的分类,就是在不同层级上抽象出的不同的类别概念。在面向对象的程序设计语言中,反映这种类的层次关系的机制就是继承与派生。

所谓继承,就是新的类从已有的类那里获取它们全部特性并加以改造和扩充的机制。从另一个角度来说,从已有的类产生新类的机制就是类的派生。已有的类称为基类或父类,产生的新类称为派生类或子类。派生类同样也可以作为基类再派生新的类,这样就形成了类的层次结构。

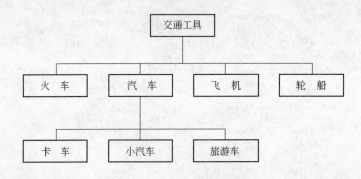

图9-1 交通工具分类层次图

我们再看看图9-1,这个对于交通工具的分类树恰当地反映了交通工具的派生关系。最高层是抽象程度最高的交通工具,是最具有普遍和一般意义的概念;其下一层(火车、汽车、飞机和轮船)具有上层交通工具的特性,同时加入了自己的新特征;而最下层是最为具体的,例如汽车下面又分出来的卡车、小汽车和旅游车。在这个层次结构中,由上到下,是一个具体化、特殊化的过程;由下到上,是一个抽象化、一般化的过程。上下层之间的关系就是一个基类与派生类的关系。

继承与派生是面向对象程序设计中最重要的机制。这种机制使程序设计人员在设计新类时,只需考虑与已有基类所不同的特性,而不用重复说明与基类的共性,实现了代码的重用。而且这种机制使软件开发者的大部分精力用于系统特殊的设计,便于软件的演进和增量式扩充,从而减少了消耗、降低了成本、缩短了软件开发周期,并使软件系统的可维护性和系统升级能力大大提高。

9.2 派生类的声明

继承性的具体实现也就是一个派生类的建立过程。

派生类声明的一般语法形式是：

　　　class 派生类名 : 继承方式 基类名 1, 继承方式 基类名 2, …, 继承方式 基类名 *n*
　　{
　　　　新增派生类成员声明；
　　};

其中,继承方式关键字有三个:public(公有)、private(私有)及 protected(保护)。继承方式关键字只对紧随其后的基类起作用,它可以缺省,缺省为 private。它们的具体意义稍后再作介绍。

在继承与派生的过程中,一个基类可以派生出多个派生类,每一个派生类又可以作为基类再派生出新的派生类,基类和派生类是相对而言的。这样,基类一代一代地派生下去,就形成了一个相互关联的有层次的类的家族,称为类族。在类族中,作为上下层直接联系而参与派生出某类的基类称为该派生类的直接基类,而基类的基类甚至更高层的基类则称为间接基类。比如图 9-1 的"交通工具"类族中,"交通工具"类派生出"汽车"类,"汽车"类又派生出"卡车"类,"汽车"类就是"卡车"类的直接基类,而"交通工具"类则是"卡车"类的间接基类。

如果一个派生类只有一个直接基类,这种类的层次结构称为单继承结构,如图 9-2(a)所示；如果一个派生类有两个或多个直接基类,这种类的层次结构则称为多继承结构,如图 9-2(b)所示。通过继承,派生类改进和扩展了基类的属性和功能。

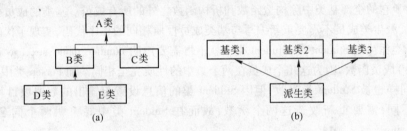

图 9-2　单继承结构与多继承结构示意图
(a) 单继承结构；(b) 多继承结构

先看一个例子,由 Person 类派生出 Student 类。为了问题的简化,先不涉及构造函数与析构函数。下面只给出基类 Person 和派生类 Student 的声明部分,类的实现(即成员函数的定义)暂时略去。类声明的代码如下：

```
//声明基类 Person
class Person
{
    protected:
        int number;                                      //编号
        char name[20];                                   //姓名
        char sex;                                        //性别
        int age;                                         //年龄
    public:
        void setInfo(int number,char name[],char sex,int age);   //设置人员信息
        char * getName();                                //获取姓名信息
        void show();                                     //输出显示人员信息
```

```
    };

    //声明派生类 Student,以 public 方式继承 Person 类
    class Student:public Person
    {
        private:
            float score;                                    //成绩
        public:
            void setInfo(int number,char name[ ],char sex,int age,float score);    //设置人员信息
            void show( );                                   //输出显示人员信息
    };
```

　　其中,Person 类中数据成员的访问属性设置为 protected,以便在其派生类 Student 中可以被直接访问。Student 类以 public 继承方式继承自 Person 类。在 Student 类中新增了一个私有数据成员 score 和两个与基类同名的公有成员函数 setInfo( )和 show( )。名字相同是因为它们的功能目标一致,但它们分属于基类和派生类,所处理的对象和具体过程是不同的。

　　继承与派生机制中,派生新类的过程是一个对已有基类进行吸收、改造和扩充的过程:

　　(1) 吸收　所谓吸收,简单地说是指派生类将基类的成员全盘接收。更准确地说,吸收是指派生类包含了它的全部基类中除构造函数和析构函数之外的所有成员。基类的成员就是派生类自己的成员,派生类成员不需要重新编写与基类成员性质相同的程序代码,实现了代码重用。比如由 Person 类派生出 Student 类,Student 类中就不再需要声明 number、name、sex、age 等数据成员和 getName( )成员函数,因为这几个成员在两个类中的性质完全相同。而 Person 类中的 setInfo( )和 show( )同样也被 Student 类吸收,但因 Student 类的信息设置与输出的数据项目与 Person 类(基类)中不同,需要重新改造这两个函数,故而在 Student 类中要声明两个同名的新函数 setInfo( )和 show( )。

　　(2) 改造　改造是指对吸收进来的基类成员的改造。改造包括两个方面,一个是对基类成员访问控制的调整,是通过派生类定义时的继承方式来确定的。本例中采用的是 public 继承方式,public 方式的继承是对基类成员访问控制不做任何调整的继承。即基类的私有成员仍为基类私有,基类的 public 和 protected 成员在派生类继承后还是保持原有访问属性不变。另一个是对基类成员的隐藏,即在派生类中声明一个与基类成员同名的新成员,这个新成员就隐藏了上层的所有同名成员。这时,在派生类中或者通过派生类的对象来直接使用该成员名,就只能访问到派生类中声明的同名成员,这称为同名隐藏或同名覆盖。比如前面已经说明的 Student 类中,声明了两个与 Person 类(基类)同名的成员函数 setInfo( )和 show( ),这样就隐藏了 Person 类的同名函数,在 Student 类中或者通过 Student 类的对象就不能直接使用 Person 类中这两个同名函数。如果确实需要在派生类中访问基类的同名成员,那就必须在同名成员前通过域运算符“::”来说明它是基类的成员,从而实现对基类同名成员的访问。

　　(3) 扩充　扩充是指派生类中新成员的加入。扩充是继承与派生机制的核心,是保证派生类在功能上有所发展的关键。比如在 Student 类中新增了一个 score 数据成员,这个成员反映了 Student 类特有的而 Person 类所不具备的性质。

　　下面通过定义和引用 Person 类和 Student 类的对象,进一步理解上述内容。

　　【例 9-1】由 Person 类以 public 继承方式派生出 Student 类,定义和引用这两个类的对象。

　　下面给出 main( )函数的代码和这两个类的成员函数的实现代码。运行调试程序时,须把前

面介绍的两个类声明的代码包含在程序中。

相关代码如下：

```cpp
int main( )
{
    Person person;                   //定义基类对象
    Student stud;                    //定义派生类对象
    person. setInfo(1001 ," Chen" ,'m' ,18);
    stud. setInfo(2001 ," Wang" ,'f' ,19 ,87);
    person. show( );
    stud. show( );
    stud. Person::show( );
            //派生类对象调用基类中的同名成员函数实现派生类对象的信息输出
    cout << person. getName( ) <<" is his(her) name. "<< endl;
    cout << stud. getName( ) <<" is his(her) name. "<< endl;
            //派生类对象调用基类中的成员函数实现派生类对象的信息输出
    return 0;
}


/* 在类外定义 Person 类的成员函数 */
void Person::setInfo(int number,char name[ ],char sex,int age)
{
    this -> number = number;
    strcpy(this -> name,name);
    this -> sex = sex;
    this -> age = age;
}
char * Person::getName( ){ return name; }
void Person::show( )
{
    cout << number <<" "<< name <<" "<< sex <<" "<< age << endl;
}


/* 在类外定义 Student 类的成员函数 */
void Student::setInfo(int number,char name[ ],char sex,int age,float score)
{
    this -> number = number;
    strcpy(this -> name,name);
    this -> sex = sex;
    this -> age = age;
    this -> score = score;
}
void Student::show( )
{
```

```
        cout << number << " " << name << " " << sex << " " << age << " " << score << endl;
    }
```

程序运行结果：

> 1001 Chen m 18
> 2001 Wang f 19 87
> 2001 Wang f 19
> Chen is his(her) name.
> Wang is his(her) name.

说明：从 main() 函数中对 Student 类对象 stud 的引用可以看出，Student 类全面吸收了基类 Person 的所有成员。这主要从派生类的外部通过派生类的对象这个角度来看。对此，又可以分为两个方面：

(1) 从派生类对基类数据成员的吸收来看，也就是从派生类的对象空间来看，Student 类的 stud 对象空间中，除了 score 数据成员空间外，还包括了 number、name、sex、age 等数据成员空间，而在 Student 类中并没有声明 number、name、sex、age 等数据成员，它们是继承自基类 Person 中的数据成员。

(2) 从派生类对基类成员函数的吸收来看，也就是从对派生类对象成员函数的调用来看，在 main() 函数中有四次 stud 对象的引用，分别通过 stud 对象调用了 setInfo() 函数、show() 函数和 getName() 函数，实现了对 stud 对象数据成员的操作。

其中，getName() 函数是 Student 类中没有的，它继承自基类 Person。但在 Student 类的对象来看，它就是自己的成员函数。在 stud 对象调用该函数时，该函数的 this 指针指向的就是派生类对象 stud 的成员，从而实现了对 stud 对象中成员的操作。程序的运行结果也证明了这一点，stud. getName() 输出的就是 stud 对象 name 成员的值。

而基类 Person 中的另外两个成员函数 setInfo() 函数和 show() 函数，同样被派生类 Student 所吸收。但由于 Student 类有扩展的 score 数据成员，需要改造 setInfo() 函数和 show() 函数以增加对 score 数据成员的操作，所以在 Student 类中新定义了 setInfo() 函数和 show() 函数。这样派生类 Student 的 stud 对象，对这两个成员函数直接调用时，调用的就是 Student 类自己定义的函数，而不是基类 Person 中的那两个同名函数。这时，在派生类 Student 中，继承自基类 Person 中的那两个同名函数被隐藏，不能被派生类对象直接调用。

例如，如果把 main() 函数中 stud. setInfo(2001," Wang" ,'f', 19, 87) 函数调用中的实参去掉最后的 87，而与基类 Person 中同名的 setInfo() 函数要求的实参个数一致，程序将不能通过编译。因为基类 Person 中同名的 setInfo() 函数被隐藏，stud 调用的是本类的 setInfo() 函数，而 Student 类的 setInfo() 函数需要 5 个实参，因而程序不能通过编译。如果 stud 对象确实只需要前面 4 个参数信息，则可以在函数名前通过域运算符 "::" 来说明它是调用基类同名的成员函数，即 stud. Person::setInfo(2001," Wang" ,'f', 19)，从而实现对 stud 对象中 4 个数据成员信息的设置。main() 函数中的函数调用 stud. Person::show()，也是基于同样的道理，派生类对象 stud 调用了基类中的同名成员函数实现了派生类对象 stud 的信息输出。

从以上派生类吸收基类成员函数的讨论中可以看出，仅从吸收而不论改造的角度看，基类的成员函数也就是派生类的成员函数。只是在派生类对象调用该函数时，该函数的 this 对象指针指向的是派生类对象的成员，实现了对派生类对象成员的操作。

以上是从派生类的外部通过派生类的对象这个角度来看派生类如何继承基类的成员（包括数据成员和成员函数）的。简单地说就是，派生类的对象除了拥有本类自己声明的所有属性外，还拥有全部基类的所有属性。

再从另外一个角度，即从派生类的内部这个角度来看派生类对基类成员的继承，它体现在，在派生类中如何访问基类成员、如何对基类成员进行改造。这与基类成员的访问属性和派生类声明的继承方式密切相关。

从对基类成员的访问来看，在 Student 类的成员函数 setInfo( ) 和 show( ) 的实现代码中，直接引用了 number、name、sex、age 等在基类 Person 中声明的数据成员，因为它们的访问属性是 protected，所以可以被派生类的成员函数来访问。

从对基类成员的改造来看，在本例中体现的就是定义与基类同名的成员函数，隐藏基类的同名函数，以适应派生类新的需要。而另一个重要的改造内容——对基类成员访问属性的调整，由于本例中采用的是 public 继承方式，它对基类成员的访问控制没做任何调整。

9.3 派生类的三种继承方式

派生类对基类进行改造的一个重要方面就是对基类成员访问属性的调整。

我们先回顾一下 8.1.1 小节"类的声明"中对 public、private 和 protected 这三个成员访问控制符作用的描述：public 引出公有成员，允许在该类以外对其访问；private 引出私有成员，只允许该类中的成员函数访问；protected 引出保护成员，只允许该类及其派生类的成员函数对其访问。

这里还可以从另外的角度来理解，从一个类自身来说，某个类自身的成员（其实就是成员函数）可以对该类中任何一个其他成员（数据成员或成员函数）进行访问，但是通过该类的对象，就只能访问该类的公有成员。也就是说，private 和 protected 都限制了从外部对类的成员的访问，实现了类的封装要达到的信息隐藏和数据保护的目的。但 private 和 protected 又有区别，这个区别就体现在类的继承与派生关系中。设置为 private 属性的成员只有它所属类的成员函数可以对其访问；而设置为 protected 的成员，除了它所属类的成员函数可以对其访问外，还允许派生类的成员函数对其访问。这就体现出了 protected 成员的重要意义，它既保障了类的封装性——数据不能被外界引用，又为派生类提供了数据共享的机制——可以被派生类引用。

但在由基类派生出新类的过程中，派生类继承自基类的成员，其访问属性不是一成不变的，而是根据不同的继承方式会做相应的调整。派生类的继承方式有三种，说明这三种继承方式的标识符与成员访问控制符的标识符是一样的，都是 public、private 和 protected。派生类这三种继承方式对基类成员访问属性的调整作用，如表 9-1 所示。

表 9-1 派生类的三种继承方式与作用

继 承 方 式	作　　用
公有继承（public）	基类的 public 和 protected 成员在派生类继承后保持原有访问属性不变，其私有成员仍为基类私有
私有继承（private）	基类的 public 和 protected 成员在派生类继承后变成派生类的 private 成员，其私有成员仍为基类私有
保护继承（protected）	基类的 public 和 protected 成员在派生类继承后变成派生类的 protected 成员，其私有成员仍为基类私有

从表 9-1 可以看出，要确定派生类中继承自基类的成员在派生类中的访问属性，不仅要考虑基类成员原来的访问属性，还要考虑派生类所声明的对基类的继承方式，由这两个因素共同决定基类成员在派生类中的访问属性。首先可以明确的是，无论哪种继承方式，基类的私有成员只能为基类私有，在派生类中不能对其访问。其次，公有继承（public）方式对基类成员的访问属性不

做任何调整。最后是注意理解私有继承(private)和保护继承(protected)对派生类作为新基类继续派生新类的影响:私有继承(private)限制了现有基类成员可访问属性的进一步延伸;保护继承(protected)则使现有基类成员的可访问属性可以进一步延伸到当前派生类的后续派生类中。

讨论派生类的三种继承方式对基类成员访问属性的调整,其实还是要落实到如何使用派生类的问题上。对派生类的使用,还是需要从类的内部和类的外部这两个角度来把握:

(1) 从派生类的内部如何访问各个成员的角度看,一个新增成员对其他新增成员的访问没有限制。需要注意的是新增成员如何访问基类成员的问题。派生类中的新增成员可以访问基类中除私有成员以外的任何成员。

(2) 从派生类的外部(即派生类的对象)如何访问它的新增成员和继承自基类的成员这个角度来看,派生类吸收并改造了继承自基类的成员,并按照改造后所具有的访问属性,将基类的成员与派生类自己新增加的成员融为一体。也就是说,在外界看来,它们没有基类成员和派生类新增成员的区别,它们都是以最新的访问属性作为派生类全部成员中的一份子。然后按照一般类的对象引用其成员的方式来使用派生类。

我们再回顾一下例 9-1 中 Student 类对 Person 类的继承方式及对 Student 类的使用。

在例 9-1 中 Student 类以 public 继承方式继承了 Person 类,这样对基类 Person 的成员的访问属性没做任何调整。而 Person 类的数据成员的访问属性为 protected、成员函数的访问属性为public,因此在 Student 类的内部,可以直接访问 Person 类的所有成员,通过 Student 类的对象可以调用 Person 类的成员函数,例如函数调用 stud. getName()。

下面对例 9-1 中 Student 类的继承方式以及 Person 类成员的访问属性做些调整,看看将是什么情形:

(1) 把例 9-1 中 Student 类对 Person 类的继承方式由公有继承(public)改为私有继承(private)或保护继承(protected):

```
class Student:private Person{…};
```

或:

```
class Student:protected Person{…};
```

这时,在 VC6. 0 系统中编译通不过,并给出错误提示:

```
error C2248:'getName': cannot access public member declared in class 'Person'
```

仅从这个提示的字面意思是不知道错误原因的,但明确了错误的位置,如图 9-3 中左边的箭头所指向的代码行,即 stud. getName() 函数调用不合法。

如果从字面理解编译器提示的错误信息,那么它的意思是说 getName 是 Person 类中声明的

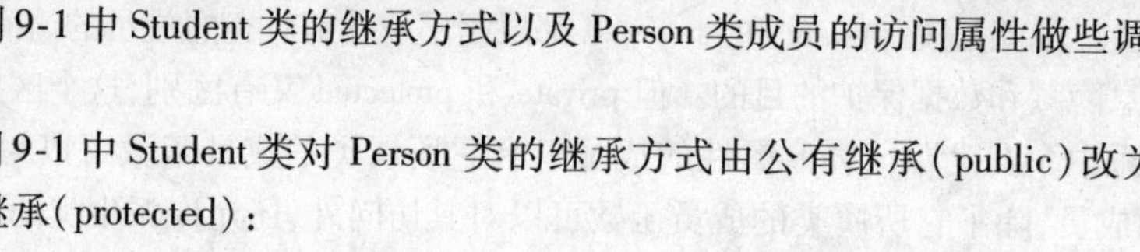

```
        stud.show();
        cout<<person.getName()<<" is his(her) name."<<endl;
➡      cout<<stud.getName()<<" is his(her) name."<<endl;
              //派生类对象调用基类中的成员函数实现派生类对象的信息输出
        return 0;
    }
}
```
```
: error C2248: 'getName' : cannot access public member declared in class 'Person'
.cpp(14) : see declaration of 'getName'
```

图 9-3　VC6. 0 中程序调试界面截图

一个公有成员,但对它的使用却不合法。这似乎很矛盾,因为对公有成员的访问是不受限制的。其实问题不在"公有"这里,而在"Person 类中声明的"公有。进一步考察调用该函数的对象,就知道错误的原因了:调用该函数的对象是 Student 类的对象 stud,Student 类对 Person 类的继承方式不是公有继承,因而 Person 类中声明的公有成员在 Student 类中的访问属性被改变,已经不再是公有成员,不能在 Student 类的外部通过 Student 类的对象对其访问。所以 stud. getName( ) 函数调用不合法。

若在 Student 类中还是需要 getName( )函数的功能,只好在 Student 类中增加一个 public 访问属性的 getName( )函数,其代码与 Person 类中的完全一样。不过也可以在该函数体中,通过域运算符"∷"调用 Person 类的 getName( )函数,即 Person∷getName( ),这样就不需要重新书写那些函数代码了(假如原来的代码较多)。

由此可见,如果采取私有继承或保护继承的方式来声明派生类,为了保留基类公有成员函数的公有访问属性,只好在派生类中重新声明并建立公有访问属性的与基类对应的成员函数。

(2) 以上把例9-1中 Student 类对 Person 类的继承方式改成了私有继承(private)或保护继承(protected),并且为了在 Student 类中保留 getName( )函数的功能,只好在 Student 类中增加了一个 public 访问属性的 getName( )函数。现在在此基础上,再把基类 Person 的数据成员访问属性改为 private。这样,在派生类 Student 中再也不能直接访问那些 Person 类的私有成员了。在这种情况下,该如何调整 Student 类的程序代码呢? ——凡是对 Person 类私有成员直接访问的代码都要调整为通过域运算符"∷"调用 Person 类的公有成员函数间接访问 Person 类的私有成员。

由于 Student 类中的三个成员函数都涉及对 Person 类声明的数据成员的访问,所以它们的程序代码都需要调整。另外,为了输出格式的需要,在 Person 类中增加了一个重载函数 show(int n)。

Person 类中的重载函数 show(int n)的代码如下:

```
void Person∷show( int n ) //重载成员函数
{
    if( n == 1 )
        cout << number << " " << name << " " << sex << " " << age;
                                               //输出后不换行
    else if( n == 2 )
        cout << number << " " << name << endl;      //只输出编号和姓名
    else
    {   //每一个数据项输出后都换行
        cout << number << endl;
        cout << name << endl;
        cout << sex << endl;
        cout << age << endl;
    }
}
```

Student 类中三个成员函数调整后的代码如下:

```
void Student∷setInfo( int number,char name[ ],char sex,int age,float score )
{
    Person∷setInfo( number,name,sex,age );
    this -> score = score;
```

```
    }

    void Student::show()
    {
        Person::show(1);  //调用基类重载的 show()函数[不换行输出]
        cout << " " << score << endl;
    }

    char * Student::getName()
    {
        return Person::getName();
    }
```

　　需要强调的是,把基类 Person 的数据成员访问属性改为 private,但在其派生类 Student 的外部来看,这些数据成员仍然是 Student 类的数据成员,用 Student 类建立的对象空间同样还包括这些继承自基类 Person 的数据成员,它们就是 Student 类对象自己的数据成员。从程序的运行结果也可以证明这一点,请读者自行对程序进行调试。

　　另外,在以上讨论中,我们没有分开说明 Student 类是以私有方式还是保护方式来继承 Person 类的。这是因为,这两种继承方式对 Student 类的对象而言结果是一样的。这两种继承方式将基类成员的访问属性要么调整为私有的,要么调整为保护的,而这两种访问属性对于一个类的对象来说是等价的,都是不能在类的外部对其访问的。那么私有继承方式和保护继承方式的区别体现在哪里呢? 就体现在对派生类作为新基类继续派生新类的影响不同。前面已经提到,私有继承限制了现有基类成员可访问属性的进一步延伸,保护继承则使现有基类成员的可访问属性进一步延伸到当前派生类的后续派生类中。

9.4　派生类的构造函数和析构函数

　　从 8.2.1 小节我们知道,当用一个类创建对象时,系统将自动调用该类的构造函数实现对象的初始化;当一个对象的生命周期结束时,系统将自动调用该类的析构函数进行对象撤消前的清理工作。一个类如果没有显式地定义构造函数和析构函数,那么系统会为该类自动生成一个默认的构造函数和析构函数。

　　以上有关构造函数和析构函数的概念,同样适用于派生类。但因为派生类的内部结构更复杂,派生类的构造函数和析构函数也就有它特殊的地方。那么如何建立派生类的构造函数和析构函数呢?

　　首先需要明确两点:(1)基类的构造函数和析构函数不能被继承;(2)派生类的对象,其数据成员既有派生类中新增加的数据成员,还包括继承自基类的全部数据成员。

　　另外还要说明的是,与构造函数相比,析构函数的情况要简单很多,而且没有特殊需要一般不用显式地定义析构函数。所以我们在后面的内容中基本忽略对派生类析构函数的讨论。

　　基于以上所明确的两点,而且在派生类中新增加的数据成员还可以是某个类的对象,我们把它称之为派生类的内嵌对象或子对象,因此在设计派生类的构造函数时,不仅要考虑派生类所增加的一般数据成员的初始化,还要考虑子对象的初始化以及基类数据成员的初始化。

　　下面给出派生类构造函数的一般定义形式:

　　(1) 对应单继承结构:

派生类名::构造函数名(形参表)

　　: 基类构造函数名(实参表),内嵌对象名1(实参表),…,内嵌对象名 m(实参表)

{　　派生类新增成员的初始化 }

（2）对应多继承结构：

派生类名::构造函数名(形参表)

　　: 基类1构造函数名(实参表),…,基类 n 构造函数名(实参表),

　　　　内嵌对象名1(实参表),…,内嵌对象名 m(实参表)

{　　派生类新增成员的初始化 }

说明：

（1）上述格式中,派生类构造函数的形参表,一般是包括与基类构造函数的形参以及子对象所属类构造函数的形参有对应参数的"总参数表列",而":"号后面的调用基类构造函数的实参表以及调用子对象所属类构造函数的实参表,一般与派生类构造函数形参表的相应参数有对应。但只要符合函数定义与调用的参数匹配规则,实参的设置是灵活的,可以是变量、常量或表达式。另外":"号后面各个被调构造函数的顺序没有限制,但每个实参表中的实参顺序必须符合相应类构造函数中参数顺序的要求。

例如,Student 类继承自 Person 类,Student 类增加了一个 score 数据成员,在 Person 类中有一个有参构造函数,其函数原型是：

Person::Person(int number,char name[ ],char sex,int age)

那么,现在可以为 Student 类定义一个相应的构造函数,代码如下：

Student::Student(int number,char name[ ],char sex,int age,float score)

　　　:Person(number,name,sex,age)

{　　this –> score = score; }

（注意 Student 类构造函数的形参与":"号后面 Person 类构造函数的实参之间的对应,详细说明参见第(2)项）

有时候可能只需要对部分成员初始化,例如只需要编号和姓名的信息。这时,可以先在 Person 类中定义一个只有两个参数的重载构造函数,其函数原型是：

Person::Person(int number,char name[ ])

同样地,可以为 Student 类定义一个相应的重载构造函数,代码如下：

Student::Student(int number,char name[ ],float score):Person(number,name)

{　　this –> score = score; }

如果 Student 类还有一个 Person 类的对象 monitor(班长)作为它的数据成员,或者说 Student 类有一个内嵌对象 monitor,那么可以为 Student 类再定义一个重载的构造函数：

Student::Student(int number,char name[ ],char sex,int age,float score,int m_number,char m_name[ ])

　　　:Person(number,name,sex,age),monitor(m_number,m_name)

{　　this –> score = score; }

（2）在建立派生类对象调用派生类的构造函数时,系统将全部实参数据对应地传递给派生类构造函数形参表(总参数表列)中的形参,再通过这些形参按照参数名相应地传递给":"号后面被调用的基类构造函数、内嵌对象构造函数和函数体中。从而实现派生类对象的初始化。

　　例如,以上含内嵌对象 monitor 的 Student 类的构造函数,它的形参有 7 个。在建立 Student 类的对象而调用该函数初始化对象时,这 7 个形参把接收到的 7 个实参数据分别按三个位置向下传递:1)把 number、name[ ]、sex 和 age 这 4 个形参接收到的数据,传递给基类构造函数 Person(number,name,sex,age),实现对继承自基类的数据成员的初始化;2)把 m_number 和 m_name[ ] 这 2 个形参接收到的数据,传递给内嵌对象 monitor 的构造函数 monitor(m_number,m_name),实现内嵌对象 monitor 的初始化;3)把 score 这个形参接收到的数据,通过函数体中的赋值语句 this -> score = score; 实现 score 数据成员的初始化。

　　(3)与 8.2.3 小节中介绍的构造函数参数初始化表的格式进行对比,可以发现上述派生类构造函数的形式,其实就是它的另一种更具普遍性的形式,即在参数初始化表中通过相关类的构造函数初始化派生类中相应的数据成员。

　　由此可见,也可以把派生类新增成员的初始化放到参数初始化表列中;反过来,也可以把内嵌对象的初始化放到构造函数的函数体中。例如,以上含内嵌对象 monitor 的 Student 类的构造函数,可以如下定义:

```
Student::Student(int number,char name[ ],char sex,int age,float score,int m_number,char m_
name[ ])
        :Person(number,name,sex,age),score(score)
{
    Person monitor(m_number,m_name);
    this -> monitor = monitor;
}
```

或者使用参数初始化表的方式初始化全部数据成员:

```
Student::Student(int number,char name[ ],char sex,int age,float score,int m_number,char m_
name[ ])
        :Person(number,name,sex,age),monitor(m_number,m_name),score(score){ }
```

但不能将基类成员初始化的构造函数放到函数体中。例如:

```
Student::Student(int number,char name[ ],char sex,int age,float score,int m_number,char m_
name[ ])
        :monitor(m_number,m_name),score(score)
{   Person(number,name,sex,age); }
```

　　它能通过编译,但其含义则是在函数体内定义一个无名的 Person 类的临时对象。该函数调用结束其生命期也就结束了,它并没有也不能给派生类的数据成员赋初值而实现派生类数据成员初始化的目的。

　　以上几种派生类数据成员初始化的方法中,使用参数初始化表的方式初始化全部数据成员的方法最可取。因为函数首部属于声明的范畴,函数体属于程序运行期间实施操作的范畴,所以将数据成员的初始化全部放到参数初始化表列中,其效率更高。而且对于 const 修饰的数据成员也只能放到参数初始化表列中,不能在构造函数的函数体内对其进行赋值。

　　(4)作为派生类数据成员的内嵌对象,它也可以是一个基类对象。但在派生类构造函数中,它就是一个普通的内嵌对象,对它的初始化按内嵌对象的方式进行。比如上面的 Student 类的内嵌对象 monitor,它就是一个基类对象,对它的初始化与其他内嵌对象的初始化没有区别。但对内嵌对象的初始化与调用基类构造函数初始化继承于基类的数据成员是有本质区别的。正如前面已经说明的,可以把内嵌对象的初始化放到构造函数的函数体内进行,而用于基类数据成员初始化的基类构造函数则必须放到":"号后面的参数初始化表列中。

(5)如果把一个对象形参直接声明在派生类构造函数的函数首部,并通过它接收传递对象的实参数据来初始化派生类的内嵌对象成员,在语法上是可行的。但由于对象属性的多样性,这种方法不能在函数首部明确内嵌对象成员需要初始化哪些属性,而要依赖于实参对象所具有的属性,在实际应用中是不可取的。

下面给出一个完整程序代码的示例,以便于对以上内容的认识和理解。

【例 9-2】有内嵌对象的派生类的声明及其对象的定义与引用。

程序代码:

```cpp
#include <iostream>
using namespace std;
//声明基类 Person
class Person
{
    protected:
        int number;
        char name[20];
        char sex;
        int age;
    public:
        Person();
        Person(int number,char name[]);
        Person(int number,char name[],char sex,int age);
        char * getName();
        void show();
        void show(int n);
};


//声明派生类 Student
class Student:protected Person
{
    private:
        float score;
        Person monitor;
    public:
        Student();
        Student(int number,char name[],float score);
        Student(int number,char name[],char sex,int age,float score);
        Student(int number,char name[],char sex,int age,float score,int m_number,char m_name[]);
        char * getName();
        char * getMonitorName();
        void show();
```

```
};

/* 在类外定义 Person 类的成员函数 */
Person::Person(){}
Person::Person(int number,char name[])
{
    this -> number = number;
    strcpy(this -> name,name);
}
Person::Person(int number,char name[],char sex,int age)
{
    this -> number = number;
    strcpy(this -> name,name);
    this -> sex = sex;
    this -> age = age;
}
char * Person::getName(){ return name; }
void Person::show()
{
    cout << number <<" "<< name <<" "<< sex <<" "<< age << endl;
                                                    //输出后换行
}
void Person::show(int n)                            //重载成员函数
{
    if(n == 1)
        cout << number <<" "<< name <<" "<< sex <<" "<< age;   //输出后不换行
    else if(n == 2)
        cout << number <<" "<< name << endl;        //只输出编号和姓名
    else
    {   //每一个数据项输出后都换行
        cout << number << endl;
        cout << name << endl;
        cout << sex << endl;
        cout << age << endl;
    }
}


/* 在类外定义 Student 类的成员函数 */
Student::Student(){}
Student::Student(int number,char name[],float score) : Person(number,name),score(score){}
Student::Student(int number,char name[],char sex,int age,float score)
        :Person(number,name,sex,age),score(score){}
Student::Student(int number,char name[],char sex,int age,float score,int m_number,char m_
name[])
```

```
                :Person(number,name,sex,age),monitor(m_number,m_name),score(score){}
char * Student::getName() { return Person::getName(); }
char * Student::getMonitorName() { return monitor.getName(); }
void Student::show()
{
    Person::show(1);                //调用基类重载的show()函数[不换行输出]
    cout << " " << score << endl;
}


int main()
{
    Person person(1001,"Chen",'m',18);
    Student stud1(2001,"Wang",'f',19,87);      //定义派生类对象(无内嵌对象成员)
    Student stud2(2002,"Zhang",'f',18,97,2028,"Li");
                                    //定义派生类对象(有内嵌对象成员)
    Student stud3(2003,"Liu",'m',19,78,1001,"Chen");       //同上
    person.show();
    stud1.show();
    stud2.show();
    stud3.show();
    cout << stud2.getMonitorName() << " is " << stud2.getName() << " \'s monitor. " << endl;
    cout << stud3.getMonitorName() << " is " << stud3.getName() << " \'s monitor. " << endl;
    return 0;
}
```

程序运行结果:

```
                1001 Chen m 18
                2001 Wang f 19 87
                2002 Zhang f 18 97
                2003 Liu m 19 78
                Li is Zhang's monitor.
                Chen is Liu's monitor.
```

从上述介绍的内容可以看出,当建立一个派生类的对象时,派生类的构造函数被执行,基类的构造函数以及内嵌对象数据成员的构造函数也将被调用。同样地,当派生类的对象被撤消时,派生类的析构函数被执行,基类的析构函数以及内嵌对象的析构函数也将被调用。那么,派生类的构造函数与析构函数中,各个部分的执行次序是怎样的呢?

(1)派生类构造函数中各个部分执行的一般顺序是:

1)调用基类构造函数,调用顺序是它们在派生类声明中被声明的继承顺序(从左向右)。

2)调用内嵌对象(数据成员)的构造函数,调用顺序是它们在类体中声明的顺序。

3)执行派生类构造函数函数体中的内容。

注意:调用基类构造函数和内嵌对象构造函数的执行顺序与派生类构造函数声明中列出的名称顺序没有关系。

(2)派生类析构函数中的执行次序与构造函数的执行次序正好相反,不再赘述。

【例9-3】有析构函数的派生类示例。

在例9-2的基础上,为了跟踪对象撤消的顺序,分别在基类 Person 和派生类 Student 中显式地建立一个析构函数。代码如下:

```
Person::~Person() { cout << number << "对象(Person类)已撤消"<< endl; }
Student::~Student() { cout << number << "对象(Student类)已撤消"<< endl; }
```

为了跟踪对象的建立顺序,分别在两个类的构造函数函数体中增加一条信息输出语句。

(1) 基类 Person 的构造函数函数体中:

```
cout << number << "对象(Person类)已建立"<< endl;
```

(2) 派生类 Student 的构造函数函数体中:

```
cout << number << "对象(Student类)已建立"<< endl;
```

下面是测试对象的建立与撤消过程的程序代码:

```
int main()
{
    Person person(1001,"Chen",'m',18);        //定义基类对象
    Student stud(2002,"Zhang",'f',18,97,2028,"Li"); //定义派生类对象(有内嵌对象成员)
    person.show();
    stud.show();
    return 0;
}
```

程序运行结果:

```
                    1001 对象(Person 类)已建立
                    2002 对象(Person 类)已建立
                    2028 对象(Person 类)已建立
                    2002 对象(Student 类)已建立
                    1001 Chen m 18
                    2002 Zhang f 18 97
                    2002 对象(Student 类)已撤消
                    2028 对象(Person 类)已撤消
                    2002 对象(Person 类)已撤消
                    1001 对象(Person 类)已撤消
```

说明:在程序运行结果中,第 1 行信息是在建立编号为 1001 的基类对象 person 时,系统自动调用基类 Person 的构造函数所输出的信息。第 2～4 行信息是在建立编号为 2002 的派生类对象 stud 的过程中,系统自动调用相应的构造函数所输出的结果。从中可以看出,所调用构造函数的顺序依次是:基类构造函数→内嵌对象数据成员(编号为 2028)的构造函数→派生类构造函数(函数体)。第 5、6 行信息是两个对象调用 show() 函数输出的信息。最后 4 行(第 7～10 行)信息是在撤消对象时系统自动调用相应的析构函数所输出的结果。从中可以看出,先建立的对象后撤消,最先建立的基类对象 person(编号为 1001)最后撤消。而在先撤消派生类对象 stud 的过程中,系统自动调用析构函数的顺序与建立对象时调用构造函数的顺序正好相反。

另外需要强调的是,两次显示"2002 对象……已建立"和两次显示"2002 对象……已撤消"的信息,不是建立了两个 2002 编号的对象,然后又撤消了它们,而是因为 2002 编号的对象是一个派生类对象,它在建立和撤消过程中分别自动调用了基类和派生类的构造函数和析构函数所输出的信息,所以各有两次相应的输出信息。

9.5 多重继承的二义性问题与虚基类

先看一个多继承结构的简单示例。

【例 9-4】多继承结构示例:由日期类(Date)和时间类(Time)派生出日期时间类(DateTime)。

程序代码:

```cpp
#include <iostream>
using namespace std;
class Date
{
    private:
        int year, month, day;
    public:
        Date():year(2000), month(1), day(1){ };
        Date(int nYear, int nMonth, int nDay):year(nYear), month(nMonth), day(nDay){ }
        int getYear(){return year;}
        int getMonth(){return month;}
        int getDay(){return day;}
        bool isLeap(){return (year%4 ==0&&year%100! =0||year%400 ==0);}
        void show()
        {
            cout << year << "年" << month << "月" << day << "日";
            if(isLeap()) cout << " " << "闰年";
            cout << endl;
        }
};
class Time
{
    private:
        int hour, minute, second;
    public:
        Time():hour(0), minute(0), second(0){ };
        Time(int nHour, int nMinute, int nSecond):hour(nHour), minute(nMinute), second(nSecond){ }
        int getHour(){return hour;}
        int getMinute(){return minute;}
        int getSecond(){return second;}
        void show(){cout << hour << "时" << minute << "分" << second << "秒" << endl;}
};
class DateTime:public Date,public Time
```

```
        {
    public:
        DateTime() { }
        DateTime(int nYear, int nMonth, int nDay) : Date(nYear, nMonth, nDay) { }
        DateTime(int nYear, int nMonth, int nDay, int nHour, int nMinute, int nSecond)
            : Date(nYear, nMonth, nDay), Time(nHour, nMinute, nSecond) { }
        void show()
        {
            cout << getYear() << "年" << getMonth() << "月" << getDay() << "日"
                << " " << getHour() << "时" << getMinute() << "分" << getSecond() << "秒";
            if(isLeap()) cout << " " << "闰年";
            cout << endl;
        }
    };
    int main()
    {
        Date d(2008, 8, 8);
        Time t(20, 30, 0);
        DateTime d_t1(2000, 9, 10);
        DateTime d_t2(2009, 9, 10, 12, 30, 0);
        d.show();
        t.show();
        d_t1.show();
        d_t2.show();
        return 0;
    }
```

程序运行结果：

　　　　　　　　　2008 年 8 月 8 日 闰年
　　　　　　　　　20 时 30 分 0 秒
　　　　　　　　　2000 年 9 月 10 日 0 时 0 分 0 秒 闰年
　　　　　　　　　2009 年 9 月 10 日 12 时 30 分 0 秒

以上的多继承结构示例中,由于 Date 类和 Time 类的数据成员没有重叠的情况,故由它们派生出 DateTime(日期时间)类,整体结构比较简单,不会出现什么问题。

现再看一个例子,声明一个教师(Teacher)类和一个学生(Student)类,再由它们派生出研究生(Graduate)类。这也是一个多继承结构的派生关系,如图 9-4(a)所示。由于在 Teacher 类和 Student 类中都有 number(编号)、name(姓名)、sex(性别)、age(年龄)等共同的属性,这样在 Graduate 类中就有了继承自两个直接基类的两份 number、name、sex、age 等数据成员以及对它们进行操作的成员函数。那么,在 Graduate 类的对象看来,究竟应该使用其中的哪一份呢? 这就出现了歧义,这就是多重继承的二义性问题。

为了解决这种二义性问题,可以在派生类中声明与基类同名的成员,从而隐藏基类的同名成员,避免二义性;也可以通过类域运算符":: "显式地明确表明使用其中某一个基类的同名成员,从而避免二义性。但这两种处理方式与类的封装和继承机制的本质意义有矛盾或存在较大的距离。

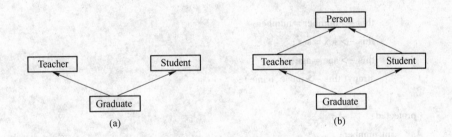

图 9-4 多重继承示意图

(a) 多重继承;(b) 拥有共同基类的多重继承

其实,对于具有共同属性的 Teacher 类和 Student 类来说,应该把它们共同的属性更进一步抽象出高一层次的基类——Person 类。由 Person 类派生出 Teacher 类和 Student 类,如图 9-4(b)所示。那么,在由 Teacher 类和 Student 类再共同派生 Graduate 类时,对于它们继承自 Person 类的共同的成员,能否有一种机制使 Graduate 类中继承自其直接基类的 Teacher 类和 Student 类中的同名的成员只保留一份,或者说 Graduate 类直接继承它们共同的上一层基类 Person 类的成员,从而避免多重继承的二义性问题呢? 回答是肯定的,这就是 C++ 的虚基类的概念。

虚基类的声明是在派生类的声明过程中声明的,其语法形式如下:

class 派生类名 : virtual 继承方式 基类名

上述格式中,通过关键字 virtual 将基类声明为派生类的虚基类。virtual 关键字的作用范围与继承方式关键字相同,只对紧随其后的基类起作用。经过这样的声明后,当虚基类通过多条派生路径被一个间接派生类继承时,该间接派生类只继承该虚基类一次。

例如,在 Teacher 类和 Student 类的声明中,可以将它们继承的共同基类 Person 类声明为虚基类。这样,在由 Teacher 类和 Student 类进一步共同派生 Graduate 类时,Graduate 类对于属于 Person 类的成员只继承一次。

需要注意:为了保证虚基类在进一步的间接派生类中只继承一次,应当在该基类的所有直接派生类中都要把该基类声明为虚基类。否则仍然会因为对共同基类的多次继承而引起二义性问题。由于多重继承的二义性问题,一般不提倡使用多继承结构,只有在比较简单和不易出现二义性的情况下或实在必要时才使用多重继承。

【例 9-5】声明一个 Person(人员)类,它有 number(编号)、name(姓名)、sex(性别)、age(年龄)等数据成员。由 Person 类派生出 Student(学生)类和 Teacher(教师)类。在 Student 类中新增一个 score(成绩)数据成员,在 Teacher 类中新增一个 position(职务)数据成员和一个 salary(薪水)数据成员。再由 Student 类和 Teacher 类共同派生出 Graduate(研究生)类。

程序代码:

```
#include < iostream >
using namespace std;
//声明公共基类 Person
class Person
{
    public:
        Person( int number, char name[ ], char sex, int age)
```

```
        {
            this -> number = number;
            this -> sex = sex;
            this -> age = age;
            strcpy( this -> name, name);
        }
    protected:
        int number;
        char name[10];
        char sex;
        int age;
};
//声明派生类 Student 类,并声明 Person 为其公有继承的虚基类
class Student: virtual public Person
{
    public:
        Student( int number, char name[ ], char sex, int age, float score): Person( number, name, sex,
        age)
        {      this -> score = score;  }
    protected:
        float score;  //成绩
};
//声明派生类 Teacher 类,并声明 Person 为其公有继承的虚基类
class Teacher: virtual public Person
{
    public:
        Teacher( int number, char name[ ], char sex, int age, char position[ ], float salary)
            : Person( number, name, sex, age)
        {
            strcpy( this -> position, position);
            this -> salary = salary;
        }
    protected:
        char position[10];           //职务
        float salary;                //薪水
};
//声明多重继承的派生类 Graduate
class Graduate: public Student, public Teacher
{
    public:
        Graduate( int number, char name[ ], char sex, int age, float score, char position[ ], float salary)
            : Person( number, name, sex, age), Student( number, name, sex, age, score),
            Teacher( number, name, sex, age, position, salary) { }
        void show( )
```

```
        {
                cout << " number: " << number << endl;
                cout << " name: " << name << endl;
                cout << " sex: " << sex << endl;
                cout << " age: " << age << endl;
                cout << " score: " << score << endl;
                cout << " position: " << position << endl;
                cout << " salary: " << salary << endl;
        }
};
int main()
{
        Graduate graduate(3006," Wang ",'f',24,89.5," assistant ",1234.5);
        graduate. show();
        return 0;
}
```

程序运行结果:

```
                number: 3006
                name: Wang
                sex: f
                age: 24
                score: 89.5
                position: assistant
                salary: 1234.5
```

此外,在有虚基类与没有虚基类的多继承结构中,构造函数的建立方法略有不同。在有虚基类的多继承结构中,在最后的派生类中不仅要负责对其直接基类进行初始化,还要负责对虚基类初始化。也就是说,在整个继承结构中,直接或间接继承虚基类的所有派生类,都必须在构造函数的成员初始化表中给出对虚基类的构造函数的调用。如果未列出,则表示调用该虚基类的默认构造函数。

但这种构造函数的建立方法,并不意味着最后的派生类对象中继承自虚基类的数据成员会被多次初始化。其实,C++编译系统只落实最后的派生类对虚基类的构造函数的调用,而忽略虚基类的其他中间派生类对虚基类的构造函数的调用。这就保证了最后的派生类对象中继承自虚基类的数据成员,不会因为多个中间派生类构造函数的调用而被多次初始化。

比如,在例 9-5 的 Graduate 类的构造函数成员初始化表中,不仅有其直接基类 Student 类和 Teacher 类的构造函数的调用,还有虚基类 Person 类的构造函数的调用,但 Graduate 类对象的数据成员并不会被多次初始化。

9.6 其他

9.6.1 类型兼容

从 9.3 节的介绍中可以看出,三种继承方式中,只有公有继承的派生类才完整地继承了基类中除构造函数和析构函数之外的全部数据成员和成员函数。故公有派生类才是基类真正的子类型。这就有了类型兼容的概念。

所谓类型兼容,是指在需要基类对象的任何地方,都可以使用公有派生类的对象来替代,反过来则是禁止的。

具体地说,类型兼容规则中所指的替代包括以下的情况:

(1)公有派生类的对象可以赋值给基类对象。

(2)公有派生类的对象可以初始化基类的引用。

(3)公有派生类的对象的地址可以赋给指向基类的指针;或者说,指向基类的指针也可以指向公有派生类。

以上三种情况,其实说明的是两个方面的内容。前两种情况说明的是同一个方面的内容,即公有派生类的对象可以赋值给基类对象,反之则禁止。这是因为派生类的数据成员不少于基类的数据成员,这样的赋值或引用关系只是舍弃派生类中基类所没有的数据成员,不影响对基类数据成员的赋值。第三种情况说明的是,一个公有派生类的对象可以被当作基类的对象来使用,反之则禁止;或者说,可以按照基类的处理方法来处理公有派生类的对象,反之则禁止。更具体地说,当指向基类的指针改为指向公有派生类对象时,通过该指针对成员函数的调用,调用的是基类的成员函数,即使在派生类中有同名的成员函数。不过调用的虽然是基类的成员函数,但处理的是派生类对象中继承自基类的成员。这种通过指向派生类对象的基类指针来调用成员函数的方式与通过派生类对象名或派生类对象的指针来调用成员函数的方式是有区别的。通过派生类对象名与通过派生类对象的指针来调用成员函数的方式是等价的,它们只有在本类没有相应的成员函数时,才会调用基类的成员函数。

9.6.2　继承与组合

在一个类中以另一个类的对象作为它的数据成员,称为类的组合。在例 9-2 中就已经遇到了这种情况,在该例子的 Student 类的数据成员中,monitor 就是另一个类 Person 类的对象。

类的继承反映的是类与类之间的层次关系,类的组合反映的则是对象与对象之间的包含关系。在这里,主要是为了便于比较,把类和对象的这两种结构关系放在了一起。有关它们的详细内容已经在本书的其他地方有了更具体的介绍,在此就不再赘述了。

习　题　9

● 思考题

9-1　C++中类的继承结构分为哪两种? 继承方式又分为哪三种? 并比较这三种继承方式。

9-2　派生类的构造函数与析构函数中,各个部分的执行次序是怎样的?

9-3　什么叫做虚基类? 有何作用?

9-4　类型兼容说明的是什么问题?

● 选择题

9-1　下列对派生类的描述中,错误的是_____。

　　A. 一个派生类可以作为另一个派生类的基类

　　B. 派生类至少有一个基类

　　C. 派生类的成员除了它自己的成员外,还包含了它的基类的成员

　　D. 派生类中继承的基类成员的访问权限到派生类中保持不变

9-2　继承具有_____,即当基类本身也是某一个类的派生类时,底层的派生类也会自动继承间接基类的

成员。

    A. 规律性   B. 传递性   C. 重复性   D. 多样性

9-3 派生类的对象对它的基类成员中_____是可以访问的。

    A. 公有继承的公有成员   B. 公有继承的私有成员

    C. 公有继承的保护成员   D. 私有继承的公有成员

9-4 基类中的_____不允许外界访问,但允许派生类的成员访问,这样既有一定的隐藏能力,又提供了开放的接口。

    A. 公有成员   B. 私有成员   C. 保护成员   D. 私有成员函数

9-5 下列描述中,表达错误的是_____。

    A. 公有继承时基类中的 public 成员在派生类中仍是 public 的

    B. 公有继承时基类中的 private 成员在派生类中仍是 private 的

    C. 公有继承时基类中的 protected 成员在派生类中仍是 protected 的

    D. 私有继承时基类中的 public 成员在派生类中是 private 的

9-6 派生类的构造函数的成员初始化列表中,不能包含_____。

    A. 基类的构造函数   B. 派生类中子对象的初始化

    C. 基类子对象的初始化   D. 派生类中一般数据成员的初始化

9-7 设置虚基类的目的是_____。

    A. 简化程序   B. 消除二义性

    C. 提高运行效率   D. 减少目标代码

9-8 下列虚基类的声明中,正确的是_____。

    A. class virtual B: public A   B. virtual class B: public A

    C. class B: public A virtual   D. class B: virtual public A

● 填空题

9-1 继承的方式有公有继承、私有继承和_____3 种。

9-2 类的继承中,默认的继承方式是_____。

9-3 如果类 Alpha 继承了类 Beta,则类 Alpha 称为_____类。

9-4 分析下列程序,根据输出结果完善程序。要求:(1)在主函数中不可以通过对象 c1 访问类中的所有数据成员;(2)程序的运行结果为:3,6,9。

```
#include <iostream>
using namespace std;
class A
{
    _____                    //最合理的访问特性
    int a;
    public:
    A( int i=0 ){ a=i; }
};
class B
{
    _____                    //最合理的访问特性
    int b;
    public:
```

```
        B( int i = 0 ) { b = i ; }
} ;
class C : public A
{
        int c ;
        B b1 ;
        public :
        _____                //根据运行结果定义构造函数
        {_____}
        void display( ) {_____}        //输出 C 的所有数据成员
} ;
int main( ) {    C c1(3,6,9) ; c1. display( ) ; return 0 ; }
```

● 编程题

9-1　设计一个 Circle(圆)类,再由 Circle 类派生出 Cylinder(圆柱体)类。

9-2　分别用单一继承方式和类的组合方式,设计平面坐标系中的 Point(点)类、Line(线段)类和 Triangle(三角形)类。

9-3　设计一个多继承结构的程序。

第 10 章 多 态 性

10.1 多态性的概念

多态性是面向对象程序设计的一个重要特征。所谓多态是指同一个消息被不同类型的对象接收时,或是被同一个对象在不同的环境接收时,它(们)会作出不同的响应,产生不同的行为。从系统实现的角度看,消息就是对函数的调用;同一个消息就是调用相同名字的函数;而同一个消息会产生不同的行为,也就是调用了同名的不同函数。函数同名是因为功能目标一致,但具体的处理过程却不同,因为它们是不同的函数定义。

多态性可分为两类——静态多态性和动态多态性。函数重载和运算符重载属于静态多态性,又称编译时的多态性,在程序编译时系统就确定了具体调用的是哪个函数。虚函数属于动态多态性,又称运行时的多态性,它存在于继承层次结构的类族中,在程序运行过程中才动态地确定具体调用的是哪个类的同名函数。多态机制与继承机制相结合,使高层代码(算法)只写一次而在低层可多次复用。即基类具有的处理能力,派生类中不用重写代码就具有同样的处理能力。如果需要在派生类中扩展功能,又可以重写函数代码实现功能的扩展。这样可以统一一个类族的对外接口,提高了类的抽象度和封闭性,进一步提高了代码的复用率。

有关函数重载的内容在 4.4.1 小节已有介绍,前面也已多次使用,在此不再赘述。下面主要介绍运算符重载与虚函数实现的多态机制及有关内容。

10.2 运算符重载

10.2.1 运算符重载的概念

所谓运算符重载就是对已有的运算符赋予新的功能,使同一个运算符作用于不同类型的数据时导致不同的行为。例如,cin 和 cout 通过流提取运算符“ >> ”和流插入运算符“ << ”实现了 C++ 的基本输入输出操作。但它们其实不是 C++ 的基本运算符所具有的行为能力,而是在 iostream 头文件中对 C++ 的二进制位运算的右位移运算符“ >> ”和左位移运算符“ << ”重载的运算符,从而使它们具有了在 cin 和 cout 中新的行为能力。

运算符重载的实质是函数重载,即定义一个重载运算符的函数。只不过这个函数名比较特殊,它是由关键字 operator 加上重载的运算符组成的。

重载运算符的函数,其一般格式为:

```
函数类型 operator 运算符(形参表)
{
    函数体;
}
```

例如,如果我们已经声明了一个 Complex 复数类,那么它的构造函数有两个参数,分别是一个复数的实部和虚部。于是我们可以这样声明复数类的对象:

Complex c1(2.0,5.0), c2(4.0,-2.0), c3;

当我们希望能像普通的加法运算一样，使用"+"运算符对 c1 和 c2 进行加法运算，例如 c3 = c1 + c2，这时就需要对运算符"+"进行重载。在 Complex 类中重载"+"运算符的函数原型可以是这样的：

Complex operator + (Complex& c);

其中的"operator +"就是重载运算符"+"的重载函数名。

【例 10-1】 重载运算符"+"为 Complex 类的成员函数，使之能用于两个复数的相加运算。
程序代码：

```
#include <iostream>
using namespace std;
class Complex
{
    public:
        Complex() {real = 0;imag = 0;}
        Complex(double r,double i) {real = r;imag = i;}
        Complex operator + (const Complex &c);        //声明重载运算符为类的成员函数
        friend void print(const Complex &c);          //声明类外的一个友元函数
    private:
        double real,imag;
};
Complex Complex::operator + (const Complex &c)        //定义重载运算符的函数(成员函数)
{
    return Complex(real + c.real,imag + c.imag);
}
void print(const Complex &c)
{
    if(c.imag < 0)
        cout << c.real << c.imag <<'i';
    else
        cout << c.real <<' +' << c.imag <<'i';
}

int main()
{
    Complex c1(2.0,5.0), c2(4.0,-2.0), c3;
    c3 = c1 + c2;                                     //运算符 + 用于复数运算
    cout << "c1 = "; print(c1); cout << endl;
    cout << "c2 = "; print(c2); cout << endl;
    cout << "c1 + c2 = "; print(c3); cout << endl;
    return 0;
}
```

程序运行结果:

$$c1 = 2 + 5i$$
$$c2 = 4 - 2i$$
$$c1 + c2 = 6 + 3i$$

说明:

(1) 重载运算符的运算过程,其实是一个转化为调用重载函数的过程。即首先把有重载运算符的运算表达式转化为对运算符重载函数的调用,运算对象转化为运算符重载函数的实参;然后根据实参的类型来确定需要调用的函数。只不过这个转化过程是在编译过程中完成的。

例如,本例中的复数相加运算 c1 + c2,因为 c1 和 c2 是两个复数,于是编译程序把这里的"+"运算转化为对其重载函数 operator + 的调用。该重载函数是类的一个成员函数,须按对象方式来调用。而"+"运算符需要两个操作数,这样在 c1 + c2 的表达式中,c1 对应调用该重载函数的对象,c2 对应该函数的实参。即 c1 + c2 这个复数相加的表达式,实际上是这样的运算符重载函数的调用 c1. operator + (c2)。从该函数的函数体可以知道,其返回值是 Complex (real + c2. real,imag + c2. imag)。它是一个代表复数的 Complex 的对象,其中对应复数实部的值为 real + c2. real,即 this -> real + c2. real;对应虚部的值为 imag + c2. imag,即 this -> imag + c2. imag。调用该函数的是 c1 对象,所以这里的 this 指向的就是 c1。也就是说,c1 + c2 的运算结果,实现的就是 c1 和 c2 这两个复数实部和虚部分别进行的相加运算,并产生一个同类型的对象。

(2) 本例中声明为类外的友元函数的复数输出函数 print( ),也可以把它声明为类的成员函数。只是需要注意参数设置与调用格式的差别。

(3) 运算符"+"的重载函数和复数输出函数 print( ),其中的参数被声明为 const 是为了数据保护的需要,防止函数体中的错误代码无意地改变了它的值。

10.2.2 运算符重载的规则

运算符重载的规则如下:

(1) 不允许重载 C++ 中没有的运算符,即不能创造新的运算符。而且,作用域运算符"::"、成员运算符"."、指向运算符"*"、条件运算符"?:"和长度提取运算符"sizeof",这 5 个运算符也不允许重载。

(2) 无论运算符重载的具体定义如何,重载不可以改变运算符原来的语法结构。即重载运算符的操作数个数、优先级和结合性等,必须与原运算符完全一样。

(3) 为保障程序代码的可读性,便于识别和使用,运算符重载后的功能应与原有功能相似。

(4) 重载运算符的函数不能有默认的参数,否则就改变了运算符操作数的个数,与第(2) 项规则矛盾。

(5) 用于类对象的运算符一般必须重载,但地址运算符(&)和赋值运算符(=)不必重载。地址运算符能返回类对象在内存中的起始地址,所以不必重载。对于赋值运算符,因为系统已经为每一个新声明的类重载了一个赋值运算符,即类的复制构造函数,所以它也不必重载。但当一个类中有指针类型数据成员时,则需要重载赋值运算符,即显式地定义一个复制构造函数,原因已在 8.2.2 小节有说明,在此不再赘述。

(6) 关于自增(++)/自减(--)运算符的重载。C++ 约定,在自增/自减运算符重载函数中,若增加一个 int 型形参,就是后置自增/自减运算符函数。这个增加的 int 型参数,只是为了与前置自增/自减运算符重载函数有所区别，此外没有任何作用。

（7）运算符重载函数可以是类的成员函数，也可以是类的友元函数，还可以是既非类的成员函数也不是友元函数的普通函数（此种形式极少使用，因为普通函数不能直接访问类的私有成员）。但重载运算符的操作数至少须有一个是用户自定义的类型。也就是说，操作数不能全部是 C++ 的标准类型，以防止用户修改用于标准类型数据的运算符的性质。

下面通过示例就运算符重载为类的成员函数和类的友元函数这两种主要形式进行讨论。

【例 10-2】 将例 10-1 中重载运算符 " + " 为 Complex 类的成员函数，改为重载运算符 " + " 为 Complex 类的友元函数，并实现例 10-1 中同样的功能。

程序代码：

```cpp
#include < iostream >
using namespace std;
class Complex
{
    public:
        Complex( ){real = 0;imag = 0;}
        Complex(double r,double i){real = r;imag = i;}
        friend Complex operator + (const Complex &c1,const Complex &c2);
                        //声明重载运算符为类的友元函数
        friend void print(const Complex &c);
    private:
        double real,imag;
};
//定义重载运算符的函数(友元函数)
Complex operator + (const Complex &c1,const Complex &c2)
{
    return Complex(c1. real + c2. real,c1. imag + c2. imag);
}
void print(const Complex &c)
{
    if(c. imag < 0)
        cout << c. real << c. imag <<'i';
    else
        cout << c. real <<' +' << c. imag <<'i';
}
int main( )
{
    Complex c1(2. 0,5. 0), c2(4. 0, -2. 0), c3;
    c3 = c1 + c2;         //运算符 +用于复数运算
    cout << "c1 = "; print(c1); cout << endl;
    cout << "c2 = "; print(c2); cout << endl;
    cout << "c1 + c2 = "; print(c3); cout << endl;
    return 0;
}
```

说明：

（1）在例 10-1 中已经说明了重载运算符的运算过程是一个转化为调用重载函数的过程。本例也是一样，只是本例的运算符重载函数是类外的一个友元函数，是一个普通函数的调用方式。具体地说，对于本例的复数相加运算 c1 + c2，编译程序把该"+"运算转化为对其重载函数 operator + 的调用。现在该重载函数是类的一个友元函数，它有两个参数，正好对应"+"运算符的两个操作数。即 c1 + c2 这个复数相加的表达式，实际上是这样的函数调用 operator + （c1，c2）。同样地，从该函数的函数体可以知道，该函数调用实现了 c1 和 c2 两个复数的实部和虚部分别进行相加运算。这与例 10-1 的结果完全一致。

（2）将本例中的运算符重载函数的首部与例 10-1 进行比较可以发现，重载为类的友元函数的参数个数比重载为类的成员函数的参数个数要多出一个，但它的个数正好与重载运算符操作数的个数是一致的。这是因为，重载运算符的操作数本来就是要与重载运算符的函数参数相对应，就像本例中的 c1 + c2 与 operator + （c1，c2）那样两者完全对应。但当重载运算符的函数是类的成员函数时，它必须通过类的对象来调用。这样它就有了一个隐含的 this 指针参数，调用该成员函数的对象也就是重载运算符的一个操作数。因此，重载为类的成员函数的参数个数就要比它所重载的运算符的操作数少一个。相应地，重载为类的成员函数的参数个数就要比重载为类的友元函数的参数个数少一个。

由此我们可以得出结论：如果把一个运算符重载为类的友元函数，该函数的参数个数与运算符操作数的个数相同；如果把一个运算符重载为类的成员函数，该函数的参数个数则比运算符操作数的个数要少一个。这样，在把一个运算符重载为类的成员函数时，单目运算符重载函数就是一个无参函数；双目运算符重载函数有一个参数，该参数即为运算符的右操作数，而左操作数则为该类的对象本身。

（3）一般情况下，单目运算符最好被重载为成员函数，而双目运算符最好被重载为友元函数。因为在有些情况下，双目运算符不适于重载为成员函数。例如，对于一个 Complex 复数类的对象 c 与一个 double 型变量 x 的加法运算的表达式 c + x 和 x + c，若分别按运算符重载的两种方式来处理，编译程序会把"+"运算转化为对其重载函数 operator + 的调用形式，其转化结果是：

1）对于表达式 c + x：

重载为成员函数时转化的形式是 c. opertor + （Complex （x）），它是合法的；重载为友元函数时转化的形式是 opertor + （c，Complex(x)），它同样也是合法的。

2）对于表达式 x + c：

重载为成员函数时转化的形式是 x. opertor + （c），它是非法的，因为 x 不是一个对象；重载为友元函数时转化的形式是 opertor + （Complex(x)，c），它还是合法的。

显然，把"+"运算符重载为友元函数时，一个 Complex 复数类的对象与一个 double 型变量的加法运算可以满足交换律；而把"+"运算符重载为成员函数时，则不能实现交换律。在这种情况下，"+"运算符就不适于重载为成员函数了。

注意：所谓"满足交换律"，是通过参数位置互换的两个重载函数实现的。具体示例请参见例 10-3。

另外需要注意的是，如果读者使用的是较早发布的 VC ++ 6.0 编译系统，对于像例 10-2 那样把运算符重载为类的友元函数的程序代码可能不能通过编译，这是因为该版本对标准 C ++ 规范的支持有漏洞。解决的办法在例 8-6 中已有介绍，在此不再赘述。

【例 10-3】扩展运算符"+"的功能，使其能够用于两个复数或一个复数和一个实数的加法运算，并且满足交换律。

　　分析：通过上面的讨论，我们知道，要实现本例题所要求的功能，需要将"＋"运算符重载为友元函数。而且，所谓"交换律"，也就是要实现复数和实数这两个类型不同的数据加法的交换律，实际上就是要写出参数位置互换的两个重载函数。另外再加上复数之间相加的运算符重载函数，共需要有 3 个运算符"＋"的重载函数。

　　程序代码如下：

```
#include < iostream >
using namespace std;
class Complex
{
    public:
        Complex( ) { real = 0 ; imag = 0 ; }
        Complex( double r, double i) { real = r; imag = i; }
        friend Complex operator + ( Complex &c1 , Complex &c2 ) ;
        friend Complex operator + ( Complex &c, double &d) ;
        friend Complex operator + ( double &d, Complex &c) ;
        friend void print( const Complex &c) ;
    private:
        double real, imag;
};
Complex operator + ( Complex &c1 , Complex &c2 )
{ return Complex( c1. real + c2. real, c1. imag + c2. imag) ; }
Complex operator + ( Complex &c, double &d)
{ return Complex( c. real + d, c. imag) ; }
Complex operator + ( double &d, Complex &c)
{ return Complex( c. real + d, c. imag) ; }
void print( const Complex &c)
{
    if( c. imag < 0)
        cout << c. real << c. imag <<'i';
    else
        cout << c. real <<' +' << c. imag <<'i';
}
int main( )
{
    Complex c1(2. 0,5. 0) ,c2(4. 0, - 2. 0) ,c3,c4,c5;
    double d = 10. 3;
    c3 = c1 + c2;        //运算符 +用于两个复数运算
    c4 = c1 + d;         //运算符 +用于复数与实数之间的运算
    c5 = d + c2;         //运算符 +用于复数与实数之间的运算
    cout << " d = " << d << endl;
    cout << " c1 = "; print( c1) ; cout << endl;
    cout << " c2 = "; print( c2) ; cout << endl;
```

```
cout << "c1 + c2 = "; print(c3); cout << endl;
cout << "c1 + d = "; print(c4); cout << endl;
cout << "d + c2 = "; print(c5); cout << endl;
return 0;
}
```

程序运行结果：

$$d = 10.3$$
$$c1 = 2 + 5i$$
$$c2 = 4 - 2i$$
$$c1 + c2 = 6 + 3i$$
$$c1 + d = 12.3 + 5i$$
$$d + c2 = 14.3 - 2i$$

10.2.3　转换构造函数与类型转换函数

在一个类中，若需要扩展运算符的基本功能，可以重载运算符以用于与本类数据相关的高级操作中。重载运算符就是要写出相应的运算符重载函数。从例 10-3 中可以看出，仅一个"＋"运算符，就写了 3 个重载函数，程序代码的编写工作量是很大的。有没有更好的办法减少运算符重载函数的数量呢？本节介绍的转换构造函数与类型转换函数，可以满足这个要求。

10.2.3.1　转换构造函数

转换构造函数是类的构造函数中的一种，它的作用是将一个其他类型的数据转换成本类的对象。转换构造函数只有一个形参，即被转换的数据。

例如，要将一个 double 型的数据转换成 Complex 类的对象，可以定义如下的 Complex 类的转换构造函数：

```
Complex::Complex(double r) {real = r; imag = 0;}
```

通过转换构造函数，既可以根据运算符的特点隐式（自动）转换，也可以显式（强制）转换。显式（强制）转换的格式为：

类名(被转换的数据)

例如，Complex（5.83）将调用上面定义的 Complex 类的转换构造函数，把 5.83 这个实数强制转换为一个复数类的对象 Complex（5.83,0）。

把上述强制类类型转换的转换格式，与 2.5.6.2 小节中的"强制类型转换"的格式对比：

类型名(数据)//C++的格式
(类型名)数据//兼容 C 的格式

可以发现，基本类型数据的强制类型转换，其 C++语言的转换格式与本节介绍的强制类类型转换的格式是一样的。只不过前者是转换为某个基本类型，它是系统已经定义好的；而后者是转换为一个类类型，是由用户所定义的转换构造函数实现的。如果用户没有定义转换构造函数，则不能进行强制类类型的转换操作。

除了利用转换构造函数将一个其他类型的数据强制转换成本类的对象外，通过转换构造函数还可以实现其他类型数据的隐式（自动）转换。例如，有了上面定义的 Complex 类的转换构造函数，则：

```
        double d = 10.3;
        Complex c1(2.0,5.0), c3, c4;
        c3 = d;      //合法,系统自动调用转换构造函数,将 d 转换为 Complex(10.3, 0)后再赋值
        c4 = c1;     //系统自动调用复制构造函数,实现赋值操作
```

由此可见,不同类型数据间的赋值操作调用的是转换构造函数,同一类型数据间的赋值操作调用的是复制构造函数。但要说明的是,一个类的复制构造函数总是存在的,而转换构造函数要由用户定义。如果用户没有定义转换构造函数,则系统不能实现这种隐式(自动)转换。

进一步地,利用转换构造函数隐式(自动)转换的特点,在程序中可以减少同一个运算符的重载函数的数量。例如下面的例 10-4 对例 10-3 程序的另一种实现方式,就体现出了这一点。

【例 10-4】 在例 10-3 中增加一个将 double 型数据转换为 Complex 类对象的转换构造函数,这样就可以把其中的三个" + "运算符的重载函数减少为一个,而程序功能不变。

下面只给出调整后的 Complex 类的程序代码,其他代码则保持例 10-3 中的内容不变。

```
class Complex
{
    public:
        Complex() { real = 0; imag = 0; }                    //无参构造函数
        Complex(double r, double i) { real = r; imag = i; }  //有参构造函数
        Complex(double r) { real = r; imag = 0; }            //转换构造函数
        friend Complex operator + (Complex c1, Complex c2);  //重载运算符" + "的友元函数
        friend void print(const Complex &c);
    private:
        double real, imag;
};
Complex operator + (Complex c1, Complex c2)
{ return Complex(c1.real + c2.real, c1.imag + c2.imag); }
```

与例 10-3 比较,本例增加了一个转换构造函数,但减少了两个运算符的重载函数。如果还要重载其他的运算符,可以减少的重载函数就更多了。之所以能够大幅度减少运算符重载函数的数量,是因为转换构造函数隐式(自动)转换的功能。那么,转换构造函数是如何进行隐式(自动)转换的呢?

我们以 main() 函数中的 c5 = d + c2 的运算来说明:编译系统在处理 d + c2 的表达式时,把它转化为运算符重载函数的调用 operator + (d, c2)。而实参 d 不是 Complex 类的对象,但 Complex 类中有一个对应的转换构造函数,于是系统先调用转换构造函数 Complex(d),把 d 自动转换为 Complex 类的对象,再调用运算符重载函数,即 operator + (Complex(d),c2)。

需要注意的是,有了转换构造函数," + "运算符重载函数的函数参数不能像例 10-3 那样使用没有 const 修饰的引用型参数了,否则转换构造函数不起作用。

10.2.3.2　类型转换函数

与转换构造函数相反,类型转换函数是将一个本类的对象转换为另一个类型的数据。例如在 Complex 类中,要将一个 Complex 类的对象转换成 double 型的数据,就可以定义一个类型转换函数。

类型转换函数的一般形式是:

operator 类型名( ){ 实现转换的语句; }

类型转换函数其实是对类型的重载。对类型的重载和对运算符的重载，其概念和方法都是相似的。类型转换函数也是用关键字 operator 开头，只是被重载的是类型名。但类型转换函数的函数名前面不能指定函数类型，因为其返回值的类型是由函数名中指定的类型名确定的。类型转换函数也没有参数，因为转换的主体就是本类的对象。由此可见，类型转换函数只能是成员函数而不能是友元函数或普通函数。

例如，在 Complex 类中可以这样定义类型转换函数：

operator double( ){ return real; }

于是，double 类型被重载为 Complex 类类型。double 类型除了原有的含义外，还有了类型转换的新意义。这样，编译系统不仅能识别原有的 double 型数据，而且还能够根据需要自动把 Complex 类对象转换为 double 型数据。

调用类型转换函数进行类型转换是一种隐式（自动）转换。例如，有了上面定义的 Complex 类的类型转换函数，则：

Complex c(2.0,5.0);
double d = 10.3, x, y;
x = d;   //基本类型数据间的赋值
y = c;   //将 Complex 类的数据赋给一个基本类型的变量

上面最后一条语句的执行过程是，系统先自动调用类型转换函数，将 Complex 类的对象 c 转换为 double 型数据 2.0；再把 2.0 赋给 double 型的变量 y，实现最后的赋值操作。

在一个类中，若定义了类型转换函数实现了本类的对象向某个基本类型自动转换后，则无须再对相关的运算符进行各种重载，就可使本类的对象自动转换为基本类型并参与到该类型可以参与的各种运算中。例如，在 Complex 类中对 double 类型进行重载后，一个 Complex 类的对象就可以像普通 double 型数据一样参与到 double 型数据可以参与的" +、-、*、/"等各种运算中，而无须对" +、-、*、/"运算符进行重载。

需要说明的是，这里所说的运算符重载与前面 10.2.3.1 小节中所说的运算符重载的作用方向是相反的。转换构造函数中所说的运算符重载是要让其他类型的数据参与到本类的数据操作中，结果是本类的一个对象。而这里的运算符重载是要让本类的对象参与到基本类型数据的运算中，结果是一个基本类型的数据。运算符重载的两种作用方向分别与转换构造函数和类型转换函数密切相关。

【例 10-5】有类型转换函数的一个简单示例。

程序代码：

```
#include <iostream>
using namespace std;
class Complex
{
    public:
        Complex( ){ real = 0; imag = 0; }                      //无参构造函数
        Complex( double r, double i ){ real = r; imag = i; }   //有参构造函数
        Complex( double r ){ real = r; imag = 0; }             //转换构造函数
        operator double( ){ return real; }                     //类型转换函数
```

```
        friend void print( const Complex &c) ;
    private:
        double real, imag;
};
void print( const Complex &c)
{
    if( c. imag < 0)
        cout << c. real << c. imag <<'i';
    else
        cout << c. real <<' +' << c. imag <<'i';
}
int main( )
{
    Complex c1(2. 0,5. 0) ,c2;
    double d = 10. 3, x, y, z;
    c2 = d;        //若无转换构造函数,将出错
    x = c1;        //若无类型转换函数,将出错
    y = c1 - d;     //同上
    z = d + c1;     //同上
    cout << "c1 = "; print( c1); cout << endl;
    cout << "d = " << d << endl;
    cout << "d→c2, c2 = "; print( c2); cout << endl;
    cout << "c1→x, x = " << x << endl;
    cout << "c1 - d = " << y << endl;
    cout << "d + c1 = " << z << endl;
    return 0;
}
```

程序运行结果:

$$c1 = 2 + 5i$$
$$d = 10. 3$$
$$d→c2,\ c2 = 10. 3 + 0i$$
$$c1→x,\ x = 2$$
$$c1 - d = -8. 3$$
$$d + c1 = 12. 3$$

　　说明:从本例中可以看出,类型转换函数使本类的对象可以直接参与到基本类型的数据运算中,而不需要重载那些运算符。而且,有了转换构造函数,又使本类的对象与基本类型数据之间的赋值操作能够正常进行。

　　由于类型转换函数解决的只是本类对象以基本数据类型参与基本类型运算的运算符重载问题,所以除了" = "运算符外,其他运算符还都只能按照基本运算符的运算规则进行运算操作,参与运算的操作数类型需要符合基本运算符对操作数类型的要求。若不符合类型要求,系统自动调用类型转换函数进行类型转换,使其符合要求。这时,类型转换函数的意义就体现出来了。

　　类型转换函数解决的是本类的对象如何自动隐式地转换为其他类型的数据,从而参与到其

他类型（主要是基本类型）的数据运算中。转换构造函数解决的则是其他类型数据如何自动隐式地转换为本类的对象，从而参与到本类数据的运算中。

类型转换函数和转换构造函数的转换方向是相反的。正因为这个原因，当类型转换函数和转换构造函数同时存在时，它们可能会发生冲突。例如，如果在例10-4中的Complex类的程序代码基础上，进一步增加一个例10-5中的类型转换函数operator double() { return real; }，那么像main()函数中c5 = d + c2这样的操作，编译系统在处理d + c2的表达式时，是把"+"运算符理解成基本运算符还是重载后的运算符呢？如果把"+"理解成基本运算符，则要调用类型转换函数将c2转换为double型参与表达式的基本类型数据的运算中。如果把"+"理解成重载后的运算符，则要把表达式转化为运算符重载函数的调用，即operator + (d, c2)，而实参d不是Complex类的对象，又需要通过转换构造函数将d转换为Complex类的对象。

由此可见，在类型转换函数和转换构造函数同时存在时，由重载运算符组成的运算将产生二义性问题，程序代码不能通过编译。

若仅从语法的角度看，去掉以本类数据之间的操作为目的的运算符重载函数，也就不会出现这种二义性的问题了，程序可以通过编译。但这是不可取的，因为它没有满足运算符功能扩展的需要，本类中不能使用相应的运算符进行方便直观的本类数据之间的操作，而只能通过成员函数的调用来完成相应的任务。一个可取的办法是将它们全部保留，但对发生冲突的运算实施类型强制转换来避免二义性的问题。

【例10-6】在例10-4中的Complex类中进一步增加一个类型转换函数和一个"−"运算符重载函数，并实现Complex类与基本类型数据间的加减混合运算。

程序代码：

```cpp
#include < iostream >
using namespace std;
class Complex
{
    public:
        Complex() { real = 0; imag = 0; }              //无参构造函数
        Complex( double r, double i) { real = r; imag = i; }    //有参构造函数
        Complex( double r) { real = r; imag = 0; }     //转换构造函数
        operator double() { return real; }             //类型转换函数
        friend Complex operator + ( Complex c1, Complex c2);   //重载运算符" + "的友元函数
        friend Complex operator − ( Complex c1, Complex c2);   //重载运算符" − "的友元函数
        friend void print( const Complex &c);
    private:
        double real, imag;
};
Complex operator +  ( Complex c1, Complex c2)
{ return Complex( c1. real + c2. real, c1. imag + c2. imag); }
Complex operator −  ( Complex c1, Complex c2)
{ return Complex( c1. real − c2. real, c1. imag − c2. imag); }
void print( const Complex &c)
{
    if( c. imag < 0)
```

```
            cout << c. real << c. imag <<'i';
        else
            cout << c. real <<' +' << c. imag <<'i';
    }
    int main( )
    {
        Complex c1(2. 0,5. 0),c2(4. 0, - 2. 0),c3;
        double d = 10. 3,x;
        c3 = c1 - c2 + Complex( d);
        x = c1 - c2 + Complex( d);
        cout << "d = " << d << endl;
        cout << "c1 = "; print( c1); cout << endl;
        cout << "c2 = "; print( c2); cout << endl;
        cout << "c3：c1 - c2 + d = "; print( c3); cout << endl;
        cout << " x：c1 - c2 + d = " << x << endl;
        return 0;
    }
```

程序运行结果：

$$d = 10. 3$$
$$c1 = 2 + 5i$$
$$c2 = 4 - 2i$$
$$c3：c1 - c2 + d = 8. 3 + 7i$$
$$x：c1 - c2 + d = 8. 3$$

10. 3　虚函数

虚函数是在一个继承层次的类族中实现多态性的重要手段，它是一种运行时的多态。

声明虚函数的格式非常简单，只要在基类的非静态成员函数声明中加上关键字 virtual 即可，这个函数就成为虚函数。其一般形式是：

virtual 函数类型 函数名(形参表)；

当基类的一个成员函数被声明为虚函数后，其派生类族中函数原型相同的函数都自动成为虚函数。

在基类声明并定义虚函数后，在其后的派生类中可以只是简单地继承已经定义的虚函数，也可以重新定义该函数，给它赋予新的功能。也就是说，在基类声明虚函数的意义，就是要在系统设计的理念上明确地为这个类族规范一种行为，即给这个类族的每一个类确定同一个函数原型，并意味着该成员函数需要在派生类中有不同的实现。进一步要完成的工作，就是根据派生类的需要决定是否重新定义该函数。从而在一个类族中实现"一个接口，多种方法"的多态性。

虚函数实现的是一种运行时的多态，它的执行方式与静态多态性不同。

一般按对象名来调用成员函数的方式是在编译阶段就确定了该对象调用的是哪个类的函数。如果对象所属类有该函数，调用的就是对象所属类的函数；如果对象所属类没有该函数，调用的就是上层基类的同样函数原型的函数。这种在编译阶段把对象名与它所具体调用的函数联系起来的过程，称为静态关联（或静态绑定）。

　　虚函数的多态性则主要体现在其运行时的多态。所谓运行时的多态是指通过基类类型的指针来调用虚函数。它在编译阶段无法从语句本身确定调用的是哪个类的虚函数，只有在运行时，根据指针指向的具体类的对象，才能确定调用的是哪个类的虚函数。这种在程序运行阶段才能把虚函数与某个对象"绑定"在一起的过程，称为动态关联（或动态绑定）。也就是说，通过虚函数实现动态多态性，需要与基类类型的指针变量配合使用。具体方法是：

　　（1）先定义一个指向基类类型的指针变量；

　　（2）使该指针指向同一类族中不同类的对象；

　　（3）通过该指针调用虚函数。这时该指针变量调用的虚函数，就是指针变量所指向的对象所在类的那个虚函数，处理的对象是指针变量所指向的对象本身；若该对象所在类没有重新定义虚函数，则该对象将调用上层基类中的虚函数。

　　那么在程序运行时，系统是如何让基类类型的指针变量知道调用的是哪个虚函数呢？一般的 C++ 编译系统是通过虚函数表实现的。虚函数表是在编译阶段建立起来的，当一个类声明了虚函数，编译系统就会为该类构造一个虚函数表（virtual function table，简称 vtable）。该虚函数表是一个指针数组，存放每个虚函数的入口地址。具体细节我们不必关心，但需要了解的是，系统在程序运行中是通过虚函数表中虚函数的入口地址来确定具体调用的是哪个虚函数的，从而把虚函数与调用它的对象"绑定"在了一起，使派生类的对象正确地调用了相应的虚函数。

　　【例10-7】运用虚函数计算一个 Circle（圆形）类的面积及其派生类 Cylinder（圆柱体）类的表面积。

　　程序代码：

```cpp
#include <iostream>
using namespace std;
const double PI = 3.14159;
class Circle       //声明基类:Circle(圆形)类
{
    public:
        Circle(double r):radius(r){ }
        virtual double area(){ return radius * radius * PI;};       //定义虚函数
    protected:
        double radius;        //半径
};
class Cylinder:public Circle          //声明公有派生类:Cylinder(圆柱体)类
{
    public:
        Cylinder(double r,double h):Circle(r),height(h){ }
        virtual double area()     //派生类中定义虚函数(virtual 可以省略)
        {
            return 2 * Circle::area() + 2 * radius * PI * height;
        }
    protected:
```

```
                double height;
        };
        int main( )
        {
            Circle circle(1);          //建立 Circle 类对象 circle
            Cylinder cylinder(1,1);    //建立 Cylinder 类对象 cylinder
            Circle * p;                //声明一个基类类型的指针 p
            p = &circle;               //p 指向基类对象
            cout << p - > area( ) << endl;
            p = &cylinder;             //p 指向派生类对象
            cout << p - > area( ) << endl;
            return 0;
        }
```

程序运行结果：

> 3. 14159
>
> 12. 5664

说明：在 main( )函数中，先声明了基类类型的指针 p，然后让 p 分别指向了基类对象和派生类对象。这样两次同样形式的虚函数调用 p –> area( )，分别实现的是基类和派生类的函数调用。

如果把 area( )函数声明中的 virtual 去掉，即 area( )不是虚函数而是一般的成员函数，这时程序一样能通过编译并可以运行，但运行结果是：

> 3. 14159
>
> 3. 14159

两次 p –> area( )的函数调用都是基类 area( )函数的调用，而没有因为 p 指向了派生类对象而调用派生类的 area( )函数。原因是 area( )不是虚函数，没有相应的虚函数表，指针 p 没有与派生类对象动态关联（绑定）的机制。这样，它无论指向哪个派生类对象，调用的还是基类的成员函数。

此外，关于虚函数还有进一步的说明：

（1）在虚函数的声明（定义）形式上：

1）只能在类声明的类体中使用 virtual 声明（定义）一个虚函数，而不能在类外定义（实现）虚函数时再使用 virtual。

2）在派生类重新声明虚函数时，可以加 virtual，也可以不加。但习惯上一般在每个派生类中声明该函数时都加 virtual，这样使程序具有较好的可读性。

（2）虚函数实现的是一个继承层次的类族中的动态多态性，因而虚函数必定是继承层次类族中的成员函数。因此只能用 virtual 声明类的成员函数，使它成为虚函数，而不能将类外的普通函数声明（定义）为虚函数。

（3）虚函数的动态多态性要求基类类型的指针能够指向派生类的对象。从 9.6.1 小节的"类型兼容规则"中，我们知道，只有在公有（public）继承方式下才可以使基类类型的指针指向派生类的对象。因此只有在公有（public）继承方式下，才能实现虚函数的意义，否则只能按一般成员函数那样使用虚函数。

（4）由于静态成员函数是不依赖于对象的建立就可以由类名直接调用的成员函数，而虚函数是要通过对象指针调用的，所以虚函数不能声明为静态（static）成员函数。

（5）如果一个基类的成员函数需要在其后续派生类中扩展其功能，应该把它声明为虚函数。如果它只是在派生类中被简单地继承，就不需要声明为虚函数。

（6）虚函数要说明的是一个继承层次的类族中同一个函数名所代表的不同类的对象的行为属性，系统通过动态关联的方式确定了被调用的函数是哪个类中的虚函数。而函数重载说明的是同一个函数名所代表的某个对象的不同行为属性。函数重载包括运算符重载，它们属于编译时的多态。具体地说，函数重载是根据函数调用中所给实参的不同特征（个数和类型），在程序编译时确定了具体调用的是哪个函数；运算符重载是根据运算对象的不同，在程序编译时就确定了执行什么样的运算。

（7）在派生类中重新定义虚函数时，该函数的函数原型必须与基类的完全一致。否则就不是重新定义虚函数，而是在派生类中定义一个重载函数。但有一个例外，即如果基类的虚函数返回基类指针，那么派生类的虚函数返回派生类指针，这是允许的。

（8）如果以对象名的方式来调用虚函数，虚函数与一般的成员函数没有什么区别。例如，如果在例 10-7 中，两个类的定义不做任何改变，仅仅是 main( ) 函数中对虚函数的调用方式改为以对象名的方式来调用，程序代码如下：

```
int main( )
{
    Circle circle(1);
    Cylinder cylinder(1,1);
    cout << circle. area( ) << endl;        //以对象方式调用虚函数
    cout << cylinder. area( ) << endl;      //以对象方式调用虚函数
    return 0;
}
```

这时，程序的运行结果与例 10-7 程序的运行结果完全一致。

（9）利用虚函数的动态多态机制，可以为一个类族的批量处理操作提供便利。例如：

```
int main( )
{
    Circle circle1(1),circle2(3),circle3(5);
    Cylinder cylinder1(1,1),cylinder2(2,3);
    Circle * p[5] = {&circle1,&circle2,&circle3,&cylinder1,&cylinder2};
            //建立基类类型的指针数组 p,用该类族的不同类对象的地址初始化数组
    for( int i = 0;i < 5;i ++ )
            cout << p[i] -> area( ) << endl; //循环输出圆形的面积和圆柱体的表面积
    return 0;
}
```

在上述程序的循环结构中，只用一条语句就实现了一个类族中不同类对象同名函数（虚函数）的调用。

（10）如果在基类中定义的非虚函数，在派生类中被重新定义，这时若用基类指针调用该成员函数，则系统会调用基类中的成员函数；如果用派生类指针调用该成员函数，则系统会调用派生类中的成员函数。这与对象名调用方式是等价的。但是，若是由基类指针改为指向派生类对象时，那么通过该指针调用的成员函数仍然是基类中的成员函数，只是操作的对象是派生类对象。这与虚函数的动态多态机制是不同的。

（11）析构函数可以定义为虚函数，构造函数则不能定义为虚函数。因为构造函数是实例化对象的，只有在构造函数实例化对象以后，才会有虚函数通过对象指针被调用。同时需要注意的是，如果程序中有动态分配内存空间的基类及其派生类的对象，则必须把析构函数定义为虚函数，以实现撤消对象时的多态性。虚析构函数的定义很简单，但意义很重要。最好把基类的析构函数定义为虚函数，这将使所有派生类的析构函数都自动成为虚函数。

10.4　纯虚函数与抽象类

10.4.1　纯虚函数

纯虚函数是一种特殊的虚函数，是在声明虚函数时被"初始化"为 0 的函数。

声明纯虚函数的一般形式是：

　　virtual 函数类型 函数名（参数表列）＝0；

说明：

（1）纯虚函数没有函数体；纯虚函数声明格式中最后面的"＝0"并不表示函数返回值为 0，它只是起形式上的作用，告诉编译系统"这是纯虚函数"；纯虚函数声明是一个声明语句，最后须有分号。

（2）纯虚函数只有声明没有定义，它须在派生类中进行定义后，才能被调用。纯虚函数的目的就是要在设计一个类族时，明确地在基类为本类族提供统一的公共接口，然后在派生类中根据需要具体实现（定义）虚函数。

（3）如果在一个类中声明了纯虚函数，而在其派生类中没有对该函数的定义，则该虚函数在派生类中仍然为纯虚函数。

10.4.2　抽象类

所谓抽象类（abstract class），就是包含有纯虚函数的类。由于纯虚函数只有声明没有定义，所以抽象类只能被继承而不能用来定义对象。抽象类的意义在于，抽象类的作用是作为一个类族的共同基类。或者说，为一个类族提供一个公共接口。这样，就可以在抽象基类的基础上，根据需要建立功能各异的派生类，用这些派生类去建立对象。

如果在抽象类所派生出的新类中没有对所有纯虚函数进行定义，则此派生类仍然是抽象类，它不能用来定义对象。如果在派生类中对抽象基类的所有纯虚函数进行了定义，这些函数就被赋予了具体功能，可以被调用。这个派生类就不是抽象类而是可以用来定义对象的具体类（concrete class）了。

虽然抽象类不能定义对象（或者说抽象类不能实例化），但是可以定义指向抽象类的指针变量。当派生类成为具体类之后，就可以用这种指针指向派生类对象，然后通过该指针调用虚函数，实现动态多态性的操作。

【例 10-8】定义一个抽象基类 Shape（形状），其中包括描述几何图形名称的纯虚函数 shapeName（）、计算几何图形面积的纯虚函数 area（）以及计算几何图形体积的虚函数 volume（）。然后由 Shape 类派生出三个派生类：Circle（圆）、Rectangle（矩形）、Triangle（三角形），再由 Circle 类派生出 Cylinder（圆柱体）类，并在每个派生类中具体实现相应的虚函数。

程序代码：

```
#include < iostream >
```

```
using namespace std;
const double PI = 3.14159;
//声明抽象基类 Shape
class Shape
{
    public:
        virtual void shapeName() = 0;              //声明几何图形名称的纯虚函数
        virtual double area() = 0;                 //声明计算面积的纯虚函数
        virtual double volume() { return 0; }      //定义计算体积的虚函数
};
//声明 Circle(圆形)类
class Circle:public Shape
{
    public:
        Circle(double r):radius(r) {    }
        virtual void shapeName() {cout << "Circle: ";}          //定义虚函数
        virtual double area() { return radius * radius * PI;};   //定义虚函数
    protected:
        double radius; //半径
};
//声明 Rectangle 类
class Rectangle:public Shape
{
    public:
        Rectangle(double w,double h):width(w),height(h) {    }
        virtual void shapeName() {cout << "Rectangle: ";}       //定义虚函数
        virtual double area() {return width * height;}          //定义虚函数
    protected:
        double width,height; //宽与高
};
//声明 Triangle 类
class Triangle:public Shape
{
    public:
        Triangle(double w,double h):width(w),height(h) {    }
        virtual void shapeName() {cout << "Triangle: ";}        //定义虚函数
        virtual double area() {return 0.5 * width * height;}    //定义虚函数
    protected:
        double width,height;        //三角形底宽与高
};
//声明 Cylinder(圆柱体)类
class Cylinder:public Circle
{
    public:
```

```
                Cylinder( double r,double h):Circle( r),height( h){　　}
                virtual void shapeName( ){cout << "Cylinder: ";}        //定义虚函数
                virtual double area( )                                  //定义计算面积的虚函数
                {
                        return 2 * Circle::area( ) + 2 * radius * PI * height;
                }
                virtual double volume( )                                //定义计算体积的虚函数
                {
                        return Circle::area( ) * height;
                }
        protected:
                double height;
        };

        int main( )
        {
                Circle circle(1);
                Cylinder cylinder(1,1);
                Rectangle rectangle(1,1);
                Triangle triangle(1,1);
                Shape  * p[4] = {&circle,&cylinder,&rectangle,&triangle};
                for( int i = 0;i < 4;i + + )
                {
                        p[i] - > shapeName( );
                        cout << '\t' << "it's area is " << p[i] - > area( ) << endl;
                }
                cylinder. shapeName( );
                cout << '\t' << "it's volume is " << cylinder. volume( ) << endl;
                return 0;
        }
```

程序运行结果：

```
                Circle:       it's area is 3. 14159
                Cylinder:     it's area is 12. 5664
                Rectangle:    it's area is 1
                Triangle:     it's area is 0. 5
                Cylinder:     it's volume is 3. 14159
```

说明：

（1）在本例 main( )函数的 for 循环结构中，利用了虚函数的动态多态机制。而其后的两条语句则是通过对象名直接调用了虚函数，这不是虚函数的动态多态机制的应用，而是编译阶段就已经确定的一般成员函数的调用方式。

（2）本例的抽象基类 Shape 中，定义了计算几何图形体积的虚函数 volume( )，但不能把该函数声明为纯虚函数。为什么？请读者思考。

习 题 10

● 思考题

10-1 什么是多态性？在 C++ 中是如何实现多态的？

10-2 运算符重载有哪两种主要形式？这两种形式有何区别？

10-3 什么是虚函数？怎样才能使虚函数实现动态多态性？

10-4 在 C++ 中能否声明虚构造函数？能否声明虚析构函数？

10-5 什么是抽象类？它有何作用？抽象类的派生类是否一定要给出纯虚函数的实现？

● 选择题

10-1 不同对象可以调用相同名称的函数，并可导致完全不同行为的现象称为_____。
    A. 抽象性　　　　　　B. 继承性　　　　　　C. 封装性　　　　　　D. 多态性

10-2 下列运算符中，_____运算符不能在 C++ 中重载。
    A. ?:　　　　　　　　B. +　　　　　　　　C. -　　　　　　　　D. <=

10-3 在重载一个运算符函数时，其参数表中没有任何参数，这说明该运算符是_____。
    A. 一元非成员运算符　　　　　　　　　B. 一元成员运算符
    C. 二元非成员运算符　　　　　　　　　D. 二元成员运算符

10-4 下列关于运算符重载的描述中，正确的是_____。
    A. 运算符重载可以改变操作数的个数　　B. 运算符重载可以改变优先级
    C. 运算符重载可以改变结合性　　　　　D. 运算符重载不可以改变语法结构

10-5 实现运行时的多态性要使用_____。
    A. 重载函数　　　B. 析构函数　　　C. 构造函数　　　D. 虚函数

10-6 下面关于虚函数的描述，正确的是_____。
    A. 虚函数是一个静态成员函数
    B. 虚函数是一个非成员函数
    C. 派生类的虚函数与基类中对应的虚函数具有相同的参数个数和类型
    D. 在声明或定义虚函数时，virtual 关键字必不可少

10-7 下列关于纯虚函数的描述，正确的是_____。
    A. 纯虚函数是没有给出实现版本（即无函数体定义）的虚函数
    B. 纯虚函数的声明总是以 " =0;" 结束
    C. 派生类必须实现基类的纯虚函数
    D. 含有纯虚函数的类不能是派生类

10-8 下列描述中，_____是抽象类的特性。
    A. 不能说明其对象　　　　　　　　　　B. 可以定义友元函数
    C. 可以说明虚函数　　　　　　　　　　D. 可以进行构造函数重载

● 填空题

10-1 C++ 语言支持的两种多态性是_____的多态性和运行时的多态性。

10-2 C++ 中的运行时多态性是通过_____实现的。

10-3 含有纯虚函数的类称为_____。

10-4 下列程序的输出结果是_____。

```
#include < iostream >
using namespace std;
class Base
{
    public:
        Base(int x) { n = x;}
        virtual void set(int m) { n = m;cout << n <<'  ';}
    protected:
        int n;
};
class DeriveA:public Base
{
    public:
        DeriveA(int x):Base(x){ }
        void set(int m) { n + = m;cout << n <<'  ';}
};
class DeriveB:public Base
{
    public:
        DeriveB(int x):Base(x){ }
        void set(int m) { n + = m;cout << n <<'  ';}
};
int main()
{
    DeriveA d1(1);
    DeriveB d2(3);
    Base * pbase;
    pbase = &d1;
    pbase - > set(1);
    pbase = &d2;
    pbase - > set(2);
    return 0;
}
```

● 编程题

10-1　声明一个 Point（点）类，并在该类中重载自增（++）/自减（－－）运算符，以改变其坐标
　　　位置。

10-2　编写程序计算矩形和圆形的周长和面积。要求：定义一个基类 Shape，由 Shape 派生出 Circle 类
　　　（圆）和 Rectangle 类（矩形），Circle 类和 Rectangle 类均有计算面积和周长的函数。

10-3　计算三角形、圆形、梯形、正方形几种几何图形的面积之和。要求建立一个公共基类和一个用于
　　　计算面积的纯虚函数，其他算法自行确定。

第11章 输入输出流

11.1 C++流的概念

程序执行期间，从外部设备（简称"外设"）接收信息的操作称为输入（Input），向外设发送信息的操作称为输出（Output），简写为"I/O"。输入和输出是数据信息传输的过程，数据就像流水一样从一个位置流向另一个位置。我们把这种从一个位置到另一个位置的数据传输操作抽象为"流"。流既可以表示数据从某个载体或设备传送到内存缓冲区变量（或对象）中，即输入流；也可以表示数据从内存传送到某个载体或设备中，即输出流，如图11-1所示。"流"是一种抽象，它负责在数据的发出地和目的地之间建立联系，它描述了数据的传输格式，管理着数据的流动。

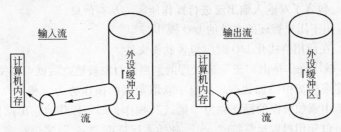

图11-1 输入/输出流示意图

一般来说，输入/输出的信息交换都要通过一个缓冲区来进行。需要交换的信息从信息发出地逐个存入缓冲区中，待缓冲区存满后，再一次性从缓冲区存入信息目的地。信息交换时，在信息发出地和信息目的地之间附加的缓冲区，可以解决信息交换时的格式控制问题，以及信息交换设备的速度不匹配所造成的资源浪费问题。

在C++中以对象的方式来描述流，即"流对象"，简称为"流"。当"流"与外设建立联系后，对"流"的操作，就是对外设的操作。

C++语言没有提供直接的输入/输出（I/O）语句，而是为我们提供一组功能强大完整的、组织成类层次的、可方便扩充的流的类库。C++通过相应的流类建立相应的流对象，从而实现其对各种类型数据的输入/输出操作。

C++的I/O流类的层次结构，如图11-2所示。

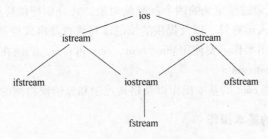

图11-2 C++的I/O流类的层次结构

　　ios 类的类名由 input、output 和 stream 三个单词的第一个字母组合而成。它是所有输入输出流的类层次的基类。ios 类主要完成所有派生类中都需要的流的状态设置、状态报告以及显示精度、域宽、填充字符的设置，还有文件流的操作模式定义等。

　　ios 类是一个抽象类，由它派生出 istream 类和 ostream 类。两个类名中第 1 个字母 i 和 o 同样地分别代表输入（input）和输出（output）。istream 类支持输入操作，ostream 类支持输出操作。由 istream 类和 ostream 类再通过多重继承方式派生出 iostream 类，iostream 类支持输入输出操作。

　　C++ 对文件的输入输出需要用 ifstream、ofstream 和 fstream 类，三个类名中的字母 f 都代表文件（file）。ifstream 类继承了 istream 类，它扩展了对文件的输入操作；ofstream 类继承了 ostream 类，它扩展了对文件的输出操作；fstream 类继承了 iostream 类，它扩展了对文件的输入/输出操作。

　　I/O 类库中还包括其他的一些类。总的可以分成三个方面：标准 I/O 流类、文件流类和串 I/O 流类。在此就不一一介绍了。

　　ios 类族中的各个类被声明在相应的头文件中，在程序中使用相应的类时，必须通过编译预处理#include 命令，包含相应的头文件。常用的三个头文件是：

　　（1）iostream　　包含了对输入输出流进行操作所需的基本信息。

　　（2）fstream　　用于用户管理的文件的 I/O 操作。

　　（3）iomanip　　在使用格式化 I/O 时应包含此头文件。

　　C++ 的输入/输出操作是由"流"来处理的。当流对象被建立后就可以使用一些特定的操作从流中获取数据或向流中添加数据。从流中获取数据的操作称为"提取"操作，即读操作或输入操作；向流中添加数据的操作称为"插入"操作，即写操作或输出操作。标准输入/输出流和文件流均可以使用提取运算符" >> "和插入运算符" << "来进行输入/输出操作，在程序代码中提取运算符" >> "和插入运算符" << "的箭头方向与数据的流动方向正好一致。另外还可以使用流对象的成员函数，实现 C++ 的输入/输出操作。

11.2　C++ 的标准输入/输出流

　　在 iostream 头文件中，C++ 定义了四个全局对象：cin、cout、cerr 和 clog。其中，cin 为 istream 类的对象，代表标准输入设备——键盘，也称为 cin 流或标准输入流；后三个为 ostream 类的对象，cout 代表标准输出设备——显示器，也称为 cout 流或标准输出流；cerr 和 clog 含义相同，均代表错误信息输出设备——显示器。因此，当进行键盘输入时使用 cin 流，当进行显示器输出时使用 cout 流，当进行错误信息输出时使用 cerr 或 clog。在这四个标准流对象中，除了 cerr 不支持缓冲外，其余三个都带有缓冲区。也就是说，cerr 的错误信息输出是立即输出的，其他的三个标准流对象实现的输出要等缓冲区充满后或遇到 endl 控制符时才真正输出。

　　C++ 的标准 I/O 流通过预定义的四个标准流对象，并分别把位移运算符" >> "和" << "重载为提取运算符与插入运算符，以及提供的流的读写函数及格式控制和错误检测方法，实现了 C++ 的标准输入/输出操作。要使用 cin、cout、cerr 和 clog，必须在程序中先有文件包含的预编译命令#include < iostream > 。

　　下面主要介绍 cin 和 cout 的基本操作以及格式控制和流错误检测的有关内容。

11.2.1　输出流 cout 的基本操作

　　基本用法：

　　　　cout << 表达式 1 << 表达式 2 << … << 表达式 n；

说明：

（1）cout 通过插入运算符"<<"将各表达式的值按顺序输出到显示器上，它可以输出整数、实数、字符及字符串等。插入运算符"<<"后面的表达式可以是一个要输出的常量、变量、转义字符、对象或任意合法的表达式等。

（2）在输出时，要注意恰当使用字符串和换行符 endl，以提高输出信息的可读性。

（3）可以使用格式控制符控制数据的输出格式，如设置输出宽度、精度、填充字符、数制等，见表 11-1。

表 11-1　常用格式控制符

格式控制符	说　明	示　例	
		语　句	结　果
endl	输出换行符	cout << 123 << endl << 123	123 123
dec	十进制表示	cout << dec << 123	123
hex	十六进制表示	cout << hex << 123	7b
oct	八进制表示	cout << oct << 123	173
setw（int n）	设置数据输出宽度	cout <<'a'<< setw（4）<<'b'	a　b （中间有 3 个空格）
setfill（char c）	设置填充字符	cout << setfill（'*'）<< setw（6）<<123	***123
setprecision（int n）	设置浮点数输出的 有效数字位数	cout << setprecision（5）<<123.456	123.46

注：若要使用 setw( )、setfill( )、setprecision( )，需要先有文件包含预编译命令#include < iomanip >。

【例 11-1】运用 cout 使用格式控制符输出数据。

程序代码：

```
#include < iostream >
#include < iomanip >
using namespace std;
int main( )
{
    int x = 65;
    double f = 123.456;
    cout << "1234567890112345" << endl;
    cout << dec << x <<' '<< hex << x <<' '<< oct << x <<' '<< endl;
        //分别按十进制、十六进制和八进制格式输出 x 的值
    cout << f << endl;
    cout << setprecision(4) << f << endl;
    cout << setw(12) << f << endl;
    cout << setw(12) << setfill('# ') << f << endl;
    return 0;
}
```

程序运行结果：

123456789012345

65 41 101

123. 456

123. 5

123. 5

123. 5

11.2.2　输入流 cin 的基本操作

基本用法：

cin >> 变量 1 >> 变量 2 >> … >> 变量 n；

说明：

（1）cin 通过提取运算符“>>”将从键盘输入的数据，依次送入各变量中。各变量可以是任意数据类型。空格、Tab 键和 Enter 键都可以作为输入数据之间的分隔符，最后用 Enter 键结束输入。因此，多个数据可以在一行输入，也可以分行输入。但对于一个空格、Tab 符或换行符以及一个包含它们的字符串，是不能通过提取运算符实现输入的。若要进行空格、Tab 符或换行符的输入，可以通过 cin 的成员函数实现。

（2）可以使用表 11-1 中的格式控制符控制数据的输入格式。

（3）标准设备输入是最不安全的，健壮性也差，当遇到无效字符或遇到文件结束符（不是换行符）时，输入流 cin 就处于出错状态，即无法正常提取数据。此时对 cin 流的所有提取操作将终止，而程序却会继续运行。所以必须注意所输入数据的类型应与接收该数据之变量的类型相匹配；否则输入操作将会失败，将使程序运行得到一个错误的结果。

（4）C++ 的输入/输出操作都采取了缓冲机制。比如从键盘输入的数据首先是保存在缓冲区中，当要提取时，得从缓冲区中拿。如果一次输入过多，数据会留在那儿慢慢用。如果输入错了，必须在回车之前修改，Enter 键按下就无法挽回了，而且不可能用刷新来清除缓冲区。所以不能输错，也不要多输。

【例 11-2】运用 cin 实现简单格式的数据输入。

程序代码：

```
#include < iostream >
using namespace std;
int main( )
{
        int a,b,c,d,e;
        cin >> a;
        cin >> hex >> b;        //以十六进制格式输入
        cin >> oct >> c;        //以八进制格式输入
        cin >> d;              //仍然以八进制格式输入
        cin >> dec >> e;        //恢复以十进制格式输入
        cout << a <<' '<< b <<' '<< c <<' '<< d <<' '<< e <<' '<< endl;
                        //缺省按十进制数据分别输出各变量的值
        return 0;
```

```
    }
```

程序运行结果：(实际显示可能有出入)

第 1 种输入方式的运行结果：

10 11 12 13 14 ↵

10 17 10 11 14

第 2 种输入方式的运行结果：

10,11,12,13,14 ↵

10 – 858993460…

请读者自己分析比较上面两次程序的运行结果。

11.2.3 cin 与 cout 的成员函数

提取运算符 " >> " 和插入运算符 " << " 使用起来简单流畅，但有其局限性。比如，标准输入流 cin 不能通过提取运算符 " >> " 从键盘输入空格、Tab 符或换行符以及包含它们的字符串。若要输入这些字符可以通过 cin 的成员函数实现。

下面介绍若干标准 I/O 流的输入/输出成员函数。

(1) cin. get( ) 从输入流中提取一个字符，函数的返回值就是读入的字符。

(2) cin. get(ch)   从输入流中提取一个字符，赋给字符变量 ch。如果提取成功则函数返回非 0 值（真），如果失败（比如遇文件结束符）则函数返回 0 值（假）。

(3) cin. get（字符数组或字符指针，个数 n，终止字符） 从输入流中提取 $n-1$ 个字符，赋给指定的字符数组，并自动添加一个字符串结束符。如果在提取 $n-1$ 个字符之前遇到指定的终止字符，则提前结束提取。同样地，如果提取成功则函数返回非 0 值（真），如果失败则函数返回 0 值（假）。

(4) cin. getline（字符数组或字符指针，个数 n，终止字符）   其用法与带 3 个参数的 get 函数类似。但要注意的是：

1）其中的 "终止字符" 都默认为换行符 '\ n'，即默认是 "按行提取"。

2）get 函数不提取输入流中的剩余字符及终止字符，这些字符仍然留在了输入缓冲区中。getline 函数则提取并舍弃当前行剩余字符及终止字符。所以为了避免对后续输入操作的影响，按行输入时，还是宜用 getline 函数。

(5) cout. put （ch) 单字符输出成员函数。

(6) cin. read （字符数组或字符指针，字节数 n)   从输入流中提取 n 个字节的数据，送入字符数组或字符指针所指向内存中的一段存储空间中，如果提取成功则函数返回非 0 值（真）。它还可以实现多行提取。注意该函数与 get( )、getline( ) 的区别，它以字节为单位提取数据，可以提取任何类型的数据（包括字符）。

(7) cin. write （字符数组或常量字符指针，字节数 n)   向输出流中输出 n 个字节的数据。

【例 11-3】标准 I/O 流成员函数应用示例。

程序代码：

```
#include < iostream >
using namespace std;
int main( )
{
```

```
        const int len = 5;
        char a,b[ len ],c[ len ];
        cin. get( a );                                   //输入 1 个字符
        cin. get( );                                     //跳过输入流中第 2 个字符
        cin. get( b,len );                               //输入字符串
        cin. getline( c,len );                           //输入字符串
        cout << a << endl << b << endl << c << endl;     //分别输出 a,b,c 的内容
        cout. write( b,3 ) << endl;                      //输出 b 中前 3 个字符
        return 0;
    }
```

程序运行结果：

123 abcd 12345678 ↵

1

3 ab

cd 1

3 a

问：如果将程序中的 cin. get（b, len）换成 cin. getline（b, len），程序运行结果会如何？请读者自己分析。

11. 2. 4　格式控制及流错误的检测

11. 2. 4. 1　格式控制

C ++ 标准 I/O 流提供了两种输入/输出格式控制的方法。一是使用 ios 类中的有关格式控制的成员函数，二是在提取运算符 " >> " 和插入运算符 " << " 的输入/输出序列中直接插入格式控制符。

有关格式控制符的使用已在前面做了介绍，不再赘述。这里需要说明的是，格式控制符有无参格式控制符和有参格式控制符之分，它们被定义在 iomanip 头文件中（格式控制符的英文原名叫 manipulator 意为 "巧妙处理者"），要在程序中使用它们，需要在程序开头包含 iomanip 文件。其中有部分格式控制符，像 dec、oct、hex、endl 等无参格式控制符，它们除了在 iomanip 中有定义外，在 iostream 中也有定义，所以只要在程序开头包含了 iostream 文件就可以使用它们。另外使用格式控制符比使用格式控制成员函数要方便，用户在程序中使用格式控制符既可以简化程序编写，又可以使程序结构变得更加清晰。但使用格式控制成员函数可以更深入地实现输入/输出格式的控制。

下面仅就 ios 类中几个常用的格式控制函数进行介绍。

（1）width 函数　使用 width( ) 函数设置宽度后，如果所需的字符数不小于指定的宽度，则将忽略指定的宽度值。每次输出操作后，输出宽度被恢复为缺省值 0。

```
        int width( )        //获取当前输出数据的宽度
        int width( int )    //设置当前输出数据的宽度,返回原宽度
```

（2）precision 函数　以下两种格式分别用来获取和设置当前浮点数的有效数字的个数。第二种格式，函数还将返回设置前的有效数字的个数。系统默认的有效数字的个数为 6。

```
        int precision( )
```

```
int precision(int)
```

（3）fill 函数　以下两种格式分别用来获取和设置当前宽度内的填充字符。第二种格式，函数还将返回设置前的填充字符。系统默认的填充字符为空格。

```
char fill( )
char fill( char)
```

【例 11-4】 格式控制函数示例。

程序代码：

```
#include <iostream>
using namespace std;
int main( )
{
        double pi = 3.1415926;
        cout << pi << endl;          //有效数字默认保留 6 位
        cout. width(12);             //指定输出宽度为 10
        cout. fill('*');             //指定空白处以 '*'填充
        cout << pi << endl;
        cout. precision(3);          //有效数字保留 3 位
        cout << pi << endl;
        return 0;
}
```

程序运行结果：

```
                        3.14159
                        *****3.14159
                        3.14
```

11.2.4.2　流错误的检测

在 I/O 流的操作过程中可能出现各种错误，C++ 提供了记录和检测流输入输出状态的相关机制。用户可以使用错误检测功能，检测和查明错误发生的原因和性质，并对错误进行处理和清除。

下面是几个常用的 ios 类中的流状态检测与控制函数：

```
int rdstate( )       //返回非 0 值表示流状态正常
int eof( )           //返回非 0 值表示提取操作已到达文件尾
void clear( )        //不带参数,用于清除流的错误状态
```

【例 11-5】 从键盘输入数据建立数值型数组。在程序中包含错误输入的检测机制，以保证数据的完整正确输入。

程序代码：

```
#include <iostream>
using namespace std;
int main( )
{
        double a[5];
```

```
        char temp[80];
        for(int i = 0;i < 5;i++)
        {
            cin >> a[i];
            while(cin.rdstate())        //若有输入错误
            {
                cin.clear();            //清除出错状态,但错误输入依然在输入缓冲区中
                cin.getline(temp,80);   //丢弃缓冲区中的错误输入
                cerr << temp << "为非法输入,请重新输入!" << endl;
                cin >> a[i];
            }
        }
        for(i = 0;i < 5;i++) cout << a[i] <<' ';
        cout << endl;
        return 0;
    }
```

程序运行结果:

> 10 a ↵
> a 为非法输入,请重新输入!
> 20 30 40 50 ↵
> 10 20 30 40 50

11.3　C++的文件概念

所谓文件通常是指存储在外部存储器上的数据集合。按照数据在外部存储器上的存储格式,可将文件分为文本文件和二进制文件。文本文件由字符序列组成,也称为 ASCII 码文件。二进制文件则由字节数据序列组成,它是由内存中的数据直接复制过来存储到外部存储器上的。

数据在内存中都以二进制形式表示,其中字符数据以其对应的 ASCII 码表示,数值数据以其对应的二进制数大小表示。这样,由于字符数据在内存中本来就是以 ASCII 代码形式存放的,因此,无论是输出为 ASCII 文件还是输出为二进制文件,其数据存储格式是一样的。但对于数值数据,在两种文件中的存储格式就不同了。

比如整数 1000,如图 11-3 所示,当它以二进制文件存储时,是直接复制内存中的数据存储到外部存储器上的,它不进行格式转换,而且占用空间小,但它不能直接以字符形式打印或显示;当它以文本文件存储时,则要进行格式转换后再存储到外部存储器上,它占用空间大,

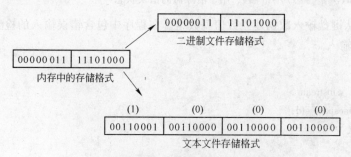

图 11-3　整数 1000 在两种文件中的存储格式

但它可以直接以字符形式打印或显示。反过来，在将一个文本文件读入内存时，系统又要将其中的以 ASCII 码形式存储的数值型数据，再反向转换为其对应的二进制数大小的存储格式放入内存单元。

系统在处理文本文件时，除了上面的数值型数据的处理转换外，还有如下的自动转换处理操作：

(1) 在将换行符 '\n'写入文件时，系统将其转换为回车与换行两个字符存入文本文件；读入内存时则又将回车与换行两个字符合并为一个换行符。也就是说，内存中的一个换行符 '\n'对应文本文件中的两个字符。这样，内存中的数据与文本文件中的数据也就不是一一对应的关系了。

(2) 相对于二进制文件，文本文件还有一个额外的结束标志符——ASCII 码的控制字符 0x1A。

由此可见，文本文件只适用于那些解释为 ASCII 码的文件，它方便文件内容的直接显示和打印输出；二进制文件则适用于任何类型的文件（包括文本文件）。读写二进制文件不作任何转换，文件内容与内存中的内容完全一致。这样读写二进制文件数据时不会出现二义性，可靠性高，方便控制读写字节的长度，可以随机读写。但如果不知二进制文件的信息格式，是无法正确读取二进制文件的，这使二进制文件具有一定的保密性。在文件的输入/输出操作中，需要注意文本文件和二进制文件的不同特点。

11.4 C++的文件流与文件操作

C++实现标准输入输出操作的 cin 和 cout 是系统已经定义好的全局对象，用户不需要自己定义就可以直接使用它们。但 C++的文件操作则有所不同，对于 C++的文件，须在程序中先通过文件流类定义相应的文件流对象，然后才能实现 C++的文件操作。

C++提供了输入文件流类 ifstream、输出文件流类 ofstream 和输入输出文件流类 fstream。为了使用这些文件流类，必须在程序中先有文件包含的编译预处理命令#include < fstream >。有了 ifstream 类、ofstream 类和 fstream 类，就可以通过它们定义用户所需要的文件流对象，并使其与欲操作的文件建立关联，然后才可以通过文件流对象实现对文件的操作。

文件操作的一般步骤是：

(1) 定义文件流对象并打开（open）文件。

(2) 对文件进行读写操作。

(3) 关闭（close）文件。

11.4.1 文件的打开和关闭

11.4.1.1 打开文件

所谓打开文件，就是建立文件流对象与物理文件的关联，并指定文件的工作方式。此后对文件流对象的操作就是对外部存储器上物理文件的操作。

打开文件有两种方法：

(1) 定义文件流对象的同时，通过构造函数打开文件。其一般形式为：

文件流类型 对象名(文件名 ,打开方式)

其中，"打开方式"的具体设置值见表 11-2，可以用按位或"│"运算符组合这些标志值。"打开方式"参数也可以没有，这时对于输入文件流，其缺省打开方式是以输入方式

（ios::in）打开文本文件；对于输出文件流，其缺省打开方式是以输出方式（ios::out）打开文本文件。

例如：

ifstream ifile("infile.txt")；
　　　//建立输入文件流对象 ifile,并以缺省输入方式(ios::in)打开文本文件 infile.txt
ofstream ofile("outfile.txt")；
　　　//建立输出文件流对象 ofile,并以缺省输出方式(ios::out)打开文本文件 outfile.txt
fstream iofile("myfile.txt", ios::in|ios::out)；
　　　//建立输入输出文件流对象 iofile,并以输入输出方式打开文件 myfile.txt
fstream iofile("myfile.dat", ios::in|ios::out|ios::binary)；
　　　//建立输入输出文件流对象 iofile,并以输入输出和二进制方式打开文件 myfile.dat
ifstream ifile("d:\\my_in_file.txt")；
　　　//建立输入文件流对象 ifile,并以缺省方式打开 d 盘上的文件 my_in_file.txt

表 11-2　文件打开方式

文件打开方式	功　　能
ios::app	以追加方式打开文件，将所有输出写入文件末尾
ios::ate	ate 即 at end，表示打开文件时，文件指针在文件尾，但文件指针可以移动
ios::in	以输入方式打开文件，如文件不存在则返回失败
ios::out	以输出方式打开文件。如未同时指定 ios::app、ios::ate 或 ios::in，则与 ios::trunc 方式一致：如果文件存在，删除文件原有内容，否则创建新文件
ios::trunc	如果文件存在，删除文件原有内容，否则创建新文件
ios::binary	以二进制方式打开文件，缺省时为文本方式

（2）先定义文件流对象，然后通过成员函数 open()打开文件。

成员函数 open()的一般形式为：

文件流对象.open(文件名，打开方式)

其中，成员函数 open()各个参数的含义及设置方法与文件流类的构造函数一致。

例如：

ifstream ifile；　　　　　　　　　　　//定义输入文件流对象 ifile
ifile.open("d:\\my_in_file.txt")；　　　　//打开 d 盘上的输入文件 my_in_file.txt
ofstream ofile；　　　　　　　　　　　//定义输出文件流对象 ofile
ofile.open("d:\\my_out_file.txt")；　　　//打开 d 盘上的输出文件 my_out_file.txt
fstream iofile；　　　　　　　　　　　//定义输入/输出文件流对象 iofile
iofile.open("myfile.txt",ios::in|ios::out)；　//以输入输出方式打开文件 myfile.txt
ifstream infile；　　　　　　　　　　　//定义输入文件流对象 infile
infile.open("myfile.dat", ios::binary)；　　//以二进制方式打开文件 myfile.dat

打开文件操作并不能保证总能成功，如文件不存在、磁盘损坏等原因可能造成打开文件失败。如果打开文件失败后，程序还继续执行文件的读/写操作，这将产生严重错误。在使用构造函数或 open()成员函数打开文件失败后，系统将记录流错误的相关状态。并且，在 ios 类中重载了运算符"!"，在打开文件失败时，它对该文件流对象操作的结果将返回 0 值。通常可以利用这一点检测文件打开操作是否成功，如果不成功则作特殊处理。

一般在程序中，通过一个 if 结构或异常处理检测 try 块来检测文件打开操作是否成功，以提高程序的可靠性。

if 结构检测文件打开操作：

```
ifstream ifs("test. txt");
if(! ifs) {
    cerr << "错误:无法打开文件" << endl;
    return -1;
}
```

try 块检测文件打开操作：

```
ifstream ifs("test. txt");
try {
    if(! ifs) throw "test. txt";
}
catch(char * s) {
    cerr << "错误:无法打开文件" << s << endl;
    return -1;
}
```

有关异常处理机制，请参见 12.3 小节。

11.4.1.2 关闭文件

当打开的文件操作结束以后，应该显式地关闭该文件，使文件流与对应的物理文件断开联系，这样可避免对文件的误操作。在关闭文件时，系统把与该文件相关联的文件缓冲区中最后的数据写到物理文件中，而不论缓冲区是否满，这样保证了文件的完整性。

关闭文件是通过调用成员函数 close() 来实现，例如 ifile. close();。

文件流对应的文件被关闭后，还可以利用该文件流调用 open() 成员函数打开其他的文件。

11.4.2 文件的顺序读写

每个文件都有一个文件位置指针，它始终指向当前的读写位置。当顺序读写一个文件时，每执行一次读写操作，系统就自动将位置指针后移到下一个读写位置。随着对文件的处理，文件位置指针不断地在文件中移动，并始终指向最新欲处理的字符（字节）位置。

由于 ifstream 类、ofstream 类和 fstream 类分别是从 istream 类、ostream 类和 iostream 类继承派生的，所以有关标准 I/O 流的提取运算符" >> "、插入运算符" << "和 get()、getline()、put()、read()、write() 等成员函数，以及格式控制和错误检测的方法，同样适用于文件流的输入/输出操作。

下面举例介绍文件的顺序读写操作。

【例 11-6】从键盘输入建立（或追加）文本文件，以"#"号结束输入。

程序代码：

```
#include <iostream>
#include <fstream>
using namespace std;
```

```
int main( )
{
    int mf_from_cin(ofstream&);           //函数声明
    char fileName[ ] = "test. txt";
    ofstream ofs(fileName);                //建立文件流对象并打开文件
    if( ! ofs)
    {
        cerr << "错误:无法打开文件" << endl;
        return  -1;
    }
    mf_from_cin( ofs);                     //函数调用,建立(追加)文件内容
    ofs. close( );                         //关闭文件
    return 0;
}
/ *** 从键盘输入建立(追加)文本文件,以"#"号结束输入  ***********/
/ *** 新建文件或追加文件内容,依赖于主调函数的文件打开方式  **/
int mf_from_cin( ofstream& ofs)
{
    if( ! ofs)
    {
        cerr << "open error!" << endl;
        return  -1;                        //无法打开文件,则函数调用结束,返回错误值 -1
    }
    char ch;
    while(cin. get( ch),ch! ='# ')//从键盘缓冲区提取一个字符,并判断是否为结束输入的字符
        ofs. put( ch);                     //将提取的字符写入输出文件
        //或: ofs << ch;
    return 0;
}
```

说明:
(1) 运行以上程序,并按以下方式从键盘输入内容:

1 12345 ↵

2 abcde ↵

#↵

　　程序正常运行结束后,一个名为 test. txt 的文本文件就建好了。可以通过 Windows 的 "记事本" 打开该文件,查看文件内容,如图 11-4 所示。

图 11-4　查看文本文件内容

（2）函数 mf_from_cin（）既可以从键盘输入建立新文件，也可以追加输入内容到已存在的文件中，这依赖于主调函数的文件打开方式。例如，把 main（）函数中的 ofstream ofs（fileName）调整为 ofstream ofs（fileName，ios::app），即可将输入的内容追加到文件中。

（3）如果将 mf_from_cin（）函数中的 cin.get（ch）改成 cin >> ch，程序运行的结果将会怎样？如果以二进制方式打开文件，程序运行的结果又将如何？请读者自行分析。

【例 11-7】从显示器输出显示文本文件内容。

程序代码：

```
#include  <iostream>
#include  <fstream>
using namespace std;
/ *** 从显示器输出显示（文本）文件内容 *** /
int display_file( char  * filename)
{
        int n = 0;                        //用于统计文件字符个数
        ifstream infile(filename);        //建立文件流对象并打开文件
        if( !infile)
        {
                cerr << " open error!" << endl;
                return  -1;
        }
        char ch;
        while( infile. get( ch) )           //当从文件流成功读取一个字符…
        {
                cout. put( ch);            //由内存变量输出到显示器
                n ++;
        }
        cout << endl;
        infile. close( );                   //关闭文件
        return n;                         //返回文件字符个数
}
int main( )
{
        int n = display_file( "test. txt");     //函数调用
        cout << " 该文件字符个数为:" << n << endl;
        return 0;
}
```

假设 test. txt 文件中的内容为：

abcdefghij

1234567890

abc 567

那么，执行主函数 main（）后，程序的运行结果是：

　　　　　　　　　　　　　　　　abcdefghij
　　　　　　　　　　　　　　　　1234567890
　　　　　　　　　　　　　　　　abc 567

该文件字符个数为：29

说明：

（1）注意区别文件尾（end of file）和文本文件结束符。

判断是否到达文件尾的函数是 eof（），判断是否到达文本文件结束符的位置，则可借助于 get（）函数读取数据是否成功的判断。例如本例中的 display_ file（）函数，其读取文本文件内容的 while 语句循环条件，就是使用了 get（）函数的这个特点。如果把该 while 语句改成如下内容：

```
while( ! infile. eof( ) )
{
        infile. get( ch) ;
        cout. put( ch) ;
        n ++ ;
}
```

那么，上面程序的运行结果则是：

　　　　　　　　　　　　　　　　abcdefghij
　　　　　　　　　　　　　　　　1234567890
　　　　　　　　　　　　　　　　abc 5677
　　　　　　　　　　　　　　　　该文件字符个数为:30

与前面程序的运行结果对比，可发现其显示的文件内容多出了一个"7"，统计的字符个数也多出一个。为什么？请读者分析。

（2）可以把上述程序中单个字符的读取操作，改用 getline（）函数来按行读取文本文件内容，并统计文本行数。具体程序代码请读者自己完成。

【例 11-8】一个二进制文件复制程序。

输入输出流的 read（char * buffer，int len）和 write（const char * buffer，int len）这两个成员函数主要用于二进制文件的输入/输出操作。它们的第一个参数是一个字符指针，指向内存中的一段存储空间。这里的字符指针，不是说只能存取字符型的数据，而是表示它们以字节为单位来读写数据，也就是按二进制文件方式来处理数据。这个字符指针所指向的存储空间，其实就是在程序中所设计的处理二进制文件的数据缓冲区。应该根据实际的需要合理设计该缓冲区的大小，即合理设计函数中第二个参数 len 的数据大小。

下面给出二进制文件复制的程序代码：

```
#include  < iostream >
#include  < fstream >
using namespace std;
int main( )
{
        int copyFile(char * ,char * ) ;          //函数声明
        int flag = 0 ;                           //表示未能复制文件
        char sourceFile[ 20 ] ,destiFile[ 20 ] ;
```

```
                cout << "请输入源文件名:";
                cin >> sourceFile;
                cout << "请输入目标文件名:";
                cin >> destiFile;
                flag = copyFile(sourceFile,destiFile);          //函数调用
                if(flag) cout << "文件复制完成!" << endl;
                else cerr << "文件复制失败!" << endl;
                return 0;
        }
        / *** 二进制文件复制:复制成功函数返回值1,否则返回0值 *** /
        int copyFile(char * sourceFile,char * destiFile)
        {
                const int len = 8000;
                char buf[len];
                ifstream source(sourceFile,ios::binary);
                ofstream desti(destiFile,ios::binary);
                if(! source || ! desti) return 0;          //任一文件不存在,提前返回
                while(! source. eof())
                {
                        source. read(buf,len);
                        desti. write(buf,len);
                }
                source. close();
                desti. close();
                return 1;
        }
```

说明:以上的 copyFile()函数也可以用来复制文本文件,但在复制后的文件尾部多了许多无意义的字符。为什么? 能解决吗? 如何写一个专门复制文本文件的函数? 请读者思考,并请读者自己调试运行以上程序。

11.4.3 文件的随机访问

在 C++中可以由程序控制文件指针的移动,从而实现文件的随机访问,即可读写流中任意一段内容,用以快速检索、修改或者删除文件数据。一般文本文件很难准确定位,所以随机访问主要用于二进制文件。

为了实现 C++文件的随机访问,C++的 I/O 流类库提供了两组定位文件读/写指针的成员函数。一组是由 istream 类对于读指针提供的3个成员函数(函数名中的 g 为 get 的缩写):

```
        istream& seekg(long pos);                 //指针直接定位
        istream& seekg(long offset, ios::seek_dir dir); //指针相对定位
        long tellg();                             //返回当前指针位置
```

另一组是由 ostream 类对于写指针提供的3个成员函数(函数名中的 p 为 put 的缩写):

```
        ostream& seekp(long pos);                 //指针直接定位
```

```
ostream& seekp(long offset, ios::seek_dir dir);   //指针相对定位
long tellp( );                                     //返回当前指针位置
```

其中，pos 用来指定文件指针的绝对位置，offset 则用来指定文件指针的相对偏移量。在用offset 指定文件指针的相对偏移量时，还需根据参照点 dir 才能确定文件指针的最终位置。参照点 dir 的取值可以是下面三者之一：

（1）ios::beg 文件开头（begin），这是默认值。

（2）ios::cur 文件指针当前位置（current）。

（3）ios::end 文件末尾。

例如：

```
infile. seekg(ios::beg);         //输入文件中的指针定位在文件头
infile. seekg(100);              //输入文件中的指针向后(文件尾方向)移到100个字节
infile. seekg( -50,ios::cur);    //输入文件中的指针从当前位置向文件头方向前移50个字节
outfile. seekp( -75,ios::end);   //输出文件中的指针从文件尾向文件头方向前移50个字节
```

【例 11-9】将内存中的数据写入文件，然后再从文件中读入内存。

分析：要对同一个文件进行输入输出操作，应使用 fstream 类建立一个输入输出流对象。在对文件进行了写操作后，可以重新定位文件指针到文件头，这样就可以重新读入该文件了。若总是从头顺序读写文件，则以文本文件或是二进制文件方式打开文件都可以。

程序代码：

```
#include  < fstream. h >
#include  < iostream >
#include  < fstream >
using namespace std;
int main( )
{
    int a = 100,b = 200,d,e;
    char c =',';                    //准备用作分隔符
    char fileName[ ] = "test. dat";
    fstream fs(fileName,ios::in|ios::out|ios::trunc);
    if( !fs)
    {
        cerr << "open error!" << endl;
        return  -1;
    }
    fs << a << c << b;              //将 a,c,b 的内容依次输出到文件
                                    //c 用作 a,b 之间的分隔符,否则读时会出错
    fs. seekg(ios::beg);           //使文件指针重新回到文件头
    fs >> d >> c >> e;             //将文件内容输入到内存变量 d,c,e 中
    cout << "d = " << d << endl;
    cout << "e = " << e << endl;
    fs. close( );                  //关闭文件
    return 0;
```

```
    }
```

程序运行结果：

$$d = 100$$
$$e = 200$$

说明：

（1）将内存中的数据写入文件和从文件中读取数据到内存，需要知道数据的组织结构，写入和读取数据要相互对应。如果要用提取运算符" >> "来读取文件数据，还需要合理设置各个数据项之间的分隔符，否则读取数据时会出错。例如上述程序中，读取文件内容的两个变量 d 和 e，分别与存入数据到文件中的两个变量 a 和 b 相互对应，程序的运行结果也证明了这一点。但如果把 a、b 两个量之间的分隔符去掉，那么 a 和 b 两个数据就被连续存储到文件中，在重新读取它们的内容时，由于它们之间没有分隔符，提取运算符" >> "会把它们作为一个数据读入内存。结果是变量 d 取到数据100200，变量 e 没有取到数据。读者可以按此思路调整程序代码，重新运行程序验证一下。

（2）如果把程序中定义输入输出文件流对象的构造函数，去掉其参数中的 ios::trunc，那么程序只能对已有文件进行操作。请读者参考表 11-2 的内容，再自己合理设计相关参数，实现新建文件、覆盖已有文件或追加文件内容等操作。

【例11-10】建立有编号、姓名和分数的学生数据记录文件，并能修改指定记录号的记录。

先建立一个有编号、姓名和分数等数据成员的结构类型，再编写若干个处理函数：

（1）输入数据记录并写入文件的函数：mkRecFile（char * filename）。

（2）修改指定记录号的记录的函数：editRecord（char * filename，int n）。

（3）显示文件数据的函数：display（char * filename）。

程序代码如下：

```cpp
#include  < iostream >
#include  < fstream >
using namespace std;
struct Student
{
    int num;            //编号
    char name[10];       //姓名
    float score;         //分数
};
//函数声明
int mkRecFile( char  * filename) ;
int editRecord( char  * filename, int n) ;
int display( char  * filename) ;
int main( )
{
    int n;               //用于欲修改的记录号
    mkRecFile( "stud. dat" ) ;    //建立数据记录文件
    cout << endl ;
    cout << "Edit Rec#_n? " ;
    cin >> n ;
```

```
        editRecord("stud. dat",n);   //修改第 n 条记录
        cout << endl;
        display("stud. dat");
        return 0;
}
//显示学生记录
int display(char * filename)
{
        ifstream infile(filename,ios::binary);    //建立文件流对象并以二进制文件方式打开文件
        if(!infile) return -1;                            //若文件不存在,则提前返回
        Student stud;
        while(infile. read((char * )&stud,sizeof(stud)))   //当文件数据提取成功
            cout << stud. num << " " << stud. name << " " << stud. score << endl;
        infile. close();
        return 0;
}
//建立数据记录文件
int mkRecFile(char * filename)
{
        ofstream outfile(filename,ios::binary);
        if(!outfile) return -1;                            //若文件不存在,则提前返回
        Student stud;
        cout << "Please input data:" << endl;
        while(cin >> stud. num,stud. num! =0)            //以 0 编号作为输入结束的标志
        {
                cin >> stud. name >> stud. score;
                outfile. write((char * )&stud,sizeof(stud));
        }
        outfile. close();
        return 0;
}
//修改某条记录
int editRecord(char * filename,int n)
{
        fstream iofile(filename,ios::in|ios::out|ios::binary);
        if(!iofile) return -1;                            //若文件不存在,则提前返回
        Student stud;
        for(int i =0;i < n;i ++)
            iofile. seekg(i * sizeof(stud),ios::beg);     //定位读指针
        iofile. read((char * )&stud,sizeof(stud));
        cout << stud. num << " " << stud. name << " " << stud. score << endl;  //显示欲修改的记录
        cout << "Please edit data:" << endl;
        cin >> stud. num >> stud. name >> stud. score;
        for(i =0;i < n;i ++)
```

```
        iofile. seekp( i * sizeof( stud) ,ios::beg) ;        //定位写指针
        iofile. write( ( char  * ) &stud,sizeof( stud) ) ;        //修改(写入)记录
        iofile. close( ) ;
        return 0;
    }
```

程序运行结果：

```
                        Please input data：
                        1001 Chen 80 ↵
                        1012 Wang 60 ↵
                        1003 Zhang 90 ↵
                        0 ↵

                        Edit Rec#_n? 2 ↵
                        1012 Wang 60
                        Please edit data：
                        1002 Wang 69 ↵

                        1001 Chen 80
                        1002 Wang 69
                        1003 Zhang 90
```

习　题　11

● 填空题

11-1　与 cin 相关联的标准输入设备是_____，与 cout 相关联的标准输出设备是_____。
　　　A. 键盘　　　　　　B. 显示器　　　　　　C. 软盘　　　　　　D. 硬盘

11-2　在 C ++ 中，打开一个文件就是将这个文件与一个_____建立关联。
　　　A. 函数　　　　　　B. 类　　　　　　　　C. 对象　　　　　　D. 流

11-3　在 C ++ 中，要进行标准 I/O 流操作，需要包含_____文件；要进行文件流操作，需要包含_____文件。
　　　A. iostream　　　　B. fstream　　　　　C. stdio. h　　　　　D. stdlib. h

11-4　cin 表示_____对象，cout 表示_____对象。

11-5　在 C ++ 程序中，文件可以用_____方式存取，也可以用_____方式存取。

11-6　在 C ++ 程序中，数据可以用_____和_____两种代码形式存放。

11-7　在 C ++ 语言中，文件的存取是以_____为单位的，这种文件被称为_____文件。

11-8　C ++ 的输入/输出操作是由_____来处理的。

11-9　C ++ 的输入/输出操作的提取运算符" >> "和插入运算符" << "的箭头方向与数据的流动方向_____。

11-10　以下程序运行后，将产生一个文本文件 test. txt，请填空。

```
        #include  < fstream >
        using namespace std;
        int main( )
```

```
{
    int i = 100;
    char test[ ] = "This is a example. ";
    ofstream outfile("e:\\test. txt");          //该行语句功能：＿＿＿＿＿＿＿
    if( !outfile)
    return 1;
    outfile << i << endl << test << endl;         //该行语句功能：＿＿＿＿＿＿＿
    outfile. close( );                            //该行语句功能：＿＿＿＿＿＿＿
    return 0;
}
```

程序运行后所产生的 test. txt 文件内容为：＿＿＿＿＿＿＿＿

● 编程题

11-1　编写程序实现如下功能：打开指定的一个文本文件，在每一行前加行号。

11-2　在例 11-10 的基础上，编写两个函数：（1）添加数据记录的函数；（2）抽取某个分数以上的数据记录并写入另一文件的函数。

第 12 章　C++ 的其他几个议题

本章主要介绍 C++ 的如下几个议题:(1) const 与数据保护;(2) 函数模板与类模板;(3) 异常处理机制;(4) 名字空间。

12.1　const 与数据保护

在程序设计中经常要涉及数据共享和数据保护的问题。类的封装与信息隐藏是保障数据安全的一个重要机制,但数据共享也是程序的必然要求。程序中有大量可以共享的数据,而数据共享又使数据的安全受到威胁。如何既能提供数据共享又能保护数据不被无意识地破坏呢? C++ 提供了一个用 const 修饰的数据保护的有效机制。通过 const 来修饰变量、对象、指针、引用以及类的成员函数等,能够起到保护数据的作用。简单地说,就是:

(1) 用 const 修饰的变量或对象,其值不能被修改。

(2) 用 const 修饰的成员函数不能改变数据成员的值。

当然,const 的具体应用要比上述两点有更丰富的内容。下面就 const 的一些具体应用场合和使用方式进行介绍。

(1) 用 const 修饰一个变量,则该变量的值在程序运行期间不能被改变,是一个常量。这样,该变量的值在被程序的其他部分所共享时,保障了自己数据的安全。在 2.4.1 小节中,我们对 const 常量已经做了介绍,在此不再赘述。

(2) 用 const 修饰的数据成员,称为常数据成员。同样地,常数据成员的值在程序运行期间不能被改变。正因如此,常数据成员必须初始化,但要注意它的初始化方式与普通的 const 常量初始化方式的区别。const 常数据成员的初始化只能通过构造函数的参数初始化表来实现,而不能采用在构造函数体中对 const 数据成员赋初值的方式进行。

(3) 用 const 按以下形式修饰的成员函数,称为常成员函数。

　　　　函数类型 函数名(形参表) const

常成员函数可以引用数据成员,但不能改变数据成员的值(可以改变非数据成员的值)。一个成员函数只是引用数据成员而不会改变数据成员,例如数据输出函数,就应该把它修饰为 const 常成员函数。这样,在该函数体中任何无意的改变数据成员值的语句都是非法的。也就是说,通过在成员函数的函数首部增加 const 修饰,保障了数据成员的数据安全。

显然,构造函数和析构函数不能声明为常成员函数,const 常成员函数不能调用非 const 成员函数。

注意常成员函数的声明格式,const 的位置是在函数名和括号之后。

(4) 用 const 修饰的对象,称为常对象。这样,常对象的所有数据成员都成为常数据成员,它们的值在程序运行期间都不能被改变。同样地,常对象在定义时必须同时初始化。

如果一个对象被声明为 const 常对象,则该对象的非 const 成员函数不能被调用(不论这些函数是否会修改对象中的数据)。从另一角度说,能够被常对象调用的成员函数必须是常成员函数。但不要误认为常对象中的成员函数都是常成员函数。

（5）用 const 修饰的指针常量。

定义指针常量的一般形式为：

　　　类型名 * const 指针变量名 = 对象（或变量）的地址；　　　　　　//注意 const 的位置

将指针变量声明为 const 后，指针值始终保持为其初始值，不能被改变，是一个地址常量，即该指针将始终指向同一个对象（或变量）。

往往用指针常量作为函数的形参，目的是不允许在函数执行过程中改变指针变量的值，使其始终指向原来的对象（或变量）。这样可以防止误操作，增加安全性。

（6）用 const 修饰的引用，称为常引用。

声明常引用的一般形式为：

　　　const 类型名 & 引用名 = 对象名（或变量名）；

声明常引用的意义是，不能通过常引用来改变它所代表的对象（或变量）的值。但常引用所代表的对象（或变量）自己不受限制，其值是可以改变的。

常引用最常用于函数的形参。这样，在该函数体中任何通过常引用来改变数据内容的语句都是非法的，从而保护了数据的安全。另外，它还可以使得在调用函数时不必建立实参的拷贝，从而提高程序的运行效率。

（7）指向 const 常对象（或常变量）的指针。

定义指向常对象（或常变量）的指针变量，其一般形式为：

　　　const 类型名 *指针变量名；　　　　　　//注意 const 的位置

定义指向常对象（或常变量）的指针的意义是，不能通过该指针来改变所指向的对象（或变量）的值。但要说明的是，该指针并非只能指向常对象（或常变量），而是既可以指向一个 const 常对象（或常变量），也可以指向一个非 const 的对象（或变量）。反之，如果一个对象（或变量）已被声明为常对象（或常变量），则只能用指向常对象（或常变量）的指针指向它，而不能用普通的（指向非 const 型的）指针指向它。

另外需要说明的是，一个指针变量被声明为指向常对象（或常变量）的指针，是要说明不能通过该指针来改变所指向的对象（或变量）的值。但该指针变量本身的值是可以改变的，即它可以改为指向另一个对象（或变量）。当然，该指针改变指向后，它仍然还是不能通过该指针来改变新指向的对象（或变量）的值。

与常引用一样，指向常对象（或常变量）的指针最常用于函数的形参，目的是保护形参指针所指向的数据，使它在函数执行过程中不被修改，而且可以提高程序的运行效率。当希望在调用函数时实参对象（或变量）的值不被修改，就可以把对应的形参定义为指向常对象（或常变量）的指针变量，同时用对象（或变量）的地址作实参。而实参地址的类型既可以是 const 型的，也可以不是 const 型的。

例如，函数 char * strcpy(char * dest, const char * source) 的功能是，将第二个参数指针指向的字符串赋给第一个指针指向的字符串。因此源字符串 source 的内容应该受到保护（即不允许被改变），所以将它声明为指向常量的指针。

有关 const 与数据保护的应用，体现在程序的各个环节中。这里只是把一些具体的应用场合和使用方式做了介绍，更具体的应用有待于读者去发现和实践。

12.2　函数模板与类模板

12.2.1　模板的概念

所谓模板(Template)是一种基于类型参数来产生函数和类的机制,是 C++ 的一个重要特性。

编程中经常会遇到这样的情况,对于不同数据类型的参数需要实现相似的函数功能。例如,求两个数中最大值的函数,利用函数重载,需要定义如下函数:

```
int max( int a, int b) {return (a > b? a:b);}
double max( doublea, double b) {return ( a > b? a:b);}
char max( char a,char b) {return ( a > b? a:b);}
```

如果需要处理比较所有基本数据类型的数值时,则还需要更多的代码进行函数重载,函数的重载并没有降低编写程序和维护程序的工作量。当需要修改函数功能时,必须对所有同名的函数进行相同的修改和维护,稍一疏忽,极易造成遗漏,为程序的运行带来隐患。

而上述这些同名函数,其参数个数相同,实现的代码(算法)也相同,只是形参的类型和函数返回值的类型不同。如果将上述函数中的类型 int、double 和 char 也参数化,即将 int、double 和 char 都用一个参数 T 来代替,则可得到下述函数形式:

```
T max( T a, T b) { return ( a > b? a:b); }
```

当需要比较不同类型数值大小时,只需要将上述函数中的类型 T 替换成相应的类型就可以了。也就是说,将一段程序所处理的对象类型参数化,就可以用这段程序来处理某个类型范围内的各种类型的对象,这就是参数化多态性。

模板是 C++ 支持参数化多态性的工具,是一种基于类型参数生成函数和类的机制。使用模板,在不降低类型安全性的前提下,可以为函数或类声明一种通用模式,而不必预先说明将被使用的每个对象的类型。从而极大地提高了软件代码的复用率和可靠性,减轻了程序设计者设计和维护程序的工作量,增加了程序代码的灵活性。

C++ 程序主要由函数和类组成,因此模板也有两种不同形式——函数模板(Function Template)和类模板(Class Template)。下面分别予以介绍。

12.2.2　函数模板

12.2.2.1　函数模板的作用

函数模板可以定义一个通用功能的函数,支持多种不同类型的形参,简化重载函数的设计,增强函数的通用性。

函数模板的定义形式如下:

```
template <模板参数表>
函数类型 函数名(形式参数表)
{
    //函数定义体
}
```

其中,template 是一个声明模板的关键字。 <模板参数表>中的模板参数主要是模板类型参数,它代表一种类型,由关键字 class 或 typename 后加一个标识符构成。例如 class T 或 typename T。在这里 class 或 typename 两个关键字的意义相同,它们表示后面的标识符是一个模板参数名,模板参数代表一个潜在的内置类型或用户自定义类型。模板参数名由程序员自定,可以是任意合法的标识符。

模板参数不能为空,但可以有多个,多个参数用逗号分隔开,每个类型参数前都要使用关键字 class 或 typename。并且模板参数表中的每个参数在函数形参表中必须至少使用一次。

typename 是在新标准 C++ 中引进的,采用它,编译器在分析模板定义时,能更方便地分辨出是不是类型的标识符。而 class 还有另外一种含义,所以建议在说明模板参数时,使用 typename,使程序的可读性更好。

函数模板定义方法和一般函数定义方法类似,只是将一般函数中形参的数据类型用模板参数代替了。所以函数模板中有两组形参表,一个是函数模板形参表,简称为模板参数表,它是一个类型参数的列表。另一个是对应于一般函数形参表的模板函数形参表,仍然简称为函数形参表,它是一个由模板参数表中的抽象数据类型所说明的形参变量的列表。

例如,12.2.1 小节中的求两个数中最大值的若干重载函数,现在只用一个函数模板就可以代替了——求两个数中最大值的函数模板:

```
template < typename T >
T max( T a, T b) { return ( a > b? a:b); }
```

说明:这不是一个独立的 max( ) 函数,而是一个可以由编译系统自动生成多个不同类型的 max( ) 函数的函数模板。这个 max( ) 函数模板的函数形参表中有两个抽象数据类型的参数——T a 和 T b,函数的返回值类型也是类型参数 T。在系统自动生成某个具体的可执行的函数时,T 会被各种内置基本类型或用户自定义类型所置换。这个置换过程就称为模板实例化(Template Insantiation)。

12. 2. 2. 2　函数模板的应用

函数模板只是对函数的描述,不是一个实实在在的函数,所以编译系统不为其产生任何执行代码,需要实例化为模板函数后才能执行。

当编译系统在程序中发现有与函数模板形参表中相匹配的函数调用时,将根据实参的类型生成一个重载函数,即将函数模板的函数定义体中的类型参数由一个确定的类型所替换,生成一个可执行的具体函数。我们把这个由函数模板生成的函数称为模板函数,它与一般函数本质是一样的。

下面介绍几个示例。

【例 12-1】 求两个数中最大值的函数模板,并在主函数中调用。

程序代码

```
#include < iostream >
using namespace std;
template < typename T >
T max( T a, T b) { return ( a > b? a:b); }
int main( )
{
        int i1 = 5, i2 = 8;
        float f1 = 5. 6, f2 = 8. 9;
```

```
        char c1 ='a', c2 ='B';
        cout << "Max integer: " << max(i1,i2) << endl;
        cout << "Max float: " << max(f1,f2) << endl;
        cout << "Max char: " << max(c1,c2) << endl;
        return 0;
    }
```

程序运行结果:

Max integer: 8

Max float: 8.9

Max char: a

说明:主函数第一次调用 max 时,T 被 int 取代,生成重载函数 int max(int,int);第二次调用时,T 被 float 取代,生成重载函数 float max(float, float);第三次调用时,T 被 char 取代,生成重载函数 char max(char, char)。因此函数模板是提供一组重载函数的样板。

上述例子中,编译器在由函数模板生成函数时根据程序中函数调用的参数类型进行匹配,生成的函数原型完全由编译器决定,无须在程序中显式声明。但要注意的是,在编译时生成模板函数的过程中,编译器对参数类型要进行精确匹配,而不进行任何隐含的类型转换。例如在 int 与char 之间、float 与 int 之间、float 与 double 之间等的隐式类型转换在这里都是不允许的。如果在上例程序中出现如下调用则是错误的:

```
    max(i1,c1);            //错误
```

如何改正呢? 可以通过显式指定:

```
    max < int > (i1,c1);    //显式指定实参表中的实参全部为 int 型
```

当然也可以对函数实参类型强制转换,使它符合模板函数对参数类型精确匹配的要求。例如:

```
    max(i1, (int)c1);
```

【例 12-2】 求数组 a 中 n 个元素的最大值,要求将求最大值的函数设计成函数模板。

程序代码

```
#include < iostream >
using namespace std;
template < typename T >
T max(const T *a,int n)
{
    int i;
    T m = a[0];
    for(i = 1;i < n;i ++ )
        if(m < a[i]) m = a[i];
    return m;
}
int main( )
{
    int a[ ] = {1,3,9,2,7,6,4,5,11,8};
```

```
double b[ ] = {7.6,3.5,14.25,2.82,6.53};
char c[ ] = {'a','g','e','n','t'};
cout << "数组 a 中的最大值为:" << max(a,10) << endl;
cout << "数组 b 中的最大值为:" << max(b,6) << endl;
cout << "数组 c 中的最大值为:" << max(c,5) << endl;
}
```

程序运行结果:

数组 a 中的最大值为:11

数组 b 中的最大值为:14.25

数组 c 中的最大值为:t

12.2.2.3 函数模板与函数重载

在例 12-1 中,我们已经看到利用 max 函数模板在程序中以 max(i1,c1) 方式调用模板函数时出现的错误,所提供的解决方法也是有局限性的。例如,如果程序确实需要一个或多个这种特征的参数类型的调用,该如何处理呢?

首先我们可以继续运用函数重载的机制来解决,即根据这种特殊的函数调用,重写一个相应的函数。系统将优先在已有的函数中查找是否有匹配的函数调用,如果没有才继续查找匹配的函数模板生成可调用的模板函数。由函数模板生成模板函数其实也是一种函数重载的机制,但它是由编译系统自动完成的,不需要程序员重写代码。

另外,C++ 也提供了函数模板重载的机制,可以建立同名的但是有不同类型的类型参数的多个函数模板。从而可以由系统自动实现具有不同算法的统一外部接口的函数系列。函数模板重载的方式与函数重载类似,就不详细介绍了。

函数模板是函数的抽象,更准确地说,函数模板是一种算法的抽象。函数模板提供了动态生成一系列具有相同算法但类型不同的函数的机制,实现了算法代码与数据类型的分离。函数模板使程序设计人员在定义算法时可以不确定实际计算时的数据类型,而在以后的实际使用算法时再具体确定相应的类型。这就使算法达到了一个更高的抽象度和更广泛的通用性。

12.2.3 类模板

与函数模板相似,类模板机制为用户提供了把数据成员和成员函数相似、仅数据类型不同的类设计为通用的类模板的方法。在引用时使用不同的数据类型实例化类模板,可以组建多种类型的对象集合。

12.2.3.1 类模板的定义

类模板的定义形式如下:

```
template <模板参数表>
class 类名
{        …                    //类声明体
};                            //此处分号不可少
template <模板参数表>
返回类型 类名 <模板参数名表> ::成员函数1(形参表)
{        …        }            //成员函数定义体
…
template <模板参数表>
```

返回类型 类名 <模板参数名表> ::成员函数 n(形参表)
{   …   }   //成员函数定义体

其中,template 是关键字, <模板参数表> 与函数模板中的意义一样。

例如:定义一块缓冲区类模板 Buffer。

```
template  < typename T >
class Buffer//定义一个类模板 Buffer
{
    private:
        T a;
        int empty;
    public:
        Buffer():empty(0){ };    //构造函数
        T get();                //获取缓冲区的数据
        void put(T x);          //建立缓冲区的数据
};
template  < typename T >
T Buffer < T > ::get()          //成员函数 get()
{
    if( empty ==0)
    {
        cout << "The buffer is empty!" << endl;
        exit(1);                //提前结束程序
    }
    return a;
}
template  < typename T >
void Buffer < T > ::put(T x)     //成员函数 put()
{
    empty ++ ;
    a = x;
}
```

在定义类模板时应注意以下两点:

(1) 定义类模板至少要确定一个模板参数。

(2) 类模板的成员函数在类体外定义时,必须定义为函数模板。

12.2.3.2 类模板的应用

上述对 Buffer 类的说明,并不是一个实实在在的类定义,只是对类的抽象描述。类模板必须用类型参数将其实例化为模板类(Template Class)后,才能用来说明对象。不同于函数模板,类模板只允许用显式方法把模板形参实例化。其一般形式为:

类模板名 <类型实参表> 对象名表

其中,类型实参表示将类模板实例化为模板类时所用到的类型,编译系统根据这个实际类型生成所需的类,并创建该类的对象。一个类模板可以实例化为多个模板类。

【例 12-3】 类模板 Buffer 应用示例。

下面只给出应用 Buffer 类模板的 main( ) 函数代码以及程序中用到的一个结构类型 Student 的声明代码。运行调试程序时,须把前面介绍的 Buffer 类模板的定义代码包含在程序中。

程序代码:

```
#include <iostream>
using namespace std;
struct Student
{
    int id;
    int score;
};
int main( )
{
    Student s = {1022,78};
    Buffer <int> i1,i2;
    Buffer <Student> stu1;
    Buffer <char * > str;
    Buffer <double> d;
    i1. put(10); i2. put(-56);
    cout << i1. get() << " " << i2. get() << endl;
    stu1. put(s);
    cout << "The student's id is " << stu1. get(). id << endl;
    cout << "The student's score is " << stu1. get(). score << endl;
    str. put("Hello!");
    cout << str. get() << endl;
    cout << d. get() << endl;
    return 0;
}
```

程序运行结果:

```
10  -56
The student's id is 1022
The student's score is 78
Hello!
The buffer is empty!
```

程序中使用了类模板 Buffer <T>,通过对模板参数 T 指定不同数据类型,可生成不同的模板类。如 Buffer <int>、Buffer <Student>、Buffer <char * > 和 Buffer <double>。然后用这些模板类来定义对象,例如:

```
Buffer <int> i1,i2;
Buffer <Student> stu1;
Buffer <char * > str;
Buffer <double> d;
```

程序中定义了四个不同模板类的 5 个对象。

注意区别类模板和模板类。

通过上述学习,我们也可以认识到,类是对象的抽象,而类模板就是类的进一步抽象。

【例 12-4】 建立一个栈的类模板,进行栈的常见入栈和出栈操作。

程序代码:

```cpp
#include < iostream >
using namespace std;
template < typename T, int n = 10 >
class Stack              //定义一个通用的栈类
{
    private:
        T stack[n];
        int    size;          //栈的大小
        int    count;         //栈中数据个数
    public:
        Stack():size(n),count(0){ }
        int getTop(){return count;}
        void push(T);        //入栈函数
        void pop(T&);        //出栈函数
};
template < typename T, int n >
void Stack < T,n > ::push(T elem)
{
    if( count <= size)
    {
        stack[count] = elem;
        count ++;
    }
    else   cout << "栈已满!" << endl;
}
template < class T, int n >
void Stack < T,n > ::pop(T &elem)
{
    if( count >0)
    {
        count -- ;
        elem = stack[count];
    }
    else   cout << "栈已空!" << endl;
}
int main()
{
    int n;
```

```
        char *s;
        Stack <int> iStack;          //定义一个整数栈对象
        Stack <char *> strStack;    //定义一个字符串栈对象
        iStack.push(1);
        iStack.push(2);
        iStack.pop(n);
        cout <<"第一个出栈整数: " <<n <<endl;
        iStack.pop(n);
        cout <<"第二个出栈整数: " <<n <<endl;
        strStack.push("It's first string");
        strStack.push("It's second string");
        strStack.pop(s);
        cout <<"第一个出栈字符串:" <<s <<endl;
        strStack.pop(s);
        cout <<"第二个出栈字符串:" <<s <<endl;
        strStack.pop(s);
        return 0;
    }
```

程序运行结果：

第一个出栈整数: 2
第二个出栈整数: 1
第一个出栈字符串:It's second string
第二个出栈字符串:It's first string
栈已空！

说明：

（1）栈又叫堆栈，是一个后进先出区。程序中定义了一个抽象的堆栈类模板 Stack <T,n>，使用缺省参数 n 给出栈的大小，使用数组存储数据元素。使用 push()函数将一个数据压入栈底，再使用push()函数将一个数据压入栈中，后一个数据在前一个数据的上面。使用pop()函数将栈中最上面的数据弹出，紧接其后的数据又被认为是最上面的数据，再次使用 pop()函数，最上面的数据将被弹出。这是栈的压入和弹出操作原理。

（2）栈操作中需要测试栈满和栈空。栈满后就不能再压入数据，栈空后则无法弹出数据。因此在 push()和 pop()函数中进行栈满或栈空检测，如果栈满或栈空，则给出信息，并返回。

（3）在 main()函数中，出现了两个模板类 Stack <int>和 Stack <char *>，并用它们定义了两个对象 iStack 和 strStack。

12.3　异常处理机制

12.3.1　异常处理概述

用任何一种程序设计语言编写的程序，即使在语法上和程序逻辑上都没有任何错误，但因为程序运行环境的改变或用户使用方式的差异，也会出现某些难以避免的错误或意外情况，并有可能造成程序运行的提前终止或程序运行错误。比如，当程序运行到需要读取光盘时，可能光盘还没有放入光驱中或者光盘数据读不出来；当程序运行到一个除法运算时，程序可能会接收到一个

0 除数;当玩一个大型电脑游戏时,可能系统资源不足。像这样一些除数为零、需要的文件不存在、文件打不开、内存不足以及用户输入错误、数组下标越界等错误或意外情况,我们可以预见它们可能发生在程序代码的什么地方,但往往无法确切知道程序运行期间它们是怎样发生和何时发生的。这种可以预见而且能够检测到的运行时可能发生的错误或意外情况就称为异常(Exception)。

一个大型的程序(软件)在运行过程中发生这样或那样的错误或异常是不可避免的。然而,一个好的程序,除了应具备用户要求的功能外,还应具备能预见程序执行过程中可能产生的各种异常的能力,并把处理异常的功能包括在用户程序中。也就是说,我们设计程序时,要充分考虑到各种意外情况,不仅要保证程序的正确性,而且还应该具有较强的容错能力,保证程序的健壮性;使程序在环境条件变化的情况下运行时,一旦出现错误或异常,不会简单地结束程序运行,不会轻易出现死机或其他灾难性的后果;而应该能够退回到任务的起点,指出错误,并由用户(或上层调用)来决定下一步该如何继续程序的运行。这种对异常情况给予恰当处理的技术就是异常处理(Exception Handling)。

计算机系统对异常的处理通常有两种方式:

(1) 由计算机系统本身直接检测程序中的错误,遇到错误时提前终止程序的执行,并无条件地释放程序所占用的全部资源。这种对异常的处理方式只适合于要求不高的中小型程序。对于比较大的程序,如果出现异常,则应该允许恢复和继续程序的执行。

(2) 由程序员在程序中加入异常处理的功能。它又可进一步区分为两种,没有异常处理机制的程序设计语言中的异常处理和有异常处理机制的程序设计语言中的异常处理。

在没有异常处理机制的程序设计语言中进行异常处理,通常是采取设置出错代码的方式。例如通过函数的不同返回值,来表示该函数执行过程中是否发生错误以及发生哪一类错误,或者通过一个表示出错状态的全局变量来标志发生了什么样的错误。然后由调用该函数的程序对出错代码进行检查,判断发生了哪一类错误并作出相应的处理动作。这种方法虽然对异常情况做出了正确的处理,但它需要在程序中使用像 if-else 或 switch-case 等大量的条件判断语句,来预设我们所能设想到的错误情况,以捕捉程序中可能发生的错误。这样,对异常的监视、报告和处理的代码与程序中完成正常功能的代码交织在一起,即在完成正常功能程序的许多地方插入了与处理异常有关的程序块。这种处理方式虽然在异常的发生点就可以看到程序如何处理异常,但它使程序的流程变得十分复杂,干扰了人们对程序正常功能的理解,使程序的可读性和可维护性下降;并且会由于人的思维限制,而常常遗漏一些意想不到的异常。

C++语言提供了一些内置的语言特性来支持异常处理的机制。异常处理机制的引入使上述异常情况得到了根本性的改变。

首先,从程序代码的结构上,C++的异常处理机制是将异常的检测与处理分离。C++在程序中将可能发生异常的正常处理代码置于一个异常检测块(try 块)中,当检测块中的程序在运行时发生某种异常时,将抛出(throw)一个异常;而在正常处理代码(try 块)以外的异常处理程序将捕获(catch)异常并对错误作进一步的处理。这就使完成正常功能的程序代码与进行异常处理的程序代码分隔开。特别地,若将异常的引发和处理放在不同的函数中,则可以使可能引发异常的底层函数着重解决具体问题而不必过多地考虑对异常的处理,上层调用函数则可以在适当的位置设计对不同类型异常的处理。这样就更好地体现了上述思想。

更重要的是,异常处理机制会尝试将系统恢复到异常发生前的状态或对这些错误结果做一些善后处理,并继续程序的正常运行。恢复的过程就是把产生异常所造成的恶劣影响去掉,中间一般要涉及一系列的函数调用链的退栈、对象的析构、资源的释放等。这些都是 C++ 语言内置的机制,可以不用再另外编写代码。

异常处理机制使程序具备了捕获和处理错误的功能,增加了程序的健壮性,同时也提高了程序的可读性和可维护性。

12.3.2　C++ 实现异常处理的基本方法

C++ 的异常处理是通过 try-catch 结构以及 throw 语句来实现的。在 C++ 程序中,任何需要检测异常的语句(包括函数调用)都必须放在 try 语句块中执行。异常则由紧跟着 try 语句后面的 catch 语句系列来捕获并处理。try 与 catch 总是结合使用的,一个 try 语句可与多个 catch 语句相联系。而异常错误(类型)的定义和抛出则由 throw 语句来实现。

throw、try 和 catch 语句的一般格式和功能如下:

```
throw 表达式;//抛出一个异常类型(即表达式的数据类型)
              //并将表达式的值传递给匹配的 catch 语句
try{          //可能抛出异常的语句序列,异常的抛出由 throw 实现 }
catch(类型 1 参数 1){  //针对类型 1 的异常处理 }
catch(类型 2 参数 2){  //针对类型 2 的异常处理 }
……
catch(类型 n 参数 n){  //针对类型 n 的异常处理 }
catch(…){//针对任何类型的异常处理 }
```

说明:

(1) throw 语句必须在 try(测试)语句块内,或是在 try 语句块的直接或间接调用的函数体内。比较好的结构是将异常的引发(throw 语句)放在被调用函数中,而将异常的检测和捕获处理(try-catch 结构)放在其上层调用函数中。下面的例 12-6 就是将异常的引发和处理分别放在不同的函数中,而例 12-5 则是将异常的引发和处理放在同一个函数中。

从程序流程上看,throw 语句与 return 语句相似,都将结束当前程序块(或函数)的运行,并作出相应的善后处理。如清除自动对象、自动变量和现场保护内容,释放所占用的内存空间等。只不过 return 语句明确结束当前函数的运行,throw 语句结束的却不一定是函数,而是它所在的程序块。

需要注意的是,如果程序中有多处要抛掷异常,则应该用不同的表达式类型来互相区别。因为表达式的值不能用来区别不同的异常。

(2) 捕获和处理异常错误的 catch 语句中,关键字 catch 后面的圆括号内必须含有数据类型,捕获是利用数据类型的匹配来实现的。如果其中还有参数,则参数的作用与函数的形参接收实参的功能相似,即用类似于函数形参的接收方式来接收 throw 语句所抛出的变量、对象或引用等。

但要注意,catch 不是函数,catch 后面圆括号内的参数也不是形式参数,因为 catch 语句的类型在匹配过程中不作任何类型转换。例如 unsigned int 类型的异常值不能被 int 类型的 catch 语句捕获。catch 语句与函数的不同还在于,catch 就是一个语句,它没有定义和调用之分。在程序运行出现异常时,系统按规则自动在 catch 语句序列中查找匹配的 catch 语句来执行捕获功能。

(3) catch 语句序列中各 catch 语句的顺序非常重要。因为当异常错误发生时,系统自动按照各 catch 语句出现的顺序,查找与该异常错误类型相匹配的 catch 语句。只要找到一个匹配的 catch 语句,就执行相应的处理程序。然后忽略后面所有的 catch 语句,程序直接跳转到最后一个 catch 语句之后的语句继续执行。

如果异常错误类型为 C++ 的类,并且该类有其基类,则应该将派生类的错误处理程序(catch 语句)放在前面,基类的错误处理程序(catch 语句)放在后面。否则派生类的错误处理程序永远都不会执行到。

(4) catch(…)语句用于捕获任何类型的异常,其中的"…"表示可与任何数据类型匹配。如果需要使用这条语句,则它必须放在 catch 语句序列的最后。

(5)如果 try 块的程序在执行期间没有引发异常,那么跟在 try 块后的 catch 语句序列都将被忽略,程序直接跳转到最后一个 catch 语句之后的语句继续执行。

(6)如果一个异常错误发生后,系统找不到与该错误类型相匹配的 catch 语句,则系统将调用 terminate()函数,该函数将执行最后的错误处理函数。缺省情况下,该错误处理函数为 abort()。

(7)在一个嵌套的 try-catch 结构中,系统查找匹配的 catch 语句的过程是:当一个被调用函数引发异常时,首先检查与当前 try 块相关联的 catch 语句序列,看是否有匹配的。有则该异常被处理,没有则在被调用函数退出后,继续在该函数的主调函数中查找匹配的 catch 语句,即这个查找过程是逆着嵌套的函数调用链向上继续,直到找到处理该异常的 catch 语句。只要遇到第一个匹配的 catch 语句,就会进入该 catch 语句,进行处理,查找过程结束。如果按照这个过程,最终没有在程序中找到匹配的 catch 语句,则系统调用 terminate()函数进行处理。如图 12-1 所示。

在嵌套的 try-catch 结构中,可以用一个不带操作数的 throw 语句将当前要被处理的异常再次抛掷给上层调用函数。

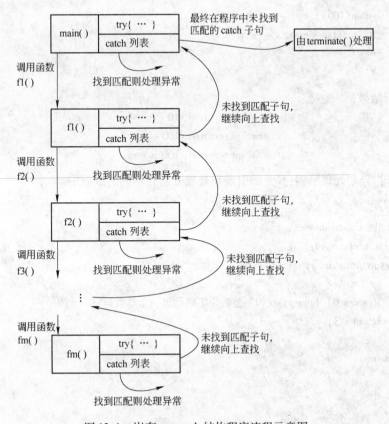

图 12-1 嵌套 try-catch 结构程序流程示意图

【例 12-5】异常处理示例:异常的引发和处理放在同一个函数中。

程序代码:

```
#include <iostream>
using namespace std;
void testFun(int test)
{
    try
    {
        if(test) throw test;
        else throw "It is a zero";
    }
    //捕获整数异常,其中的参数不仅声明了参数类型,还有参数名 i
    catch(int i) { cout << "Except occurred: " << i << endl; }
    //捕获字符指针异常,其中的参数不仅声明了参数类型,还有参数名 s
    catch(const char * s) { cout << "Except occurred: " << s << endl; }
}
int main()
{
    testFun(10);
    testFun(100);
    testFun(0);
    return 0;
}
```

程序运行结果:

```
                    Except occurred: 10
                    Except occurred: 100
                    Except occurred: It is a zero
```

【例 12-6】异常处理示例:异常的引发和处理分别在不同的函数中。

程序代码:

```
#include <iostream>
using namespace std;
int mydiv(int x,int y)
{
    if(y= =0) throw y; //如果整数为零则抛出一个整数异常
    return x/y;
}
int main()
{
    try
    {
        cout << "5/2 = " << mydiv(5,2) << endl;
        cout << "8/0 = " << mydiv(8,0) << endl;
```

```
        cout << "7/1 = " << mydiv(7,1) << endl;
     } //由于除法运算有可能出现除零异常,因此放在 try 块中
     //捕获整数异常,其中的参数只声明了参数类型
     catch( int) { cout << "Exception of dividing zero. " << endl; }
     cout << "That is OK. " << endl;
     return 0;
  }
```

程序运行结果:

$$5/2 = 2$$
Exception of dividing zero.
That is OK.

12.3.3　异常规范

所谓异常规范(exception specification)是要明确规范一个函数可能抛出的异常,并保证该函数不会抛出任何其他类型的异常。

异常规范的实现方式是在函数的声明中列出这个函数可能抛掷的所有异常类型。例如:

```
    void fun( )  throw( A,B,C,D) ;
```

这表明该函数可以且只能抛掷类型为 A、B、C、D 的异常。

一个不抛掷任何类型异常的函数可以进行如下形式的声明:

```
    void fun( )  throw( ) ;
```

如果在函数的声明中没有包括异常规范,则此函数可以抛掷任何类型的异常。

需要注意的是,VC++6.0 不支持异常规范。若有类似于 void fun( ) throw(A,B,C,D) 的异常规范说明时,编译器将忽略它的存在,不会对异常类型有任何限制,函数运行时可以抛掷任何类型的异常。但是,若有类似于 void fun( ) throw( ) 的异常规范说明时,则它同样是说明运行时不抛出任何异常。请在例 12-6 的 mydiv( ) 函数首部分别加上 throw(double) 和 throw( ),注意观察这两种情况程序的编译信息和运行结果。

12.4　名字空间

一个大型的程序软件往往由许多模块组成,其中包括了不同的程序员定义的全局变量以及所开发的具有全局作用域的函数和类等程序模块。这样,在不同的模块中对全局变量名、函数名、类名等标识符命名时,就有可能发生名字冲突,造成程序重复定义的错误。名字空间(namespace)的概念正是为了解决这个问题而提出的。

所谓名字空间(namespace)就是将相关的标识符集合在一个名字作用域内,从而限定了一个标识符的作用范围,以解决名字冲突的问题。可以根据需要设置多个名字空间,每个名字空间名代表一个不同的名字空间域,然后通过作用域运算符"::"来引用某个名字空间中的成员(标识符),从而避免名字冲突。

名字空间的定义形式是:

```
    namespace 名字空间名
    {
```

　　　　相关标识符(成员)的声明或定义的集合

　　　}

　　定义名字空间的花括号内,可以包括以下类型标识符的声明或定义:变量(可以带有初始化),常量,函数(可以是定义或声明),结构,类,模板,名字空间(在一个名字空间中又定义一个名字空间,即嵌套的名字空间)。

　　另外注意与类声明的右花括号外必须有一个分号";"不同,定义名字空间的右花括号外没有分号";"。

　　例如:

```
namespace ns1
{
        const int RATE = 0.08;      //常量
        double pay;                 //变量
        double tax( )               //函数定义
    { return a * RATE; }
    namespace ns2                   //嵌套的名字空间
    { int age; }
}
```

　　若引用名字空间的成员,则需用名字空间名和作用域运算符对名字空间成员进行限定,以区别不同的名字空间中的同名标识符。即:

　　　　名字空间名::名字空间成员名

　　例如,使用名字空间 ns1 中的某个成员:

```
cout << ns1 :: RATE << endl;
cout << ns1 :: pay << endl;
cout << ns1 :: tax( ) << endl;
cout << ns1 :: ns2 :: age << endl; //需要指定外层的和内层的名字空间名
```

　　又如,定义一个名字空间 NS:

```
namespace NS
{
        class File;
        void fun( );
}
```

　　则引用其中标识符的方式如下:

```
NS::File obj;   //定义对象
NS::fun( );     //函数调用
```

　　以上通过名字空间名和作用域运算符引用名字空间成员的方法,能有效避免名字冲突。但如果名字空间名比较长,尤其是在名字空间嵌套的情况下,为引用一个标识符,需要写很长的字串,而在一个程序中往往要多次引用名字空间成员,这样会很不方便。为此,C++提供了如下一些机制,可以简化引用名字空间成员的方式。

（1）使用名字空间别名。

可以为名字空间起一个别名，用来代替较长的名字空间名。

例如，如果先定义了名字空间 Television：

  namespace Television ｛…｝

则可以用一个较短而易记的别名代替它，方法是：

  namespace TV = Television；//别名 TV 与原名 Television 等价

（2）使用 using 语句，声明一个名字空间成员。其声明形式是：

  using 名字空间名::名字空间成员名

用 using 声明了一个名字空间成员后，就可以直接使用该成员名（标识符）了。

例如：

  using NS:.File；   //声明名字空间成员
  File obj；   //等价于 NS:.File obj；

显然，这可以避免在每一次引用名字空间成员时都用名字空间来限定，方便了对名字空间成员的多次引用。

但须注意的是，using 声明的有效范围从 using 语句开始到 using 所在的作用域结束。在同一作用域中，用 using 声明的不同名字空间的成员中不能有同名的成员。

（3）使用 using namespace 语句，声明一个名字空间。其声明形式是：

  using namespace 名字空间名

声明一个名字空间，就等于一次性地声明了该名字空间中的全部成员，此后就可以直接使用该名字空间中的所有成员名（标识符）了。

例如，在以前的程序开头一直使用的一条命令：

  using namespace std；

其中的名字空间 std 就是标准 C++规范已经定义的"标准（standard）名字空间"。标准 C++库的所有的标识符都是在 std 的名字空间中定义的，或者说标准头文件（如 iostream）中的函数、类、对象和类模板等，都是在名字空间 std 中定义的。这样，在程序中用到 C++标准库时，需要使用 std 作为限定。例如：

  std:.cout << "OK. " << endl；

在大多数的 C++程序中常用 using namespace 语句对名字空间 std 进行声明，从而简化了对 std 中的每个成员引用的引用方式。例如，有了对 std 的声明后，上面的语句就可以简化为：

  cout << "OK. " << endl；

需要注意的是，如果同时用 using namespace 声明多个名字空间，往往又出现名字冲突的问题。因此只有在使用名字空间数量很少，以及确保这些名字空间中没有同名成员时才用 using namespace 语句。

习　题　12

● 思考题

12-1　const 关键字的作用是什么？它有哪些应用形式？

12-2　请比较函数模板与模板函数、类模板与模板类。

12-3　请编写选择排序法、折半查找法的函数模板，并写出测试程序。

12-4　什么叫做异常？什么叫做异常处理？异常处理机制有何优点？

12-5　C++ 是如何实现异常处理机制的？请举例说明。

12-6　什么是名字空间？它有何作用？

第 13 章   上机实验指导

实验 1   初识 C++ 程序开发环境

[实验目的]

(1) 熟悉 C++ 程序的编辑、编译、连接及运行的全过程。

(2) 初步了解 C++ 程序的基本结构和特点。

[实验内容及要求]

(1) 了解所用计算机系统软、硬件配置。

(2) 按照下面给出的[具体步骤],通过实例来初步认识一个 C++ 程序开发环境——Visual C++ 集成开发环境(Integrated Development Entironment, IDE),并实现程序的编辑、编译、连接和运行。

[具体步骤]

运用高级语言实现一个基本程序的一般步骤是:

编写源程序→编译(生成目标代码文件)→连接(生成可执行代码文件)→运行(调试)

Microsoft 公司的 Visual C++ 系统提供了一个基于 Windows 平台的可视化的集成开发环境(IDE),它集程序的编辑、编译、连接、运行、调试等功能于一体,而且提供了更加强大的系统集成能力。其中最基本的一点是,它通过工程(Project)的方式来管理系统的开发过程。"Project"一般可翻译为"项目"或者"工程",以下一律称为"工程"。

下面以 Visual C++6.0(简称 VC++6.0)简体中文版为平台,通过实现例 2-2"输入圆的半径,求圆的面积"这个程序实例,初步认识 Visual C++ 开发环境,初步了解 C++ 程序的基本结构和特点。

(1) 从新建"一个空工程"开始,实现例 2-2 程序的编辑、编译、连接、运行(调试)的全过程。

工程名称为 Ex0202,存放工程的上一级文件夹为"E:\C++ 示例\"。

具体操作步骤如下:

1) 启动 Visual C++ 6.0 后,进入集成开发环境。

如图 13-1 所示,VC++6.0 的主窗口界面,包括标题栏、菜单栏、工程(项目)工作空间、主工作空间、输出窗口和状态栏等。其中:

① 工程工作空间(Workspace),又称为项目工作区。启动 VC++6.0 时,它为空,它主要用于组织文件、工程和工程配置。当建立一个工程或读进一个工程后,该窗口的下端通常会出现 2~3 个视图面板:类视图(ClassView)、资源视图(ResourceView)及文件视图(FileView),方便对工程的管理和操作。

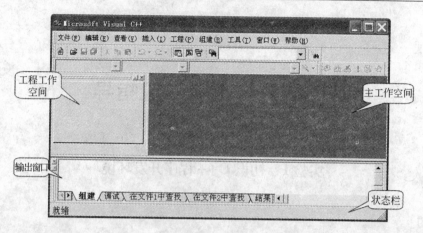

图 13-1　VC++6.0 的主窗口界面

② 主工作空间：现在为空。它用于各种程序文件、资源文件、文档文件以及帮助信息等的显示或编辑。

③ 输出窗口：现在为空。它用于显示工程建立过程中所产生的各种信息。

④ 状态栏：给出当前操作或所选择命令的提示信息。

2）新建"一个空工程"——工程类型"Win32 Console Application"（控制台程序）。

① 执行"文件—新建…"菜单命令，打开"新建"对话框。对话框中有 4 个选项卡，缺省处于"工程"选项卡中。

② 在"新建"对话框的"工程"选项卡中，选择工程类型"Win32 Console Application"（控制台程序）和工程位置"E:\C++示例\"，并输入工程名称"Ex0202"，如图 13-2 所示。然后按"确定"按钮，进入创建工程的下一窗口。

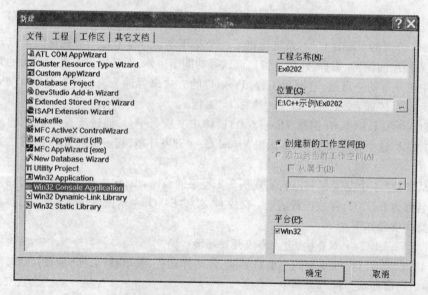

图 13-2　创建工程的"新建"对话框——Win32 控制台程序

③ 在接着的窗口中选择"一个空工程"选项，如图 13-3 所示，然后按"完成"按钮。进入下一窗口后，再按"确定"按钮，返回主窗口。这时主窗口的工程工作空间出现了 ClassView（类视图）

及 FileView(文件视图)两个视图面板,如图 13-4 所示。同时,系统自动在"E:\C++示例\"文件夹中建立了 Ex0202 文件夹,并在其中生成了 Ex0202. dsp、Ex0202. dsw 文件和 Debug 文件夹。Debug 文件夹将用于存放编译、连接过程中产生的文件(参见图 13-8)。

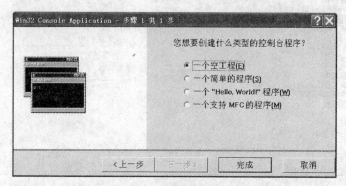

图 13-3　Win32 控制台程序创建步骤对话框

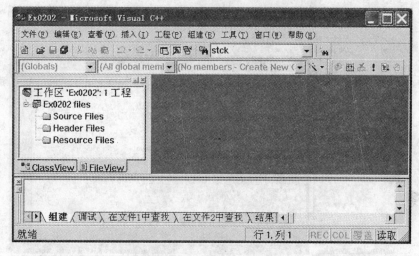

图 13-4　一个控制台程序的空工程建立后的工程工作空间的结构

3)建立 C++源程序文件(*. cpp,cpp 是 C Plus Plus 的缩写,即 C++的意思)。

① 再次执行"文件—新建..."菜单命令,打开"新建"对话框,选择"文件"选项卡。在"文件"选项卡上选择文件类型"C++ Source File",输入文件名"Ex_Circle",其他使用缺省值,如图 13-5 所示。

② 接着按"确定"按钮,返回主窗口。这时主窗口的主工作空间出现了源程序文件编辑窗口。在该编辑窗口输入例 2-2 的源程序代码。

如图 13-6 所示,在输入源程序代码过程中,可以发现程序代码中有些单词的颜色是蓝色的,有些字符的颜色是绿色的。蓝颜色的单词表示它们是系统定义的关键字,绿颜色的文本则是注释内容。

③ 源程序代码输入编辑结束,执行"文件—保存"操作。

4)编译→连接→运行(调试)。

① 执行"组建—编译"菜单命令,或是单击"编译微型条"工具栏上的编译命令按钮,编译生成源程序的目标代码文件(*. obj)。

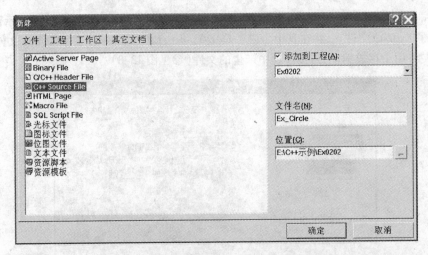

图 13-5　创建 C++ 源程序文件的"新建"对话框

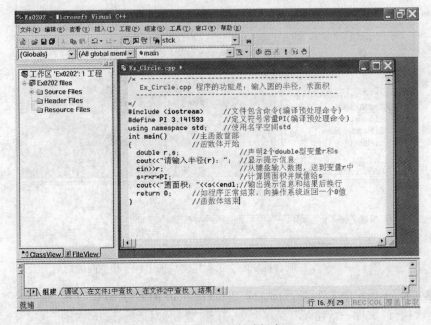

图 13-6　源程序文件编辑窗口

② 接着执行"组建 - 组建"菜单命令,或是单击"编译微型条"工具栏上的组建命令按钮，连接生成可执行文件(* . exe)。

③ 在以上编译、连接过程中,若有问题,则在输出窗口中会给出相应的错误信息。这时可参照错误信息,分析原因改正错误,再重新编译、连接,直至通过。

④ 编译、连接通过以后,可以执行"组建—执行"菜单命令,或是单击"编译微型条"工具栏上的执行命令按钮，运行程序。如果程序运行不能得到预想的结果,则需要进行分析、调试,直到程序正确为止。

编译、连接过程中的错误判断和处理方法,以及程序运行结果的分析与系统调试方法,请参考"附录 A. 4　程序调试"。

本示例(例 2-2)程序的最后运行结果如图 13-7 所示。在该程序运行窗口中,10 是用户从键盘输入的半径值,其他均是程序运行自动输出的结果。

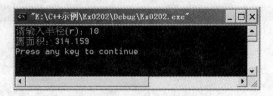

图 13-7　例 2-2 程序运行结果

在整个过程中,系统在相应的工程文件夹"E:\C++示例\Ex0202"中为该工程生成了许多文件,其主要的文件结构如图 13-8 所示。

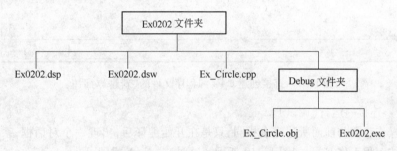

图 13-8　工程 Ex0202 的文件结构

其中:

1) Ex0202. dsp ——工程文件,存储了当前工程的特定信息,如工程设置等。

2) Ex0202. dsw ——工作空间文件,含有工作空间的定义和工程中所包含文件的所有信息。打开工作空间文件,可以继续已有工程的进一步操作;关闭工作空间,则关闭了该工作空间内的所有工作。

3) Ex_Circle. cpp ——源程序文件。

4) Debug 文件夹 ——该文件夹存放了编译、连接过程中生成的中间文件以及最终生成的可执行文件。其中,Ex_Circle. obj 是编译后产生的目标代码文件,Ex0202. exe 是连接后最终生成的可执行文件。

源程序编译后生成的目标代码文件(∗. obj),其文件名与源程序文件名相同;将相应的目标文件和系统的其他文件连接后生成的可执行文件(∗. exe),其文件名与工程项目名相同。

在这些文件中,Ex_Circle. cpp 文件是最重要的文件,它才是用户自己建立的文件,其他文件是由系统自动生成的。

(2) 从直接创建源程序文件开始,实现上述程序(例 2-2)的编辑、编译、连接、运行(调试)的全过程。

具体操作步骤如下:

1) 执行"文件—关闭工作空间"菜单命令,关闭原来的工程。这一步非常重要,否则会造成一个工程中有多个 main( )函数的问题(如果是从启动 Visual C++6. 0 开始,则忽略该步骤)。

2) 直接创建源程序文件。

执行"文件—新建..."菜单命令,打开"新建"对话框,选择"文件"选项卡。在"文件"选项卡上,选择文件类型"C++ Source File",然后选择文件的存放位置"E:\C++示例",最后输入文件名"Ex_Circle",如图 13-9 所示。然后在源程序文件编辑窗口输入源程序代码,并保存文件。

这时,文件"Ex_Circle. cpp"保存在"E：\C ++ 示例"文件夹中。

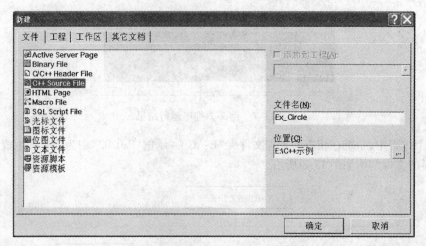

图 13-9　直接创建 C ++ 源程序文件的"新建"对话框

3）编译→连接→运行(调试)。

这里的操作步骤与前面所述完全相同,只是在开始编译后,出现一个对话框,系统要自动创建一个缺省的工程工作空间,如图 13-10 所示。这时选"是(Y)"即可。

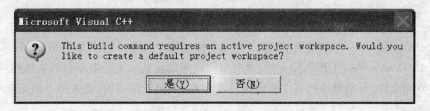

图 13-10　创建缺省工程工作空间"确认"对话框

说明:"从直接创建源程序文件开始"的操作步骤比"从新建一个空工程开始"的操作步骤要简单,较适合单文件的控制台应用程序的实现。但因它是利用系统自动创建的缺省工程工作空间对整个程序的实现过程进行管理的,所以对源程序文件、资源文件及其他文件的管理方式过于简单,不适合多文件程序的管理和实现。

实验 2　基本命题的 C ++ 语言实现

[实验目的]

（1）进一步熟悉 C ++ 程序的编辑、编译、连接及运行的全过程。

（2）掌握基本的输入/输出操作。

（3）熟悉 C ++ 语言的基本运算符与表达式,了解计算机语言与数学语言之间的联系和区别,能够将一个基本数学命题转换为 C ++ 语言的表达式,并编写出简单的验证程序。

[实验内容及要求]

（1）启动 Visual C ++ 6.0,并从直接创建源程序文件开始,建立文件名为 E0201. cpp 的源程序文件。

按以下内容输入程序代码：

```
#include < iostream >
using namespace std;
int main( )
{
        int a,b;
        a = 10,b = 23;
        c = a + b;
        cout << "a + b = ";
        cout << c;
        cout << endl;
        return 0;
}
```

然后编译程序,观察编译情况。如果有错误,修改程序:＿＿＿＿＿＿＿＿

重新编译程序,并连接和运行程序。程序的运行结果是:＿＿＿＿＿＿＿＿

再将程序代码中的三条 cout 语句合并为一条 cout 语句,重新编译、连接、运行(调试)。

(2) 执行"文件—关闭工作空间"菜单命令,关闭当前的工程。再从直接创建源程序文件开始,建立文件名为 E0202. cpp 的源程序文件。

源程序代码如下：

```
#include < iostream >
using namespace std;
int main( )
{
        char c1 ='a',c2 ='b',c3 ='c',c4 ='\101',c5 ='\106',c6;
        c6 = c5 ++ ;
        cout << c1 << c2 << c3 <<'\n';
        cout << "1234567812345678" <<'\n';
        cout << "\t" << c4 << "\t" << c5 <<'\n';
        cout << "\t\b" << c4 << "\t" << c6 <<'\n';
        return 0;
}
```

然后进行程序的编译、连接、运行(调试)。

程序的运行结果是:＿＿＿＿＿＿＿＿＿＿＿＿＿

＿＿＿＿＿＿＿＿＿＿＿＿＿

＿＿＿＿＿＿＿＿＿＿＿＿＿

＿＿＿＿＿＿＿＿＿＿＿＿＿

(3) 编程验证例2-5。

验证例2-5 第(1)个命题的程序代码如下：

```
#include < iostream >
using namespace std;
```

```
int main()
{
    int a,b,c;
    char yes_no;
    cin >> a >> b >> c;  //以空格、Tab键或Enter键分隔各输入项,最后以Enter键结束输入
    yes_no = ((a+b) > c&&(a+c) > b&&(b+c) > a)? 'Y':'N';
    cout << "a、b、c 能否构成三角形:";
    cout << yes_no << endl;
    return 0;
}
```

验证例 2-5 的另外两个命题的程序代码,请读者自行完成。

(4) 上机调试例 2-7 和例 2-8 的程序。

实验 3　选择结构

[实验目的]

(1) 掌握结构化算法的三种基本控制结构之一——选择结构。

(2) 掌握选择结构在 C++ 语言中的实现方法,并针对不同的问题正确选择恰当的选择结构语句(if 语句、switch 语句和 break 语句)进行编程。

[实验内容及要求]

(1) 运用 if 语句编写程序:输入三个数,然后输出其中最大(或最小)的数。

(2) 运用 switch 语句编写程序:按照考试成绩的五个等级 A、B、C、D、E(不区分大小写),输入一个等级标识,输出对应的百分制分数段。

等级与百分制分数段的对应关系是:

$$等级 = \begin{cases} A & mark \geqslant 90 \\ B & 80 \leqslant mark < 90 \\ C & 70 \leqslant mark < 80 \\ D & 60 \leqslant mark < 70 \\ E & mark < 60 \end{cases}$$

(3) 参考例 3-6 和例 3-8,分别用 if-else if 语句与 switch 语句,完成"习题 3"编程题的第 3 题:按工资的高低纳税。…,输入工资数,求纳税款和实得工资数。

[参考代码(部分)]

实验内容及要求(1)的程序代码:

方法一:

```
#include < iostream >
using namespace std;
int main()
{
```

```
    int a,b,c,max;
    cout << "请输入三个整数: " <<endl;
    cin >> a >> b >> c;
    if(a > b)
        max = a;
    else
        max = b;
    if(c > max)
        cout << "最大数为:" << c << endl;
    else
        cout << "最大数为:" << max << endl;
    return 0;
}
```

方法二(例3-5):

```
#include < iostream >
using namespace std;
int main( )
{
    int a,b,c,max;
    cout << "请输入三个整数: ";
    cin >> a >> b >> c;
    if(a < b)
        if(c < b) max = b;
        else max = c;
    else
        if(c < a) max = a;
        else max = c;
    cout << "最大数为: " << max << endl;
    return 0;
}
```

实验4　循 环 结 构

[实验目的]

(1) 掌握结构化算法的三种基本控制结构(顺序结构、选择结构、循环结构)。
(2) 掌握循环结构在 C++ 语言中的实现方法。
(3) 掌握控制循环进程的两种方法——计数法和标志法。
(4) 掌握穷举算法和迭代与递推算法。

[实验内容及要求]

(1) 完善例3-8的程序代码,要求:1)switch 结构本身要提供错误数据的信息提示;2)对于错误的输入,提供反复检测和重新输入的机会,直到输入的数据在合理范围内为止。

(2) 编写程序:求 $Sn = a + aa + aaa + \cdots + \underset{n\uparrow a}{\underline{aa\cdots a}}$ 之值,其中 a 是一个数字。

例如:$2 + 22 + 222 + 2222 + 22222$(此时 $n = 5$),a 和 n 由键盘输入。

(3) 编程实例例 3-1(求素数),并上机调试例 3-14 和例 3-17 的程序。

(4) 编写程序:分别按以下两种方式输出九九表。

```
1 * 1 = 1                                                              9 * 9 = 81
1 * 2 = 2   2 * 2 = 4                                        8 * 8 = 64   8 * 9 = 72
1 * 3 = 3   2 * 3 = 6   3 * 3 = 9                     7 * 7 = 49   7 * 8 = 56   7 * 9 = 63
···················································          ····················································
1 * 9 = 9   2 * 9 = 18   3 * 9 = 27   ···   9 * 9 = 81    1 * 1 = 1···1 * 7 = 7   1 * 8 = 8   1 * 9 = 9
```

[参考代码(部分)]

实验内容及要求(2)的程序代码:

```cpp
#include <iostream>
using namespace std;
int main()
{
    int a,n,sn = 0,tn = 0;
    cout << "a = ";   cin >> a;
    cout << "n = ";   cin >> n;
    for(int i = 1;i <= n;i++)
    {
        tn = tn * 10 + a;
        sn = sn + tn;
    }
    cout << "a + aa + aaa + ... = " << sn << endl;
    return 0;
}
```

实验 5　函数的应用

[实验目的]

(1) 掌握 C++ 的函数定义、函数声明与函数调用。

(2) 掌握递归函数,并比较递归算法与迭代(递推)算法。

[实验内容及要求]

(1) 上机调试例 4-4 和例 4-8 的程序。并注意比较递归算法与迭代(递推)算法。

(2) 写出计算 $n!$ 的函数,并在主函数 main() 中调用该函数,计算 $10! + 13! - 16! + 19! - 22! + \cdots + 37!$。

(3) 编写一个反转函数 reverse(),它的功能是将一个整数按其数码排列的逆序组成一个新的整数。例如将 – 123 转换成 – 321。

[参考代码(部分)]

实验内容及要求(3)的程序代码:

```cpp
#include  < iostream >
using namespace std;
int main( )
{
    int reverse( int n) ; //函数声明
    int n;
    cout << "输入一个整数:";
    cin >> n;
    cout << "反转后的整数:" << reverse( n) << endl;
    return 0;
}


#include  < cmath >
int reverse( int n)
{
    int sign = 1 , m;                 //sign 为符号位标志
    if( n < 0)  sign = - 1 , n = fabs( n) ; //改变符号位,并调用 cmath 系统库文件中的求绝对值函数
    m = n% 10;                       //取出 n 的个位数;
    while( n >= 10)
    {
        n = n/10;                    //n 的小数点左移一位
        m = m * 10 + n% 10;          //m 的小数点右移一位,并加上当前 n 的个位数
    }
    return sign * m;
}
```

实验6　数组与字符串

[实验目的]

(1) 掌握数组的定义和使用方法。
(2) 掌握字符数组处理字符串的方法。
(3) 掌握起泡排序法、选择排序法及折半查找法。

[实验内容及要求]

(1) 编写程序:实现一个给定的二维数组(M × N)的转置(行列互换)。
(2) 写出建立 Fibonacci 数列数组的函数,并在主函数 main( )中进行调用测试。
(3) 编写程序:统计一个字符串中英文单词的个数。

（4）有若干个数存放在一个数组中，现输入一个数，找出该数是否在数组中。要求：建立排序函数，实现数组的排序；建立折半查找函数实现快速查找。（可参考例 5 - 3、例 5 - 4 和例 5 - 5）

[参考代码(部分)]

实验内容及要求(2)的程序代码：

```
#include  < iostream >
#include  < iomanip >
using namespace std;
void number_fibonacci(long f [  ] ,int n)
{
    int i;
    f[0] =1,f[1] =1;
    for(i =2;i < n;i ++ )
        f[i] =f[i -2] +f[i -1];
}


int main( )
{
    const int N =40;                    //用于确定数组的长度
    int i,n;
    long fib[N] ;
    while(1)
    {
        cout <<"需建立的 Fibonacci 数列的项数:";
        cin >> n;
        if(n < = N) break;
        else cout <<" \n 项数超出了设计范围,请重新输入! \n";
    }
    number_fibonacci(fib,n);            //调用建立 Fibonacci 数列数组的函数
    cout <<"输出 Fibonacci 数列前" <<n <<"项:" <<endl;
    for(i =0;i < n;i ++ )
    {
        if(i%5 = =0) cout <<endl;    //5 numbers per line
        cout <<setw(12) <<fib[i];
    }
    cout <<endl;
    return 0;
}
```

实验内容及要求(3)的程序代码：

```
#include  < iostream >
using namespace std;
int main( )
```

```
{
    int wordn(char str[]);        //函数声明
    char str[] = "This is a book.";
    cout << wordn(str) << endl;
    return 0;
}
int wordn(char str[])
{
    int n = 0;
    char c;
    for(int i = 0;str[i]! ='\0';i++)
    {
        c = str[i];
        if((c > ='a'&&c < ='z')||(c > ='A'&&c < ='Z'))
            for(;c! ='\0';i++)
            {
                c = str[i];
                if(! ((c > ='a'&&c < ='z')||(c > ='A'&&c < ='Z')))
                {    n++; break; }
            }
    }
    return n;
}
```

实验内容及要求(4)的主函数代码：

```
int main()
{
    void sort(int array[],int n);          //函数声明(排序函数)
    int binary(int v[],int n,int x);       //函数声明(折半查找函数)
    int x,find = -1;
    int v[10] = {33,48,50,17,26,90,108,82,65,77};
    cout << "The array: ";
    for(int i = 0;i < 10;i++)               //输出数组
        cout << v[i] << ' ';
    cout << endl;
    sort(v,10);                            //数组排序
    cout << "Enter x to look for: ";
    cin >> x;
    find = binary(v,10,x);                 //折半查找
    if(find! = -1)
        cout << x << " been found." << endl;
    else
        cout << x << " not been found." << endl;
```

```
        return 0;
    }
```

实验 7　指针的应用

[实验目的]

（1）掌握指针的概念,学会定义和使用指针变量。
（2）掌握数组与指针、指针与函数之间的关系。
（3）能正确使用指针处理相关问题。

[实验内容及要求]

（1）上机调试并比较例 6-4、例 6-5 和例 6-16。
（2）上机调试例 6-11（学生成绩统计）。
（3）上机调试例 6-12（自编写字符串复制函数）。
（4）上机调试例 6-14（用指针数组存储月份英文名称）。
（5）完成"习题 6"编程题的第 9 题（判断"回文"字符串）。

实验 8　结构与链表

[实验目的]

（1）掌握结构类型的声明与结构变量的定义与使用。
（2）了解动态内存分配的概念与基本操作。
（3）了解链表的概念与基本操作。

[实验内容及要求]

（1）上机调试例 7-1 和例 7-2。
（2）在例 7-5 的基础上,进一步完成"习题 7"编程题的第 3 题。

实验 9　类与对象

[实验目的]

（1）了解多文件结构的组织管理方法。
（2）掌握类与对象、数据成员与成员函数、构造函数与析构函数等概念。
（3）掌握类的声明与实现方法以及对象的定义与引用方法。

[实验内容及要求]

（1）上机调试例 8-2、例 8-3 和例 8-4。
（2）设计一个包含有班主任姓名的 Student 类,并有设置班主任姓名的成员函数,然后在

main( )函数中定义若干 Student 类的对象,并能方便地改变(设置)新的班主任。

实验10 继承与派生

[实验目的]

(1) 理解继承性与派生类的概念及其应用方法。

(2) 了解虚基类的概念及其应用方法。

[实验内容及要求]

(1) 上机调试例 9-2、例 9-4 和例 9-5。

(2) 完成"习题 9"编程题的第 1 题和第 2 题。

实验11 多 态 性

[实验目的]

(1) 了解多态性的概念。

(2) 了解运算符重载、虚函数的概念和用法。

(3) 了解纯虚函数和抽象类的概念和用法。

[实验内容及要求]

(1) 上机调试例 10-3 和例 10-8。

(2) 设计一个抽象基类 CharShape(字符图形接口类),其中包含一个纯虚函数 show( ),它用于显示不同字符图形的相同操作接口。然后由 CharShape 类派生出 Triangle 类和 Rectangle 类,它们分别用于表示字符三角形和字符矩形;并且都定义成员函数 show( ),用于实现各自的显示操作。例如,显示如下两种字符图形:

```
      *                    ########
    * * *                  ########
  * * * * *                ########
* * * * * * *              ########
```

CharShape 类的程序代码如下:

```
class CharShape
{
    public:
        CharShape(char ch) : _ch(ch) { };
        virtual void show() = 0;
    protected:
        char _ch; //组成图形的字符
};
```

实验 12　　C++ 的 I/O 流与文件操作

[实验目的]

（1）理解 C++ 的 I/O 流的概念及其基本操作方法。

（2）理解 C++ 的文件概念及其基本操作方法。

[实验内容及要求]

（1）上机调试例 11-1、例 11-2 和例 11-3。

（2）将例 3-13"百鸡问题"的计算结果存入文件，然后读出文件从显示器输出。

（3）完成"习题 11"的第 12 题。

[参考代码(部分)]

实验内容及要求(2)的程序代码：

```
#include < iostream >
#include < fstream >
using namespace std;
int main( )
{
        int cocks,hens,chicks;
        char ch;
        fstream fs( "myfile. txt" ,ios::in|ios::out|ios::trunc);
        if( ! fs)
        {
            cerr << "open error!" << endl;
            return  - 1;
        }
        fs << "cocks\thens\tchicks" << endl;
        for( cocks = 0;cocks <  = 20;cocks ++ )
            for( hens = 0;hens <  = 33;hens ++ )
            {
                chicks = 100 - cocks - hens;
                if( ( 5 * cocks + 3 * hens + chicks/3 =  = 100) &&( chicks%3 =  = 0) )
                    fs << cocks <<'\t' << hens <<'\t' << chicks << endl;
            }
        fs. seekg( ios::beg);      //使文件指针重新回到文件头
        while( fs. get( ch) )      //当从文件流成功读取一个字符…
            cout. put( ch);        //由内存变量输出到显示器
        fs. close( );             //关闭文件
        return 0;
}
```

实验 13 打印英文年历

[实验目的]

综合应用类的特性,设计一个 Date 类,并应用 static 修饰英文月份的指针数组,达到优化系统算法的作用。最终实现一个"打印英文年历"的程序。

[实验内容及要求]

(1)运用多文件结构,合理设计 Date 类、全局函数及其应用程序。
(2)建立用 static 修饰的英文月份的指针数组,并理解 static 修饰的意义。
(3)实现"打印英文年历"的程序。

[参考代码]

程序由 5 个文件组成:

```
/ * * * Ex_Date. h 类声明文件 * * */
class Date
{
    private:
        int year, month, day;           //日期类的年月日数据成员
        bool check();                   //判断日期是否合法
    public:
        Date(int year, int month, int day);
        bool isLeap();                  //判断闰年
        bool isLeap(int year);          //判断闰年(函数重载)
        int getDay();                   //求当前日期的 day 数据
        int getMonth();                 //求当前日期的 month 数据
        int getYear();                  //求当前日期的 year 数据
        int weekOfDay();                //求当前日期是星期几
        int weekOfNewYear();            //求当年元旦是星期几
        int weekOfNewMonth();           //求当月 1 日是星期几
        void display();                 //输出显示当前日期
        Date nextDay();                 //求下一个日期
};

/ * * * Ex_Func. h 全局函数声明文件 * * */
char * monthName(int n);                //将月份数值转换为相应的英文名称
void prtMonthCalendar(Date date);       //打印月历
void prtEnCalendar(int year);           //打印英文月份名称日历(年历)
/ * * * Ex_main. cpp 应用 Date 类及相关全局函数的主程序文件 * * */
#include "Ex_Date. h"
#include "Ex_Func. h"
```

```
#include < iostream >
using namespace std;
//主函数(程序执行的入口)
int main()
{
    int year,month,day;
    cout << "Please input year,month,day:" << endl;
    cin >> year >> month >> day;
                        //从键盘分别输入年、月、日数据,中间用空格、Tab 符或回车分隔
    Date today(year,month,day);          //建立日期对象
    Date tomorrow = today. nextDay();     //建立日期对象
    cout << "今天是:";
    today. display();                    //调用日期对象的成员函数显示日期信息
    cout << "明天是:";
    tomorrow. display();                 //调用日期对象的成员函数显示日期信息
    cout << endl << "输出本月月历:" << endl;
    prtMonthCalendar(today);             //调用全局(外部)函数
    cout << endl << "输出本年年历:" << endl;
    prtEnCalendar(today. getYear());     //调用全局(外部)函数
    return 0;
}


/* * * * Ex_Date. cpp 类实现文件 * * */
#include "Ex_Date. h"
#include < iostream >
using namespace std;
Date::Date(int year,int month,int day)
{    this -> year = year,this -> month = month,this -> day = day; }
int Date::getDay() { return day; }
int Date::getMonth() { return month; }
int Date::getYear() { return year; }
bool Date::isLeap()
{    return (year%4 ==0&&year%100! =0||year%400 ==0); }
bool Date::isLeap(int year)
{    return (year%4 ==0&&year%100! =0||year%400 ==0); }
int Date::weekOfDay()
{

    int i;
    int sumDays = 0;        //1900 年至今的总天数
    int daysOfMonth[12] = {31,28,31,30,31,30,31,31,30,31,30,31};  //平年每月的天数
    sumDays = sumDays + day;        //将当月的天数加入到 sumDays 中
    //将当年元旦到当月以前月份的天数加入到 sumDays 中
    for(i =1;i < month;i ++)
    {
```

```
                sumDays = sumDays + daysOfMonth[ i - 1 ] ;
                if( i = = 2&&isLeap( ) )  sumDays = sumDays + 1 ;
        }
        //将当年以前年份的天数加入到 sumDays 中
        for( i = 1900 ; i < year ; i + + )
        {
                sumDays = sumDays + 365 ;
                if( isLeap( i ) )  sumDays = sumDays + 1 ;
        }
        return sumDays%7 ;
}
int Date::weekOfNewYear( )
{
        int days,m = 0 ;    //days 为 1900 年至( year - 1 )年份为止的总天数, m 是此期间的闰年数
        for ( int i = 1900 ; i < year ; i + + )
            if( isLeap( i ) )  m + + ;
        days = ( year - 1900 ) * 365 + m ;
        return ( days + 1 )%7 ;
}
int Date::weekOfNewMonth( )
{
        int i ;
        int sumDays = 0 ;
        int daysOfMonth[ 12 ] = {31 ,28 ,31 ,30 ,31 ,30 ,31 ,31 ,30 ,31 ,30 ,31} ;    //平年每月的天数
        for( i = 1 ; i < month ; i + + )
                sumDays = sumDays + daysOfMonth[ i - 1 ] ;
        if( month > 2&&isLeap( ) )  sumDays = sumDays + 1 ;
        return ( sumDays + weekOfNewYear( ) )%7 ;
}
void Date::display( )
{       char  * weekDays[ 7 ] = { "星期日","星期一","星期二","星期三","星期四","星期
五","星期六"} ;
        cout << year << "年" << month << "月" << day << "日" ;
        cout << " " << weekDays[ weekOfDay( ) ] ;
        if( isLeap( ) ) cout << " " << "闰年" ;
        cout << endl ;
}
Date Date::nextDay( )
{
        int y = year,m = month,d = day ;
        int dayOfMonth[ 2 ][ 12 ] = { {31 ,28 ,31 ,30 ,31 ,30 ,31 ,31 ,30 ,31 ,30 ,31} ,
                    {31 ,29 ,31 ,30 ,31 ,30 ,31 ,31 ,30 ,31 ,30 ,31} } ;    //平年和闰年每月的天数
        d + + ;
        //d 加 1 后若比当月的天数还大,则……
```

```
            if( d > dayOfMonth[ isLeap( ) ][ m − 1 ] )
            {
            d = 1 , m + + ;
                    if( m > 12 )    m = 1 , y + + ;
            }
            return Date( y , m , d ) ;
}
```

```
/ * * * Ex_Func. cpp 全局函数定义文件 * * * /
#include " Ex_Date. h"
#include " Ex_Func. h"
#include < iostream >
#include < iomanip >
using namespace std ;
//将月份数值转换为相应的英文名称
char * monthName( int n )    //返回值为指向字符类型的指针
{
        static char * month[ ] =
        {
                "Illegal month" ,            //月份出错信息
                "January" , "February" , "March" , "April" , "May" , "June" , "July" ,
                "August" , "September" , "October" , "November" , "December"
        } ;
        return ( n > = 1&&n < = 12 )? month[ n ] :month[ 0 ] ;
}
//打印月历
void prtMonthCalendar( Date date )
{
        int month , day , weekday , lenOfMonth , i ;
        month = date. getMonth( ) ;
        weekday = date. weekOfNewMonth( ) ;        //求当月 1 日是星期几
        //确定当月的天数 lenOfMonth
        if( month = = 4 | | month = = 6 | | month = = 9 | | month = = 11 ) lenOfMonth = 30 ;
        else if ( month = = 2 )
                {
                        if( date. isLeap( ) ) lenOfMonth = 29 ;
                        else    lenOfMonth = 28 ;
                }
                else lenOfMonth = 31 ;
//打印月历头
cout << "--------------------------" << endl;
cout << " SUN MON TUE WED THU FRI SAT" << endl;
cout << " --------------------------" << endl;
for ( i = 0 ; i < weekday ; i + + )            //找当月 1 日的打印位置
```

```
        cout << "      ";
//打印当月日期
for( day = 1;day < = lenOfMonth;day ++ )
        {
                cout << setw( 4 ) << day;
                weekday = weekday + 1;
                if( weekday == 7 )                    //打满一星期换行
                    {
                        weekday = 0;
                        cout << endl;
                    }
        }
        cout << endl;                    //打完一月换行
}
//打印英文月份名称日历(年历)
void prtEnCalendar( int year )
{
        int month;
        //打印 12 个月的月历
        for( month = 1;month < = 12;month ++ )
            {
                Date date( year,month,1 );
                cout << endl << monthName( month ) << endl;    //打印英文名称的月份
                prtMonthCalendar( date );                      //打印月历
            }
}
```

附录 A　Visual C++ 6.0 开发环境及程序调试

Microsoft 公司的 Visual C++ 系统提供了一个基于 Windows 平台的可视化的集成开发环境（Integrated Development Entironment，IDE）。Visual C++ 集程序的编辑、编译、连接、运行、调试等功能于一体，通过工程（project）的方式来管理系统的开发过程，并提供了强大的系统集成能力。"project"一般可翻译为"项目"或者"工程"，以下一律称为"工程"。

下面介绍 Visual C++6.0（以下简称 VC++）开发环境以及程序调试的基本概念和方法。

A.1　Visual C++ 6.0 主界面

VC++ 开发环境的主窗口界面如图 A-1 所示。

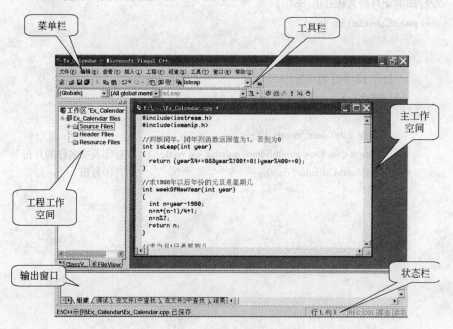

图 A-1　VC++ 主界面

由图 A-1 可知，VC++ 的主窗口界面包括：

（1）菜单栏；

（2）工具栏；

（3）工程工作空间；

（4）用于文件和资源编辑的主工作空间；

（5）输出窗口；

（6）状态栏。

另外，调试时，VC++ 还将提供其他各种窗口，包括变量窗口、观察窗口、寄存器窗口、存储器窗口、调试堆栈窗口和反汇编窗口等。

A.1.1 菜单栏

VC++的菜单栏中包含有"文件(File)"、"编辑(Edit)"、"查看(View)"、"插入(Insert)"、"工程(Project)"、"组建(Build)"、"工具(Tools)"、"窗口(Window)"、"帮助(Help)"等菜单项。下面简单介绍这些菜单项的功能。

A.1.1.1 文件(File)菜单

在VC++所提供的"文件(File)"菜单中,大多数菜单命令的功能与Windows其他软件中的菜单项所具有的功能大同小异。这里主要介绍一些VC++特殊的常用菜单命令。

(1)"新建(New)..."命令 选择该命令,将弹出"新建"对话框,如图A-2所示。该对话框主要用来创建文件、工程、工作空间以及其他文档。它有4个选项卡:文件(File)、工程(Project)、工作区(Workspace,或称工作空间)和其他文档(Other Documents)。

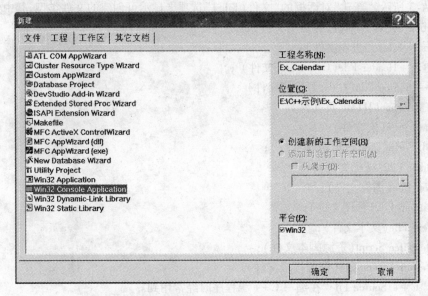

图A-2 "新建"对话框及其"工程"选项卡

由图A-2可见,"工程(Project)"选项卡显示出各种可供选择的工程类型。可供选择的工程类型有:

1)ATL COM AppWizard(ATL应用程序创建向导);

2)Cluster Resource Type Wizard(簇资源类型创建向导);

3)Custom AppWizard(自定义的应用程序创建向导);

4)Database Project(数据库工程);

5)DevStudio Add-in Wizard;

6)Extended Stored Proc Wizard;

7)ISAPI Extension Wizard;

8)Makefile(C/C++生成文件);

9)MFC ActiveX ControlWizard(MFC ActiveX控制程序创建向导);

10)MFC AppWizard(exe)(MFC可执行程序创建向导);

11)MFC AppWizard(dll)(MFC动态链接库创建向导);

12)New Database Wizard(新数据库创建向导);

13）Utility Project（单元工程）;

14）Win32 Application（Win32 应用程序）;

15）Win32 Console Application（Win32 控制台应用程序）;

16）Win32 Dynamic-Link Library（Win32 动态链接库）;

17）Win32 Static Library（Win32 静态库）。

创建新工程，从"新建"对话框的"工程（Project）"选项卡中选择工程类型开始。选择某种工程类型后，在该对话框内右边的"工程名称（Project name）"文本框中输入工程名，在"位置（Location）"框内输入或修改工程所在路径。

通常我们在编写控制台程序时就是选择"工程"选项卡中的"Win32 Console Application"，编写 Win32 应用程序时则是选择"Win32 Application"，而在使用 MFC 开发 Windows 应用程序时则要选择"MFC AppWizard（exe）"。

如图 A-3 所示，"新建"对话框的"文件（File）"选项卡显示可创建的文件类型，其中包括：

1）Active Server Page（服务器页文件）;

2）Binary File（二进制文件）;

3）C/C++ Header File（C/C++ 头文件）;

4）C++ Source File（C++ 源程序文件）;

5）HTML Page（HTML 页文件）;

6）Macro File（宏文件）;

7）SQL Script File（SQL 脚本文件）;

8）Cursor File（光标文件）;

9）Lcon File（图标文件）;

10）Bitmap File（位图文件）;

11）Text File（文本文件）;

12）Resource Script（资源脚本文件）;

13）Resource Template（资源模板文件）。

其中，"C++ Source File"在编写 C++ 源程序时经常用到。

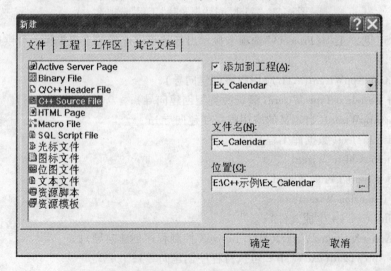

图 A-3　"新建"对话框及其"文件"选项卡

"新建"对话框的"工作区(Workspace)"选项卡和"其他文档(Other Documents)"选项卡用于创建不同的工作空间文件和其他各种类型的文档,在这里就不做详细介绍了。

A.1.1.2 编辑(Edit)菜单

"编辑(Edit)"菜单中包含了文件编辑所需要的全部命令,各子命令项及其主要功能见表 A-1。

表 A-1 "编辑(Edit)"菜单的子命令及其主要功能

子 命 令	主 要 功 能
Undo	撤消上一次编辑操作
Redo	恢复被取消的编辑操作
Cut	将选定的文本从活动窗口剪切掉,移到剪贴板中
Copy	将活动窗口中被选定的文本复制到剪贴板中
Paste	将剪贴板中的内容粘贴到另一个指定文件或程序中
Delete	删除选定的对象或光标所在处的字符
Select All	一次性选定当前窗口中的全部内容
Find...	查找指定的字符串,可设置查找方向、区分英文大小写、整词查找等
Find in Files...	在多个文件中查找指定的字符串
Replace...	将文件中指定的字符串替换为另一指定的字符串
Go To	将光标转移到当前窗口的指定位置
Bookmarks...	给源文件设置和取消书签,书签的作用是在源文件中做标记
Advanced	用于文件编辑或修改的若干高级命令
Breakpoints	设置、删除和查看程序中的断点
List Members	列出当前所有的成员变量
Type Info	列出各种类型及其相关信息
Parameter Info	列出所使用的参数及其相关信息
CompleteWord	调入输入字体方式

A.1.1.3 查看(View)菜单

"查看(View)"菜单包含了控制窗口显示方式、激活窗口、检查源代码和调试信息等各种命令选项。这些命令项及其主要功能见表 A-2。

表 A-2 "查看(View)"菜单的子命令及其主要功能

子 命 令	主 要 功 能
Class Wizard	启动 MFC Class Wizard,创建并编辑应用程序中的类
Resource Symbols	打开资源符号浏览器,浏览、新增和编辑资源文件中的符号
Resource Includes	打开对话框,修改资源符号文件名并编辑预处理器代码
Full Screen	以全屏幕方式显示当前窗口,并可切换到正常显示方式
Workspace	显示并激活工程工作空间窗口
Output	激活输出窗口,用于显示程序建立过程的有关信息及运行结果
Debug Windows	激活下拉菜单,用于显示调试信息
Refresh	刷新选定的内容
Properties	激活属性对话框,用于设置或查看对象属性

A.1.1.4 插入(Insert)菜单

"插入(Insert)"菜单可用于创建新类、资源和窗体,并将它们插入到文档中,也可以将文件作为文本插入到文档中,还可以添加新的 ATL 对象到工程中。该菜单中各子命令项及其主要功能见表 A-3。

表 A-3　"插入(Insert)"菜单的子命令及其主要功能

子 命 令	主 要 功 能
New Class	激活 New Class 对话框,创建新的类并添加到工程中
New Form	激活 New Form 对话框,创建新的表单并添加到工程中
Resource	激活 Insert Resource 对话框,创建新的资源或插入资源到资源文件中
Resource Copy	复制选定的资源
File As Text	在当前源程序文件中插入一个文件
New ATL Object	激活 ATL Object Wizard 对话框,选定新的 ATL 对象并插入到当前工程中

A.1.1.5　工程(Project)菜单

"工程(Project)"菜单用于对工程和工作空间的管理,可以选择指定工程为工作空间中的当前(活动)工程,也可以将文件、文件夹等添加到指定的工程中去,还可以编辑和修改工程间的依赖关系。该菜单的主要子命令及其功能见表 A-4。

表 A-4　"工程(Project)"菜单的子命令及其主要功能

子 命 令	主 要 功 能
Set Active Project	选择指定工程为工作空间中的活动工程
Add to Project	激活下级菜单,完成添加文件、文件夹、数据链接及可重用部件到工程中
Sourse Control	用于编辑工程的从属关系
Settings	设置工程的各种属性
Export Makefile	以外部 Make 文件格式创建执行文件
Insert Project into Workspace	插入已有工程到当前工作空间中

A.1.1.6　组建(Build)菜单

"组建(Build)"菜单包括用于编译、连接和运行应用程序的命令,其主要子命令及其功能见表 A-5。

表 A-5　"组建(Build)"菜单的子命令及其主要功能

子 命 令	主 要 功 能
Compile	编译当前工程中所有的 C、C++ 源代码文件或资源文件
Build	查看当前工程中的所有文件,并对最近修改过的文件进行编译和连接
Rebuild All	忽略以前的编译和连接工作,重新编译和连接整个工程文件
Batch Build...	成批编译和连接,即一次编译和连接多个工程文件
Clean	清除当前工程的中间文件和输出文件
Start Debug	启动程序调试器,用于跟踪程序的调试和执行
Debuger Remote Connection...	对远程调试连接设置进行编辑
Execute	运行程序
Set Active Configuration...	选择当前工程的配置,例如 Win32 Release 和 Win32 Debug
Configurations...	编辑工程配置
Profile...	启动剖析器,用于检查程序的运行行为

注:选择 Start Debug 子命令将启动调试器。这时,菜单栏上的 Build 菜单将被 Debug 菜单代替。有关程序调试的概念和方法见 A.4 节内容。

A.1.1.7　工具(Tools)菜单

"工具(Tools)"菜单中的命令主要用于选择或定制集成开发环境中的一些实用工具,包括浏览用户程序中定义的符号、定制菜单与工具栏、激活常用的工具或者更改选项和变量的设置等。其主要子命令及其功能见表 A-6。

表 A-6　"工具(Tools)"菜单的子命令及其主要功能

子 命 令	主 要 功 能
Sourse Browser	浏览与程序中所有符号(类、函数、数据、宏和类型)有关的信息
Visual Component Manager	弹出 VCM、VBD 窗口
Register Control	将 OLE 控件注册到操作系统中
Error Lookup	检查大多数 Win32 API 函数返回的标准错误代码信息
ActiveX Control Test Container	为测试 ActiveX 控件提供一个环境
OLE/COM Object Viewer	提供了安装在系统中的所有 OLE 以及 ActiveX 对象的信息
Spy ++	激活 Spy ++,用于给出系统的进程、线程、窗口和窗口消息的图形表示
MFC Tracer	程序执行或调试时,用于激活各种级别的调试消息,并由 MFC 将这些消息发送到输出窗口
Customize	激活定制对话框,可对命令、工具栏、工具菜单和键盘加速键进行定制
Options	激活选项对话框,可进行环境设置(如窗口设置、调试器设置、兼容性设置、目录设置、工作空间设置、宏设置、帮助系统设置、格式设置等)
Macro	创建和编辑宏文件
Record Quick Macro	开始进行宏的录制
Play Quick Macro	执行已经录制的宏

A.1.1.8　窗口(Window)菜单

"窗口(Window)"菜单的命令用来进行有关窗口的操作,其主要子命令及其功能见表 A-7。

表 A-7　"窗口(Window)"菜单的子命令及其主要功能

子 命 令	主 要 功 能
New Windows	打开新窗口,以便在多个窗口中显示当前文件的内容
Split	将文档窗口拆分为多个面板,以便同时查看同一文档的不同内容
Docking View	打开或关闭窗口的船坞化特征(船坞化窗口总是附属于应用程序窗口的下边界,也可浮动于屏幕上的任何位置)
Close	关闭选定的活动窗口
Close All	关闭所有打开的窗口
Next	激活上一个文档窗口
Provious	激活下一个文档窗口
Cascade	将当前所有打开的窗口在屏幕上重叠摆放
Tile Horizontally	将当前所有打开的窗口在屏幕上横向平铺摆放
Tile Vertically	将当前所有打开的窗口在屏幕上纵向平铺摆放

A.1.1.9　帮助(Help)菜单

VC ++ 提供了大量详细的联机帮助信息。要想使用这些信息,必须安装了 MSDN Library (Microsoft Developer Network Library),或是通过"帮助(Help)"菜单下的"网上微软-MSDN 在线"进入 MSDN 网站,从那里可以获取最新最权威的技术信息。

用户可以通过"帮助(Help)"菜单进入帮助系统。当选择了"帮助(Help)"菜单下的"内容(Contents)"、"搜索(Search)"或"索引(Index)"等子命令后,系统将打开相应的帮助窗口。按照帮助窗口的导航,即可得到帮助。

另外,在编程过程中,可以在源文件编辑器中把光标定位在一个需要查询的单词处,然后按下 F1 键,帮助系统便会启动,并且跳至相应的主题或者函数和类等的说明内容上。

A.1.2　工具栏

为了方便用户操作,VC ++ 集成开发环境提供了十多种工具栏,每个工具栏由一组按钮组成,各个按钮分别对应一些菜单命令。主窗口在默认情况下只显示两个常用的工具栏:标准(Standard)工具栏和组建(Build)工具栏,其他工具栏只在一定的状态下才被激活。如果要人工显示或隐藏某个工具栏,可通过"工具(Tools)—定制(Customizs)..."菜单命令实现,也可以通过快捷菜单实现:将鼠标指向工具栏的位置,单击右键即出现定制工具栏快捷菜单,如图 A-4 所示,然后在快捷菜单上,单击某个选项即可实现某个工具栏的显示或隐藏。

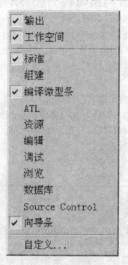

图 A-4 定制工具栏快捷菜单

本小节仅简要介绍标准(Standard)工具栏、组建(Build)工具栏和向导条(WizardBar)工具栏,其余工具栏的介绍请参见相关部分。

A. 1. 2. 1 标准(Standard)工具栏

VC++ 提供的"标准(Standard)"工具栏,与其他软件的标准工具栏大同小异,这里不再赘述。需要注意的是以下几个按钮命令的作用(如图 A-5 所示):

(1)新建文本文件(New Text File)按钮,通过此按钮打开文本文件编辑窗口。在这个窗口中输入源程序代码时,在没有以 C++ 源程序文件类型(*.cpp)存盘以前,程序代码中的关键字和注释文本的颜色与其他代码相同,没有特殊的颜色显示。

(2)显示或隐藏工程工作空间(Workspace)窗口按钮。

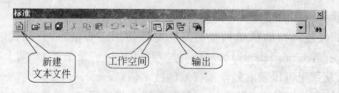

图 A-5 "标准(Standard)"工具栏

(3)显示或隐藏输出(Output)窗口按钮。

隐藏工作空间窗口和输出窗口,可以扩大主工作空间的大小,比如扩大源代码编辑区的大小等。

A. 1. 2. 2 组建(Build)工具栏与编译微型条(Build MiniBar)工具栏

"组建(Build)"工具栏用来对已建好的应用程序文件或工程进行编译、连接和运行。

如图 A-6 所示,自左至右,"组建(Build)"工具栏上各按钮的功能如下:

(1) Select Active Project 用于选择当前活动工程。

（2）Select Active Configuration 用于选择活动的配置。

VC++提供两种活动配置：Win32 Release 和 Win32 Debug，前者是基于 Win32 平台的发行版，后者是基于 Win32 平台的调试版。

（3）Compile 用于编译文件。

（4）Build 用于创建工程。

（5）Stop Build 用于停止创建工程。

（6）Execute Program 用于执行程序。

（7）Go(F5)用于在调试过程中，从当前语句启动或继续运行程序，直到遇到断点或程序结束。此按钮功能与"调试(Debug)"菜单上的相应菜单命令等价。

（8）Insert/Remove Breakpoint(F9)用于在调试过程中，插入或删除断点。需要注意的是，菜单栏的"组建(Build)"菜单或"调试(Debug)"菜单上均没有断点设置命令。

"组建(Build)"工具栏上的右边 6 个按钮，还可以单独成为一组，即为"编译微型条(Build MiniBar)"工具栏。这几个按钮与"调试(Debug)"工具栏上的按钮配合使用，将大大方便程序的调试操作。有关程序调试的概念和方法见 A.4 节内容。

图 A-6　"组建(Build)"工具栏

A. 1. 2. 3　向导条(WizardBar)工具栏

"向导条(WizardBar)"工具栏是配合类向导操作的工具栏。类向导允许用户在源文件中添加自己的类，为类的函数成员映射消息等。如图 A-7 所示，"向导条(WizardBar)"工具栏包含了"WizardBar C++ Class"、"WizardBar C++ Filter"和"WizardBar C++ Members"这三个下拉列表框和一个可以激活下拉菜单的按钮，利用它们可以快速定位类、函数等在源代码中的位置，方便实现有关建立新类、编辑函数等的操作。

图 A-7　"向导条(WizardBar)"工具栏

A. 2　工程和工程工作空间

VC++通过工程(project)的方式来管理一个应用程序的开发过程，工程包含了与一个应用程序相关的一组文件及其配置，通过这组文件及其配置生成最终的可执行程序或二进制文件。工程文件以 .dsp 为后缀的文件保存，而工程和工程配置是由工程工作空间(Workspace)组织起来的。工程工作空间是 VC++集成开发环境中一个最重要的组成部分，它是一个包含用户的所有相关工程和配置的实体。工程工作空间信息以 .dsw 为后缀的文件保存。

一个应用程序对应一个工程，一个工程要由某个工程工作空间来组织和管理。一个工程工作空间可以包含多个工程，这些工程可以是同一类型的工程，也可以是不同类型的工程。创建一个工程后，就可以添加相应的文件到该工程中。添加文件到工程中并不改变文件的位置，工程只是把文件的位置记录下来。要打开一个工程，需要通过打开对应的工程工作空间文件(.dsw)来实现,然后就可以在工程工作空间窗口中进行工程的组织和管理。

A.2.1　工程工作空间窗口

在 VC++ 的主窗口中,工程工作空间窗口一般位于主窗口中的左侧,它用来查看和修改工程中的所有元素。工程工作空间窗口通常由 2 ~ 3 个视图面板组成:类视图(ClassView)、资源视图(ResourceView)和文件视图(FileView),如图 A-8 所示。单击窗口底部的标签可以从一个视图切换到另一个视图。每个视图中都有一个相应的文件夹,其中包含了关于该工程的各种元素。展开文件夹可以显示所选视图的详细信息,其中不同类型的图标标识代表不同类型的元素。

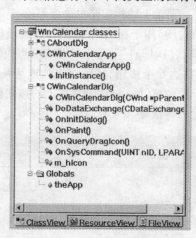

图 A-8　工程工作空间窗口

下面分别就这三种视图及其相关概念进行介绍。

A.2.1.1　文件视图(FileView)

在 FileView 面板中,展开 FileView 顶层的文件夹后,可以查看工程中所包含的各类文件,包括源文件、头文件和资源文件。选定某项后,通过键盘、鼠标或快捷菜单可以很方便地实现文件的添加、移动、复制、删除、重命名以及属性设置等操作。双击某一项,则在右边的源代码编辑窗口中打开该文件,显示其源代码,可以方便地进行代码的编辑修改。

值得注意的是,上述文件操作都是相对于工程管理而言的。例如,删除某文件,指的是从本工程的文件集合记录中删除此文件,而不是通常所说的物理上从磁盘删除文件。

A.2.1.2　类视图(ClassView)

在 ClassView 面板中,展开 ClassView 顶层的文件夹后,可以查看工程中所包含的所有类及其类的数据成员、成员函数以及全局变量、函数等。ClassView 使用一些特殊的图标来标识类和类的成员。例如,红色图标代表一个函数,蓝色图标代表一个数据成员;如果图标前面有锁,则代表该成员是私有成员;如果图标前面有钥匙,则代表该成员是保护成员;如果图标前面什么也没有,则该成员为公有成员。

与 FileView 面板类似,可以通过键盘、鼠标(包括鼠标的双击)或快捷菜单,实现针对类、函数等的类似的相应操作。另外,若想快速查找某一个函数或变量的引用,可以在 ClassView 面板中先在该项上定位,然后单击鼠标右键,在随后弹出的快捷菜单中选择 Reference,即打开了相应的信息浏览窗口,可以方便快速地进行查找和定位——此时应确保已经生成了 Browse(浏览)文件,关于 Browse 文件的选项,可以通过“工程(Project)—设置(Setting)”命令进行设置。

A.2.1.3　资源及资源视图(ResourceView)

(1) 资源与资源标识符　在 Windows 环境中进行程序设计时,可以将一些数据如字符串常量、位图等以特殊的格式存储在资源文件中。它们可以被单独地编辑修改,编写程序代码时只需引用它们的资源标识符即可,无须直接将数据写入程序代码中。

资源标识符又称为资源 ID,它是由映射到某个整数值上的字符串组成的,用于在源代码或资源编辑器中引用资源或对象。创建新的资源或对象时,系统自动为其提供默认的资源 ID(如 IDD_ABOUTBOX)和符号值。资源 ID 通常带有描述性前缀,以表示资源或对象的类型,例如,对话框前缀为 IDD_,位图前缀为 IDB_,菜单项前缀为 IDM_,控件前缀为 IDC_。资源 ID 是程序加载资源的索引和重要依据,因此,最好把默认的资源 ID 修改成容易记忆的符号。

Windows 的资源类型,包括加速键(Accelerator)、光标(Cursor)、对话框(Dialog)、图标(Icon)、菜单(Menu)、串表(String Table)、工具栏(Toolbar)和版本信息(Version)等,程序员也可以根据需要自定义资源的类型。

在 VC++中,资源数据信息存放在 Resource.rc 文件中,资源 ID 和符号值存放在 Resource.h 文件中。Resource.rc 文件经过编译后,生成 Resource.res 文件,并加入到工程中。工程的其他文件可以通过 #include "Resource.h" 获得资源的 ID 号,从而提取相应的资源。

(2) 资源视图(ResourceView)　在 VC++中建立或打开一个工程后,切换工作空间视图到 ResourceView,就可以查看工程中已有资源的名称和类型。继而可以选择资源,再通过键盘、鼠标操作或菜单命令实现资源的复制、移动、删除、修改操作或是插入新的资源。根据所选资源的不同,VC++会自动加载不同的资源编辑器实现资源的编辑操作。例如,如图 A-9 所示,在 ResourceView 视图面板上双击 IDD_ABOUTBOX 资源项后,在其右边的主工作空间中便出现了相应的可视化的资源编辑窗口。

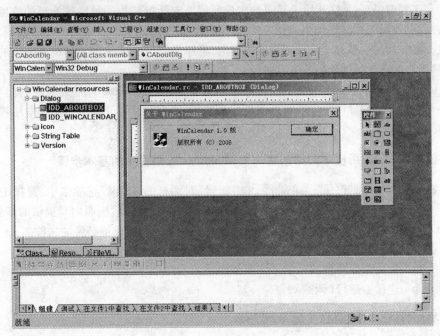

图 A-9　资源编辑窗口

A.2.2　工程开发步骤

在编写新程序时,一般要先创建工程。工程文件保存了源代码文件、资源文件的存储位置信息以及指定的编译设置信息等,VC++的编译系统使用这些信息编译、连接文件,并最终生成可执行文件。

一个完整的工程开发步骤如下:

(1) 创建工程。在创建工程时,默认创建一个工作空间。

(2) 使用工作空间窗口及其 ClassView、FileView 和 ResourceView 视图面板以及菜单命令,对工程中的类、文件和资源等进行操作。

(3) 在工程中添加或删除文件。

(4) 在工程中编辑源代码和资源。

(5) 为工程指定编译设备。

(6) 编译工程。

(7) 纠正编译或连接错误。

(8) 执行并测试可执行文件。

(9) 调试工程。

(10) 配置和优化代码。

A.3　VC++的向导(Wizard)

VC++提供了许多功能强大的向导(Wizard)工具,这一点从执行"文件—新建…"菜单命令打开的"新建"对话框中"工程"选项卡显示出可供选择的工程种类之多就可看出(参见图 A-2)。当创建一个新工程时,VC++就开始了其向导之旅。每个向导擅长为一种特殊类型的应用程序建立工程,并在创建新工程时自动生成相应的程序框架,其中包括了许多通用的程序代码。这样,程序员就不必一切从头做起了。在很短的时间内,程序员就可完成一个工程单调乏味的常规代码部分,从而直接进入关键代码的开发阶段。

在 VC++提供的众多向导中,MFC 应用程序向导(MFC AppWizard)是最重要的向导之一。利用它并与另一个类向导(ClassWizard)工具配合使用,可大大节省开发 Windows 应用程序的时间和精力。

A.3.1　使用 MFC 应用程序向导创建一个 Windows 应用程序的基本步骤

(1) 执行"文件—新建…"菜单命令,在"新建"对话框的"工程"选项卡中,选择工程类型"MFC AppWizard(exe)",并设置好工程位置、工程名称等信息。然后按照向导提供的步骤操作。这样,MFC 应用程序向导就自动建立起了应用程序的基本框架、生成了必要的文件。

(2) 放置控件→设置控件属性→为控件连接变量,也就是为控件命名。

(3) 为相关控件添加并且编写消息处理函数。

(4) 编译→连接→运行(调试)。

A.3.2　类向导(ClassWizard)工具

执行"查看—建立类向导…"菜单命令,将启动类向导(ClassWizard),打开 MFC ClassWizard 对话框,如图 A-10 所示。

类向导(ClassWizard)是一个适用于 MFC 应用程序的专用工具,使用它可以完成以下功能:

（1）创建新类。新类是从处理 Windows 消息和记录集（Recordset）的主框架基类中派生的。

（2）建立消息映射函数。将消息映射给予窗口、对话框、控件、菜单选项和加速键有关的处理函数。

（3）删除消息处理函数。

（4）为控件引入或删除成员变量。该成员变量用于自动初始化、收集并验证输入到对话框、表单视图或记录视图中的数据。

（5）创建新类时，自动添加方法和属性等。

（6）添加 ActiveX 事务处理。ActiveX 是一个经过打包的可重复使用的控件，用 ClassWizard 可以添加 ActiveX 事务处理到应用程序中。

（7）显示指定类的基本信息。

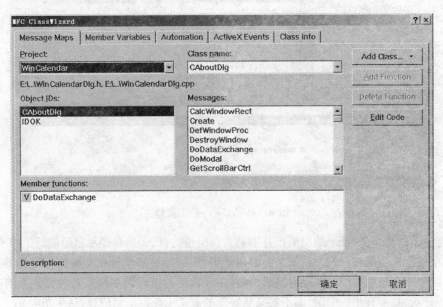

图 A-10　MFC ClassWizard 对话框

A.4　程序调试

A.4.1　程序调试的有关概念和基本方法

所谓程序调试（英文为 debugging，原意为找虫子；bug，小虫子）是指对程序的查错和排错。

在开发一个系统的过程中，完成程序的设计和编码工作，只能说是完成了任务的一半（甚至不到一半），之后就需要对程序进行调试了。调试程序往往比写程序更难，更需要精力、时间和经验。"三分编程七分调试"，常常有这样的情况，程序花一天就写完了，而调试程序两三天也未必能完成。一个程序，即便在编译时没有出现一个错误或警告，但在运行时也可能出错。

程序的错误可以分为三种：语法错误、逻辑错误和运行时错误。下面分别予以介绍。

A.4.1.1　语法错误（syntax error）

语法错误是指违背了语法规则。在编译、连接阶段，对于程序的语法错误，系统会给出"出错信息"（包括哪一行有错以及错误类型），用户可以根据提示的信息具体找出程序中出错之处并改正之。比如在 VC++ 主窗口界面的输出窗口中，显示的错误信息的格式为：

文件名(行号):错误代码:错误内容

例如,若在 C++ 语句的尾部遗漏了分号";",则在输出窗口中会出现如下信息:

e:\C++示例\ex_date.cpp(118) : error C2146:syntax error : missing';'before identifier'cin'

用鼠标双击任何一条错误信息,系统将在源代码编辑窗口中用粗箭头指向错误的代码行,方便用户修改,如图 A-11 所示。

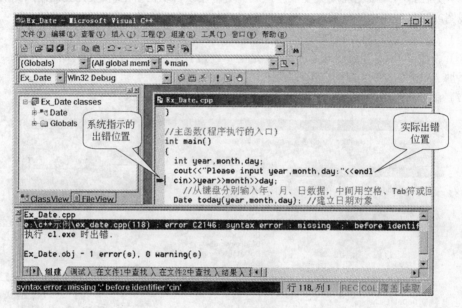

图 A-11　VC++ 输出窗口

应当注意的是,有时提示的出错行并不是真正出错的行,如果在提示出错的行上找不到错误的话,这个错误应该就在附近。就像上面的例子中,实际的出错位置在系统指示位置的上一行。另外,有时提示出错的类型并非绝对准确,并且由于出错的情况繁多而且各种错误互有关联,因此要善于分析,找出真正的错误,而不要只从字面的意义上死抠出错信息,钻牛角尖。

如果系统提示的出错信息多,应当从上到下逐一改正。有时显示出一大片出错信息,往往使人感到问题严重,无从下手,而其实可能只有一两个错误。例如,对所用的变量未定义,编译时就会对所有含该变量的语句发出出错信息,此时,只要加上一个变量定义,所有错误就都消除了。

除了错误信息以外,编译器还可能给出警告(warning)信息。如果只有警告信息而没有错误信息,程序还是可以运行的,但很可能存在某种潜在的错误,而这些错误是不违反语法规则的。例如,当程序中有 int i = 1.23;这样的语句时,编译过程中就会显示这样的警告信息:

e:\C++示例\test.cpp(5) : warning C4244:'initializing':conversion from'const

double'to'int', possible loss of data

这表明这种赋值可能导致数据的丢失。

对于警告信息,在调试的过程中也要给予一定的重视。

A.4.1.2　逻辑错误(logic error)

逻辑错误是指程序并没有违背语法规则,但程序执行结果与原意不符。出现这种情况往往是由于程序设计人员设计的算法有错或输入的程序代码有错,因而通知给系统的指令与解题的原意就不符了,即出现了逻辑上的混乱。比如将 c = a + b;写成 c = a − b;,又比如下列语句:

sum = 0;i = 1;

```
while( i < = 100)

    sum = sum + i;

    i + + ;
```

语法并无错误,但程序的本意是实现 $1 + 2 + \cdots + 100$。可是因为该有花括号的复合语句,忘记加上花括号,结果上述语句只是重复了 sum = sum + i 的操作,而 i 值始终没有改变,循环永不终止。

编译程序一般发现不了这类错误,用户往往需要仔细检查和分析,或借助于系统提供的调试工具才能找出这类错误。具体地说,要找出程序的逻辑错误,可以采用以下办法:

(1) 将程序与流程图(或伪代码)进行仔细对照。如果流程图是正确的,程序写错了,是很容易发现的。例如,复合语句忘记写花括弧,只要一对照流程图就能很快发现。

(2) 采取"分段检查"的方法。在程序不同位置设置几个输出语句,输出有关变量的值,方便逐段跟踪检查。"分段检查"直到找到在某一段中数据不对为止,这时错误就已经局限在这一段中了。不断缩小"查错区",就可能发现错误所在。

(3) 利用"条件编译"命令进行程序调试。比如,在程序调试阶段,设置程序中间结果的输出语句,然后进行编译并执行。当调试完毕,这些语句就不再编译了,也不再被执行。将这类语句通过"条件编译"的方式处理,就可以不必一一删去这些语句了。

(4) 利用系统提供的 Debug(调试)工具,通过设置断点,跟踪程序的运行过程去发现错误。有关 VC++ 的调试工具,将在后面再做介绍。

通过以上的方法,我们可以发现程序中的错误是一般的逻辑错误,还是系统设计本身的错误。如果是算法有问题,必须首先对照流程图改正它,接着再修改程序,重新编译、调试。

A.4.1.3　运行时错误(runtime error)

所谓运行时错误,是指程序既无语法错误,也无逻辑错误,但在运行时出现错误甚至停止运行的情况,比如零除数错误、输入错误等。因此一个好的程序应该能够适应不同的运行环境,或者说应该能够经受各种数据的"考验",具有"健壮性"。

此外,一些由外部软件或硬件环境引起的异常情况也会影响程序的性能,甚至导致程序或系统崩溃。比如,系统要读取光驱时,光盘没有插入或光盘数据已损坏,这种错误程序员是可以预见到的,但却无法避免。对于这种事情的发生,可以在程序中添加一些必要的异常情况处理代码,从而控制程序顺利地执行。

程序调试,还有许多的技术和方法,需要设计许多具有代表性的"测试数据",和具体的测试方案以及测试步骤,用以检验程序的可靠性和系统的健壮性。

总之,程序调试是一项细致深入的工作,需要下功夫,动脑子,善于积累经验。在程序调试过程中往往反映出一个人的水平、经验和科学态度。希望读者能给予足够的重视。

A.4.2　VC++调试器

A.4.2.1　VC++程序的调试版本与发行版本

VC++ 的程序可以产生两种类型的目标代码(执行文件)——调试版本与发行版本。

调试版执行文件较发行版要大,运行起来要慢一些。编译器在调试版执行文件中填满了符号信息,这些符号信息记录了编译器知道的函数名、程序中的变量名和标识的内存地址。通过读取源文件和包含在调试版执行文件中的符号信息,调试器能将源代码中的每条流线同相应的可执行映象中的二进制指令联系起来。发行版执行文件则是发行给用户的最终版本,它含有的仅仅是编译器优化的可执行指令,并没有符号信息。

，在VC++主窗口中，通过"组建—配置…"菜单命令或"组建"工具栏上相应的下拉按钮，VC++提供了两种活动配置——Win32 Release 和 Win32 Debug，前者用于建立基于 Win32 平台的发行版，后者用于建立基于 Win32 平台的调试版。默认情况下，当用户创建一个新工程时，VC++即设置配置为 Win32 Debug。

A.4.2.2　VC++调试器

在VC++主窗口的"组建(Build)"菜单中，有一个"开始调试(Start Debug)"子菜单，它包含了以下四个菜单项：

(1) Go(F5)：从程序中的当前语句开始执行，直到遇到断点或程序结束。

(2) Step Into：单步执行程序，在遇到函数调用时，进入函数内部并从子函数头开始单步执行。

(3) Run to Cursor：在调试运行程序时，使程序运行到光标所在行时停止，相当于设置了一个临时断点。

(4) Attach to Process：在调试过程中直接进入到正在运行的进程中。

执行这四个菜单项中的任何一个，都将启动 VC++ 调试器。如图 A-12 所示，调试器启动后，"调试(Debug)"菜单代替了"组建(Build)"菜单，窗口的下方出现了两个小的辅助调试的窗口，同时出现了"调试(Debug)"工具栏，而且 Edit 和 View 菜单中与调试有关的命令也被激活了。

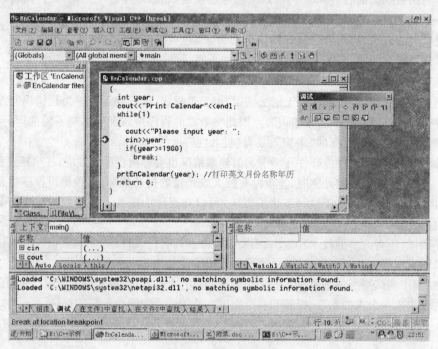

图 A-12　调试器窗口

由于 Debug 工具栏上各个按钮分别对应了 Debug 菜单以及 View 菜单中与调试有关的菜单项，再结合"组建(Build)"工具栏上的"Go(F5)"和"Insert/Remove Breakpoint(F9)"等与调试密切相关的按钮，将使程序调试操作更加方便快捷。因此，下面只介绍 Debug 工具栏中各个命令按钮的功能和作用。

如图 A-13 所示，"调试(Debug)"工具栏含有 16 个命令按钮。

第一行自左至右，各按钮的功能为：

图 A-13 "调试(Debug)"工具栏

（1）Restart 重新启动程序,并处于调试状态。

（2）Stop Debugging 停止调试过程,并返回到原来的编辑状态。

（3）Break Execution 中断程序的执行。

（4）Apply Code Change 使用修改后的代码进行调试。

（5）Show Next Statement 显示下一条要执行的语句。

（6）Step Into 单步调试,在遇到函数调用时,进入函数内部并从子函数头开始单步调试。

（7）Step Over 单步调试,在遇到函数调用时,不进入该函数体内,直接执行该函数调用语句,然后停在该调用语句后面的语句处。

（8）Step Out 该命令是与 Step Into 命令配合使用的。在用 Step Into 命令单步调试进入某函数体内后,若发现不需要对该函数体内进行单步调试,则使用该命令跳出该函数体,然后调试该函数调用语句后面的语句。

（9）Run to Cursor 运行到当前光标处。

第二行的按钮用于打开各个辅助调试的窗口,利用这些辅助调试窗口可以大大方便程序的调试。第二行按钮自左至右,它们的功能分别为:

（1）QuickWatch 快速查看当前的调试状态。选择该命令,将弹出 Quick Watch 对话框,通过该对话框可以查看或修改变量和表达式,或将变量和表达式添加到 Watch 窗口中。

（2）Watch 打开一个独立窗口,用来显示用户要查看的变量值和类型,当用户输入变量名时,调试程序自动显示变量的值和类型。

（3）Variables 打开一个独立窗口,该窗口内有 3 个标签,Auto、Locals 和 this,分别用来显示当前语句和上一条语句所有的变量、正在执行函数的局部变量及 this 指针所指的对象的信息。

（4）Registers 打开一个独立窗口,显示 CPU 各个寄存器的状态。

（5）Memory 打开一个独立窗口,显示内存的当前状态。

（6）Call Stack 打开一个独立窗口,显示当前语句调用的所有函数,当前函数在顶部。

（7）Disassembly 打开一个独立窗口,显示反汇编代码。

A.4.2.3 VC++调试器的应用

运用 VC++调试器进行程序调试的一般步骤:

（1）设置断点。即确定出现问题的那一段程序,然后给这段程序的第一条语句加上标记。

在需要设置断点的代码行上单击鼠标右键,在弹出的快捷菜单上选择"Insert/Remove Breakpoint"命令,或者按 F9 键,或者按"组建(Build)"工具栏上的 按钮,均可设定（或取消）断点。

设定断点后在代码行的前面出现了一个棕色的圆,表明此代码行处有一个断点。断点将告诉调试器何时何处中断程序的执行,以便检查程序代码、变量和寄存器的值。如果调试程序时,有些断点暂时不用或是要取消,可以按上述类似的操作选择相应的命令来实现。暂时不用的断点是以一个空心的圆表示的,可通过相关命令使其重新有效。

另外还可通过 Ctrl + B 按键或在 Edit 菜单中选择 Breakpoints 命令,打开 Breakpoints 对话框来设置具有更多属性的断点,可以设置位置断点、数据断点、条件断点和消息断点。在此就不一一介绍了。

（2）启动调试器。

按 F5 键或"组建（Build）"工具栏上的▨（Go）按钮，启动调试器运行程序。当程序运行到断点处时停止。这时可通过各个辅助调试窗口观察当前各个变量的值，CPU 寄存器、内存、堆栈的当前状况以及语句对应的汇编指令代码等，以便从中发现错误。

（3）当调试器停止了程序的运行后，可通过单步调试命令逐步执行程序，以检查每步的运行情况。也可以按 F5 键或"组建（Build）"工具栏上的▨（Go）按钮，继续程序的运行直到下一个断点处时停止。在这个过程中都可以通过各个辅助调试窗口观察当前程序的运行情况，以便从中发现错误。

在程序的调试过程中，可以结合其他相关命令协助程序的调试。有关命令已在前面有所介绍，在此不再赘述。

附录 B C++的运算符及其优先级

优先级	运算符	含　义	结　合　性
1	::	域运算符(全局域、类域、名字空间域)	自左至右
2	( ) [ ] -> . ++ - -	括号运算符,函数调用运算符 数组下标运算符 成员(指向)运算符 成员(选择)运算符 后置增1运算符(单目运算符) 后置减1运算符(单目运算符)	自左至右
3	++ -- & * + - ! ~ sizeof new delete (类型)	前置增1运算符 前置减1运算符 取地址运算符 指针运算符 正号运算符 负号运算符 逻辑非运算符 按位取反运算符 长度运算符 内存动态分配运算符 动态内存释放运算符 类型转换运算符 (以上均为单目运算符)	自右至左
4	* / %	乘法运算符 除法运算符 求余运算符	自左至右
5	+ -	加法运算符 减法运算符	自左至右
6	<< >>	按位左移运算符 按位右移运算符	自左至右
7	<、<=、>、>=	关系运算符	自左至右
8	= = ! =	等于运算符 不等于运算符	自左至右
9	&	按位与运算符	自左至右
10	∧	按位异或运算符	自左至右
11			按位或运算符	自左至右
12	&&	逻辑与运算符	自左至右
13	||	逻辑或运算符	自左至右
14	? :	条件运算符(C++中唯一的三目运算符)	自右至左
15	=、+=、-=、 *=、/=、%=、 <<=、>>=、&=、 |=、^=	赋值运算符	自右至左
16	throw	抛出异常运算符	自右至左
17	,	逗号运算符	自左至右

说明：

（1）优先级是指运算符所指定的运算的执行次序，优先级高的运算先执行。从上述表中可以大致归纳出各类运算符的优先级：

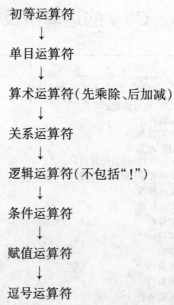

初等运算符
↓
单目运算符
↓
算术运算符（先乘除、后加减）
↓
关系运算符
↓
逻辑运算符（不包括"!"）
↓
条件运算符
↓
赋值运算符
↓
逗号运算符

以上的优先级别由上到下递减。初等运算符优先级最高，逗号运算符优先级最低。

（2）结合性是指同一优先级的运算符是从左向右的次序求值（称左结合）还是从右向左的次序求值（称右结合）。

（3）按照参与运算的运算对象（操作数）的个数，可将运算符分为单目运算符、双目运算符以及三目、多目运算符。条件运算符是 C++ 中唯一的一个三目运算符。

附录 C　常用库函数

　　库函数并不是 C++ 语言本身提供的,它是由具体的编译系统以库文件的形式提供给用户使用的。每一种 C++ 编译系统都提供了一批函数,不同的编译系统所提供的库函数的数目和函数名以及函数功能并不完全相同,但都以美国国家标准化协会制定的 ANSI 标准为基础。要调用系统提供的那些库函数,必须在程序中首先包含相应的库文件。

　　C++ 程序用到的库文件,主要来源于:

　　(1) 标准 C 语言库函数的头文件,其文件名带有 . h 后缀,如 stdio. h、math. h。

　　(2) 标准 C++ 语言类库的头文件,其文件名不带 . h 后缀,如 iostream、string。

　　(3) 由标准 C 语言库函数头文件扩展而来的标准 C++ 的头文件,其文件名是把原有标准 C 语言库函数头文件去掉 . h 后缀再加上 c 前缀而形成,如 cstdio、cmath、cstring。

　　需要注意的是,由于 C 语言没有名字空间,其头文件并不存放在名字空间中。因此在 C++ 程序文件中如果用到带后缀 . h 的标准 C 语言库函数的头文件时,不必用名字空间,只需在文件中包含所用的头文件即可。而 C++ 的函数都是在名字空间 std 中声明的,因此,在用到 C++ 的库函数时不仅要包含相应的头文件,还需在程序中通过"using namespace std;"命令对名字空间 std 作声明。

　　本附录列出了一些最常用的标准 C++ 语言的库函数。

　　(1) 常用数学函数　以下函数包含在头文件 cmath 中。

函 数 原 型	功　　能	说　　明
int abs(int x)	求整数的绝对值	
double fabs(double x)	求实数的绝对值	
long labs(long x)	求长整型数的绝对值	
double sin(double x)	求 x 的正弦	x 的单位为弧度
double cos(double x)	求 x 的余弦	x 的单位为弧度
double tan(double x)	求 x 的正切	x 的单位为弧度
double asin(double x)	求 x 的反正弦	$-1 \leqslant x \leqslant 1$
double acos(double x)	求 x 的反余弦	$-1 \leqslant x \leqslant 1$
double atan(double x)	求 x 的反正切	
double exp(double x)	求 e^x	
double log(double x)	求以 e 为底的对数 $\ln x$	$x > 0$
double log10(double x)	求以 10 为底的对数 $\lg x$	$x > 0$
double pow(double x, double y)	求 x^y	
double sqrt(double x)	求 x 的平方根	$x \geqslant 0$

　　(2) 字符串处理函数　以下字符串处理函数包含在头文件 cstring 中。

函 数 原 型	功　　能
char * strcpy(char * s1, const char * s2)	将串 s2 拷贝到串 s1 中,包括'\0',返回串 s1
char * strcpy(char * s1,const char * s2,size_t n)	将串 s2 中最多 n 个字符拷贝到串 s1 中,不足的以'\0'填充,返回串 s1
char * strcat(char * s1, const char * s2)	将串 s2 连接到串 s1 的尾部,返回串 s1
char * strcat(char * s1,const char * s2,size_t n)	将串 s2 中最多 n 个字符连接到串 s1 的尾部,返回串 s1
int * strcmp(condt char * s1,const char * s2)	两个字符串比较,若相同,返回 0;若串 s1 小于串 s2,返回负数;否则返回正数
int * strcmp(char * p1,const char * p2,size_t n)	将串 s1 中最多 n 个字符与串 s2 比较,若相同,返回 0;若串 s1 小于串 s2,返回负数;否则返回正数
size_t strlen(condt char * s)	求字符串 s 的实际长度
char * strstr(const char * s1,const char * s2)	返回指针指向串 s2 在串 s1 中第一次出现的位置,如果没有,则返回 0
void * memcpy(void * p1, const void * p2,size_t n)	将 p2 所指向的存储区中的 n 个字节拷贝到 p1 所指向的存储区中,返回 p1 所指向存储区的起始地址
void * memset(void * p, int v,size_t n)	将 p 所指向存储区域中前 n 个字节的值全部设置为 v 的值,返回 p 所指向区域的起始地址

(3) 常用的其他函数　以下函数包含在头文件 cstdlib 中。

函 数 原 型	功　　能
int rand( )	返回一个 0 ~ RAND_INT 之间的随机整数
void srand(unsigned int seed)	返回一个以 seed 为种子的随机整数,缺省种子数为 1
double atof(const char * s)	将字符串 s 转成实数
int atoi(const char * s)	将字符串 s 转成整数
long atol(const char * s)	将字符串 s 转成长整数
int system(const char * s)	将字符串 s 作为一个可执行文件,并执行之
void abort(void)	异常终止程序执行
void exit(int)	程序做好收尾工作后终止执行,并返回 status 的值
max(a,b)	求两个数中的大数,参数可为任意类型
min(a,b)	求两个数中的小数,参数可为任意类型

(4) 实现键盘和文件输入/输出的成员函数　以下函数包含在头文件 iostream 中。

函 数 原 型	功　　能
cin >> v	输入值送给变量 v
cout << exp	输出表达式 exp
istream & istream::get(char &c)	输入字符送给变量 c
istream & istream::get(char *,int,char ='\n')	输入一行字符串
istream & istream::getline(char *,int,char ='\n')	输入一行字符串
void ifstream ::open(const char *, int = ios::in,int = filebuf::openprot)	打开输入文件
void ofstream ::open(const char *, int = ios::out,int = filebuf::openprot)	打开输出文件
void fstream ::open(const char *, int, int = filebuf::openprot)	打开输入/输出文件

函 数 原 型	功　能
ifstream : : ifstream(const char * , int = ios : : in, int = filebuf : : openprot)	构造函数打开输入文件
ofstream : : ofstream(const char * , int = ios : : out, int = filebuf : : openprot)	构造函数打开输出文件
fstream : : fstream (const char * , int, int = filebuf : : openprot)	构造函数打开输入/输出文件
void ifstream : : close( )	关闭输入文件
void ofstream : : close( )	关闭输出文件
void fstream : : close( )	关闭输入/输出文件
istream & istream : : read(char * , int)	从文件中读取数据
ostream & ostream : : write(const char * , int)	将数据写入文件中
int ios : : eof( )	是否到达打开文件的尾部,返回 1 为文件尾部,0 为没有到达文件尾部
istream & istream : : seekg(streampos)	移动输入文件的指针
istream & istream : : seekg(streampoff, ios : : seek_dir)	移动输入文件的指针
streampos istream : : tellg( )	取输入文件的指针
ostream & ostream : : seekp(streampos)	移动输出文件的指针
ostream & ostream : : seekp(streampoff, ios : : seek_dir)	移动输出文件的指针
streampos ostream : : tellg( )	取出输出文件的指针

附录 D　ASCII 码表

ASCII 值	控制字符	ASCII 值	字符	ASCII 值	字符	ASCII 值	字符
0	NUL	32	SP	64	@	96	`
1	SOH	33	!	65	A	97	a
2	STX	34	"	66	B	98	b
3	ETX	35	#	67	C	99	c
4	EOT	36	$	68	D	100	d
5	END	37	%	69	E	101	e
6	ACK	38	&	70	F	102	f
7	BEL	39	'	71	G	103	g
8	BS	40	(	72	H	104	h
9	HT	41	)	73	I	105	i
10	LF	42	*	74	J	106	j
11	VT	43	+	75	K	107	k
12	FF	44	,	76	L	108	l
13	CR	45	–	77	M	109	m
14	SO	46	.	78	N	110	n
15	SI	47	/	79	O	111	o
16	DLE	48	0	80	P	112	p
17	DC1	49	1	81	Q	113	q
18	DC2	50	2	82	R	114	r
19	DC3	51	3	83	S	115	s
20	DC4	52	4	84	T	116	t
21	NAK	53	5	85	U	117	u
22	SYN	54	6	86	V	118	v
23	ETB	55	7	87	W	119	w
24	CAN	56	8	88	X	120	x
25	EM	57	9	89	Y	121	y
26	SUB	58	:	90	Z	122	z
27	ESC	59	;	91	[	123	{
28	FS	60	<	92	\	124	|
29	GS	61	=	93	]	125	}
30	RS	62	>	94	∧	126	~
31	US	63	?	95		127	DEL

参 考 文 献

[1]　陈家骏,郑滔.程序设计教程[M].北京:机械工业出版社,2009.

[2]　刘於勋,张雪萍.C++程序设计[M].北京:科学出版社,2007.

[3]　王珊珊,臧洌.张志航.C++程序设计教程[M].北京:机械工业出版社,2006.

[4]　宋斌,曾春平,朱小谷.C++语言程序设计教程[M].北京:科学出版社,2005.

[5]　揣锦华.面向对象程序设计与VC++实践[M].西安:西安电子科技大学出版社,2005.

[6]　龚沛增,杨志强.C/C++程序设计教程[M].北京:高等教育出版社,2004.

[7]　谭浩强.C++程序设计[M].北京:清华大学出版社,2004.

[8]　钱能.C++程序设计教程[M].北京:清华大学出版社,2003.

[9]　郑莉,董渊,张瑞丰.C++语言程序设计[M].北京:清华大学出版社,2003.

[10]　吴乃陵,况迎辉,李海文.C++程序设计[M].北京:高等教育出版社,2003.

[11]　[美]Reic Nagler.C++大学教程[M].北京:清华大学出版社,2005.

冶金工业出版社部分图书推荐

书　名	作　者	定价(元)
C 语言程序设计与实训	闻红军	30.00
Visual C ++ 环境下 Mapx 的开发技术	尹旭日	26.00
计算机实用软件大全	何培民	159.00
轧制过程的计算机控制系统	赵　刚	25.00
计算机辅助建筑设计——建筑效果图设计教程	刘声远	25.00
AutoCAD 项目式教程	陈胜利	28.50
Pro/E Wildfire 中文版模具设计教程	张武军	39.00
粒子群优化算法	李　丽	20.00
Solid Works 2006 零件与装配设计教程	岳荣刚	29.00
最优化原理与方法(修订版)	薛嘉庆	18.00
可编程序控制器及常用控制电器(第 2 版)	何友华	30.00
可编程序控制器原理及应用系统设计技术(第二版)	宋德玉	26.00
监控组态软件的设计与开发	李建伟	33.00
画法几何及机械制图习题集	许纪倩	18.00
冶金熔体结构和性质的计算机模拟计算	谢　刚	20.00
材料成形计算机模拟	辛启斌	17.00
计算机病毒防治与信息安全知识 300 问	张　洁	25.00

双峰检